소방유체역학

최기봉 · 송영호 · 정용태 · 한동준 공저

도서출판
구미서관

머리말

소방안전분야에서 유체역학은 토목공학이나 기계공학분야에서 다루는 정도의 내용을 담기에는 그 적용범위가 너무 광범위하기 때문에 소방설비산업기사에 초점을 맞추어 기본적이고 핵심적인 내용들만을 엄선하여 수록하고자 하였다.

따라서 이 책은 소방 관련분야에 사용되는 소방유체역학의 매우 초보적인 지식을 가지고도 충분히 이해할 수 있도록 요약과 함께 문제풀이에 역점을 두고 각 장별 핵심예제문제풀이와 최근 9년간 과년도 기사문제를 풀이함으로써 문제의 적응력을 높이고 쉽게 원리를 이해할 수 있도록 하였다.

본 교재의 활용을 최대화하기 위해 각 장별 소개를 간단히 하면 다음과 같다.

1장 : 유체의 기본적인 성질
2장 : 유체 내에서의 힘의 평형
3장 : 흐름의 기초이론
4장 : 이상유체
5장 : 실제유체
6장 : 각종 손실계수를 산정하는 방법
7장 : 펌프에서 발생되는 제문제 등
부록 : 과년도 문제풀이(2005~2014)

특히 본 교재는 각 장별로 핵심문제풀이를 통해 각 단원별로 문제의 경향을 한눈에 파악할 수 있도록 함으로써 수험생들이 보다 쉽게 문제 적응력을 높여나갈 수 있도록 하였다. 또한 최근 8년간 소방유체분야 과년도 문제를 통해 각 장에서 핵심문제를 이해한 수험생들이 전체적인 정리 및 실전능력을 키울 수 있도록 하였다.

여러 가지 미비하고 부족한 점은 수험생 여러분들이 이해해 주시기 바라며 소방유체역학에 힘들어하는 많은 학생들에게 조금이나마 도움이 되었으면 합니다.

끝으로 본 교재가 나오기까지 많은 도움을 주신 구미서관 관계자분들께 감사의 말씀을 드립니다.

차 례

CHAPTER 01 유체의 성질

차 례

CHAPTER 05 실체유체의 성질

CHAPTER 06 관수로 내의 정상류

차 례

CHAPTER 07 펌프

CHAPTER 08 요점정리

차 례

차 례

APPENDIX 부록 소방설비 산업기사 기출문제

Fire Fighting Hydrodynamics Theory

CHAPTER 01

유체의 성질

CHAPTER 01

유체의 성질

유체역학은 정지 또는 운동하고 있는 물의 성질을 다루는 응용역학의 한분야로 물의 운동이나 물과 물체상호간에 작용하는 힘의 관계를 일반역학의 원리를 이용하여 풀이하는 학문이다. 고전 유체역학(Classical hydrodynamics)은 1750년부터 이론적 해석에 치중하여 수식 정립을 하였고, 현대 유체역학(Modern fluid dynamics)은 이론과 자연현상이 일치하지 않음으로 이를 보완하기 위한 작업이 1900년대 초 이론과 실험의 두 결과치가 일치하도록 정의하였다.

1.1 유체의 성질

1.1.1 유체의 분류

1) 유체(Fluid)란 아무리 작은 전단력(점성, 마찰)이 작용하더라도 저항하지 못하고 연속적으로 변형하는 물질로, 액체와 기체상태로 존재하는 물질을 말한다.

2) 점도에 따른 분류

① 점성유체 : 유체 분자간 또는 유체와 경계면 사이에 전단응력이 발생하는 유체(점성을 가지는 유체)

② 비점성유체 : 점성을 가지지 않는 유체($\mu = 0$)

3) 밀도에 따른 분류

① 비압축성 유체 : 밀도의 변화가 없다고 가정한 유체(예 : 액체)

② 압축성 유체 : 밀도의 변화를 동반하는 유체(예 : 기체)

4) 점성도 없고 압축성도 없는 가상적인 유체를 이상유체 또는 완전유체라고 한다.

1.1.2 용어설명

1) 고체(Solid) 상태 : 전단력(Shear stress)이 작용하면 비교적 작은 유한 변형을 한 후 외력과 평형을 이루는 상태

2) 액체(Liquid) 상태 : 전단력이 작용할 때 저항하지 않고 연속적으로 변화하는 물질의 상태

3) 잠재에너지(Latent Energy) : 상태변화를 위해 소요되는 Energy.

ex) 쇠 $\xrightarrow{\text{열}}$ 액체상태, 물 $\xrightarrow{\text{열}}$ 기체(수증기)상태

4) Viscous(Real) fluid(점성(실제)유체) : Newton's law of viscosity
전단응력(점성, 마찰)이 존재하며, 압축성인 유체

5) Inviscous fluid(비점성 유체)
점성이 없으며, 비압축성인 유체

6) Compressible fluid(압축성 유체)
주위의 변화에 따라 체적이 변하는 유체. ex) 기체

7) Incompressible fluid(비압축성 유체)
압력이나 유속에 따라 체적이 변화하지 않는 유체. ex) 액(유)체

8) Newtonian fluid(뉴턴 유체) : 점성법칙에 준하는 유체.
뉴턴의 점성법칙이 성립하는 유체를 말한다. ex)물, 공기, 기름

9) Non-Newtonian fluid(뉴턴 유체) : 점성법칙이 작용하지 않는 유체
속도구배와 전단응력의 변화가 직선적인 관계가 아닌 유체로 뉴턴의 점성법칙을 따르지 않는다. ex) 페인트, 식품 등

10) Ideal Fluid(이상유체), Perfect Fluid(완전유체) : 점성, 압축성을 완전히 무시한 이상적 유체.

1.2 차원

1.2.1 Dimension(차원)

여러 가지 물리량을 방정식의 형으로 표현하기 위해서는 기본량이 필요하고 이들 기본량을 약속된 기호로 나타내는 것을 차원이라 한다.

1) 기본량

질량(Mass) : M, 물질의 특징, 길이(Length) : L, 변위의 특징
시간(Time) : T, 시간의 특징

2) 물리량 : 기본량의 조합으로 표시 가능

Ex) ① 힘의 차원 : Newton's law ; F=ma, m=M, a=$[LT^{-2}]$

$$[F] = [M][LT^{-2}] = [MLT^{-2}],\ [M] = [FL^{-1}T^{2}]$$

② 속도(m/sec) : $[LT^{-1}]$

③ 가속도(m/sec^2) : $[LT^{-2}]$

④ 질량 : m = F/a , $[M] = [FL^{-1}T^2]$

표 1.1 중요한 물리량의 단위와 차원

물리량	절대 단위	중력단위	절대단위차원	중력단위차원
힘	kg · m/sec^2	kg_f	MLT^{-2}	F
운동량	kg · m/sec	kg_f · s	MLT^{-1}	FT
일, 열	kg · m^2/sec^2	kg_f · m	ML^2T^{-2}	FL
일률	kg · m^2/sec^3	kg_f · m/s	ML^2T^{-3}	FLT^{-1}
압력	kg/m · sec^2	kg_f/m^2	$ML^{-1}T^{-2}$	FL^{-2}
단위중량	kg/m^2 · sec^2	kg_f/m^3	$ML^{-2}T^{-2}$	FL^{-3}
밀도	kg/m^3	kg_f · s^2/m^4	ML^{-3}	$FL^{-4}T^2$
질량	kg	kg_f · s^2/m	M	$FL^{-1}T^2$
점성계수	kg/m · sec	kg_f · s/m^2	$ML^{-1}T^{-1}$	$FL^{-2}T$
동점성계수	m^2/s	m^2/s	L^2T^{-1}	L^2T^{-1}

1.3 단위(Unit)

1.3.1 영국 단위계(British Unit System)

1) 절대 단위계(MLT) : Absolute unit system

길이(Length), 질량(Mass), 시간(Time)로 표시하고 있는 절대 단위계

2) 공학 단위계(중력단위계, FLT) : Technical unit system

MLT계의 질량(Mass) 대신 힘(Force)를 사용하는 공학단위계

1.3.2 미터 단위계(Metric U.S)

1) 절대단위계(CGS) : g, cm, sec

질량 g, 길이 cm, 시간 sec로 하는 절대단위계

2) 공학단위계(중력단위계, MKS) : kg중, m, sec

질량의 단위를 kg, 길이 단위를 m, 시간의 단위를 sec로 하는 절대단위계, 힘의 단위⇒N 사용 : $1N = 1kg \cdot m/sec^2$

1.3.3 SI(Sysem international unit) 단위계

MKS단위계로 미터단위계에 속한다.

- 국제 도량형 총회에서 각국의 단위제도를 통일하기 위해 채택
- SI단위계 : M(Kg), L(m), T(sec)

1) 기본단위⇒Newton(N) ; $1N = 1kg \times 1m/sec^2 = 1kg \cdot m/sec^2$

2) 공학단위계인 힘의 기본 ⇒ $1kg$ 중 $= 1kg \times 9.8m/sec^2 = 9.8N$
(1N의 물체에 중력가속도(9.8m/s2)를 가할 경우 $1kg_f$가 된다는 의미를 가진다.)

1.3.4 힘의 기본단위

① $1\ dyne = 1g \times 1cm/sec^2 = 1g \cdot cm/sec^2$

② $1N = 1kg \times 1m/sec^2 = 1kg \cdot m/sec^2$

③ $1kg_f = 1kg \times 9.8m/sec^2 = 9.8kg \cdot m/sec^2 = 9.8N$

표 1.2 주요한 단위제

단위제		힘(F)	질량(M)	길이(L)	시간(T)
미터단위제	절대단위제(CGS)	dyne	g	cm	sec
	공학단위제(MKS)	kg_f	kg	m	sec
국제단위제	절대단위제(MLT)	N	kg	m	sec

1.3.5 기타의 단위

① 1Joule = 1N · m

② 1poise = 1g/cm · sec = 1dyne · sec/cm^2

③ 1centipoise = 0.01g/cm · sec

④ 1stokes = 1cm^2/sec

⑤ 1atm = 760mmHg

= 1.0336kg/cm^2

= 10.336mH_2O (mAq)

= 1013mbar(1.013bar)

1.4 물의 물리적 성질

1.4.1 밀도(Density, ρ)

물의 밀도란 단위체적당 유체의 질량으로 비질량(Specific mass)이라고도 하며 ρ로 표시하고 온도와 압력에 따라 변화한다. 물은 보통 1기압일 때 4℃에서 최대가 되며 그 값은 1g/cm^3이다

$$\rho = \frac{m}{V} \tag{1.1}$$

여기서, m=질량, V=부피(단위 kg/m^3, (차원 : $L^{-3}M$))

물의 밀도 = 1000kg/m^3 = 1,000N·s^2/m^4 = 102kg_f·s^2/m^4(중력단위)

1.4.2 비체적(Specific volume, v_s)

단위질량당의 체적으로 밀도의 역수를 나타낸다.

$$\nu_s = \frac{V}{m} = \frac{1}{\rho} \Rightarrow \frac{부피}{질량} \tag{1.2}$$

여기서, 차원 : L^3M^{-1}

1.4.3 중량(Weight, W)

중량은 중력가속도 때문에 지구상의 물체가 받는 힘의 크기를 나타내는 것으로 무게라고도 하며 W로 표시

$$W = mg(\mathrm{kg \cdot m/sec^2}) = [MLT^{-2}] = [F] \tag{1.3}$$

여기서, m=Mass(질량), g(중력가속도=9.8m/sec^2)

중량의 단위는 kg의 질량에 표준 중력가속도가 작용할때의 힘(중량)을 나타낸다.

$$\mathrm{kg_f} = 1\mathrm{kg} \times \frac{9.8\mathrm{m}}{\mathrm{sec^2}} = 9.8\mathrm{N} \tag{1.4}$$

1.4.4 비중량(단위중량, Specific weight, γ)

물의 단위체적당 물체의 중량을 단위중량 또는 비중량(Specific weight)이라 한다.

$$\gamma = \frac{W}{V} \tag{1.5}$$

$$\gamma = \frac{mg}{V} = \rho g(\mathrm{kg/m^3}) \tag{1.6}$$

여기서, 단위중량의 국제단위(SI)는 $\mathrm{N/m^3}$, 중력단위계는 $\mathrm{kg_f/m^3}$이다.

1.4.5 비중(Specific gravity)

비중은 4℃에서 물의 체적과 동일한 어느 물체 체적의 무게 비

$$S = \frac{물체의\ 무게}{동일체적의\ 물의\ 무게} = \frac{W}{W_w} \tag{1.7}$$

$$S = \frac{W/V}{W_w/V_w} = \frac{mg/V}{m_w g/V_w} = \frac{\gamma}{\gamma_w} = \frac{\rho}{\rho_w} \tag{1.8}$$

여기서, S = 비중

ρ_w = 4℃ 물의 밀도(kg/m^3)

ρ = t℃ 물의 밀도(kg/m^3)

γ_w = 4℃ 물의 비중량(1,000kg$_f$/m^3)

γ = t℃ 물의 비중량(1,000kg$_f$/m^3)

1.4.6 점성(Viscosity)

1) 정의

유체의 층과 층 사이에서 또는 유체와 고체 경계면에 대해서 유체가 상대적인 운동을 할 때 경계면에서는 그 운동에 대한 저항력, 즉 마찰저항을 일으키는 유체의 성질을 점성이라 한다.

마찰응력 : $\tau = \mu \frac{dv}{dy}$ (뉴턴의 마찰법칙) (1.9)

점성계수 : $\mu = \dfrac{\tau}{\dfrac{dv}{dy}} = \dfrac{[FL^{-2}]}{\dfrac{[LT^{-1}]}{[L]}} = [FL^{-2}T] = [ML^{-1}T^{-1}]$ (1.10)

2) 점성계수의 특수단위 : poise

$$1 \text{ poise} = 1 \text{dyne} \cdot \text{sec/cm}^2$$

3) 동점성계수 ν

$$\nu = \frac{\mu}{\rho} = \frac{[ML^{-1}T^{-1}]}{[ML^{-3}]} = [L^2T^{-1}] \tag{1.11}$$

4) 동점성계수 특수단위 : stoke

$$1\text{stoke} = 1\text{cm}^2/\text{sec} = 10^{-4}\text{m}^2/\text{sec} = 100 centistokes$$

1.4.6 표면장력

1) 정의

유체의 표면에 작용하여 표면적을 최소로 하는 힘

2) 원리

그림 1.1에서 pa, pc 방향으로 당기는 힘이 다른 방향보다 강하게 작용한다. 이렇게 서로 혼합될 수 없는 두 유체의 경계면에서 분자 인력의 불균형 때문에 액체표면을 최소로 수축하고자 하는 힘이 작용하는데 이를 표면장력이라 한다.

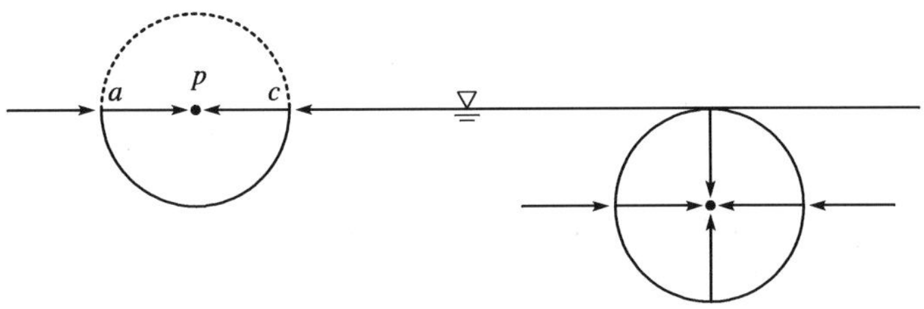

그림 1.1 표면장력

3) 예

표면장력의 예로서 가느다란 바늘이 물위에 뜬다거나 이슬방울이 구형을 이루는 현상을 말한다.

4) 단위 : N/m[FL^{-1}]

5) 온도가 증가할수록 표면장력은 감소한다.

1.4.7 모세관 현상

1) 정의

물속에 가는 유리관을 세우면 응집력과 부착력의 작용에 의한 영향으로 액체가 이 관을 따라 상승 또는 하강하는 현상

2) 모세관 현상

① 액체 상승(물)

응집력 < 부착력

② 액체 하강(수은)

응집력 > 부착력

3) 모관상승고

$$h_c = \frac{4\sigma\cos\theta}{\gamma_w d} \tag{1.12}$$

여기서, σ : 표면장력

θ : 접촉각

h : 모세관 높이

d : 지름

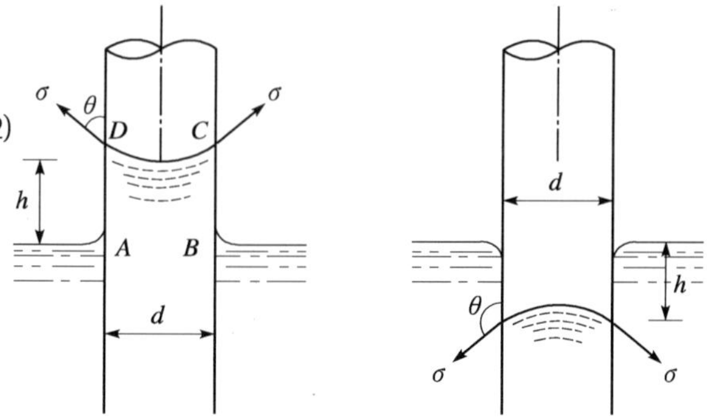

그림 1.2 모세관 현상

1.5 이상기체의 성질

1.5.1 보일의 법칙

온도가 일정할 때, 기체의 부피는 절대압력에 반비례한다.

$$P_1 V_1 = P_2 V_2 \tag{1.13}$$

여기서, P : 기압(atm), V : 부피(m^3)

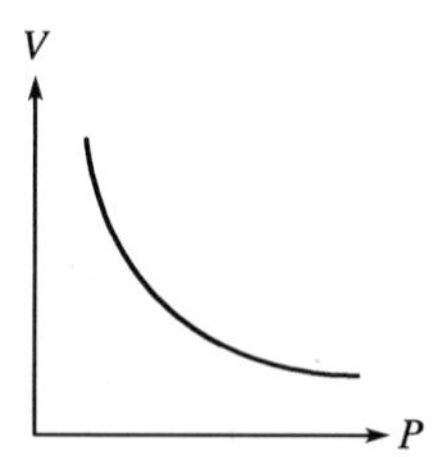

그림 1.3 보일의 법칙

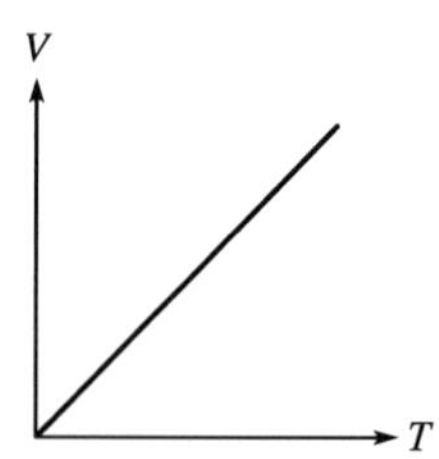

그림 1.4 샤를의 법칙

1.5.2 샤를의 법칙

압력이 일정할 때 기체의 부피는 절대온도에 비례한다.

$$\frac{V_1}{T_1} = \frac{V_2}{T_2} \tag{1.14}$$

여기서, V : 부피

T : 절대온도(K)

1.5.3 보일-샤를의 법칙

기체가 차지하는 부피는 압력에 반비례하며, 절대온도에 비례한다.

$$\frac{P_1 V_1}{T_1} = \frac{P_2 V_2}{T_2} \tag{1.15}$$

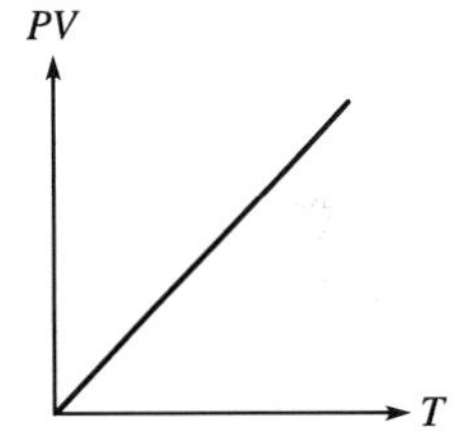

그림 1.5 보일-샤를의 법칙

여기서, P : 기압(atm)

V : 부피(m^3)

T : 절대온도(K)

1.5.4 이상기체 상태방정식(Ideal gas equation)

이상기체 상태방정식은 기체분자 운동론의 기본이 되는 식으로 보일의 법칙, 샤를의 법칙, 보일-샤를의 법칙 및 돌턴의 법칙 등을 추론할 수 있으며, 이식에서 기체의 분자량을 구할 수 있다. 이상기체 상태 방정식은 다음과 같이 표시된다.

$$PV=nR \tag{1.16}$$

여기서, P : 압력(Pa)

V : 부피(m^3)

n : 기체의 몰수($n = \dfrac{m(\text{질량}(kg))}{M(\text{분자량}(kg/kmol))}$

R : 기체상수(287J/kg · K)

T : 절대온도(273+℃), (K)

$$\rho = \frac{P}{RT} \tag{1.17}$$

여기서, ρ = 밀도(kg/m^3)

1.5.5 열전달량

$$q = \frac{kA(T_2 - T_1)}{l} \tag{1.18}$$

여기서, q = 열전달량(W)

k = 열전도율(W/m · ℃)

A = 단면적(m^3)

$(T_2 - T_1)$ = 온도차(℃)

l = 벽체두께(m)

1.5.6 대류열류

$$q = Ah(T_2 - T_1) \tag{1.19}$$

여기서, q = 대류열류(W)

h = 대류전열계수($W/m^2 \cdot$ ℃)

A = 대류면적(m^2)

$T_2 - T_1$ = 온도차(℃)

1.5.7 이상기체의 기체상수

$$R = C_P - C_V = \frac{R'}{M} \tag{1.20}$$

여기서, R = 기체상수(kJ/kg · K)

C_P = 장압비열(kJ/kg · K)

C_V = 정적비열(kJ/K)

R' = 일반기체상수(kJ/kmol · K)

M = 분자량(kJ/kmol)

1.5.8 정압비열

$$C_P = \frac{KR}{K-1} \tag{1.21}$$

여기서, C_P = 단위질량당 정압비열(kJ/K)

R = 기체상수(kJ/kg · K)

K = 비열비

1.5.9 정적비열

$$C_V = \frac{R}{K-1} \tag{1/22}$$

여기서, C_V = 단위질량당 정적비열(kJ/K)

1.5.10 정압과정에서의 절대일

$$_1W_2 = P(V_2 - V_1) = mR(T_2 - T_1) \tag{1.23}$$

여기서, $_1W_2$ = 절대일(kJ)

P = 압력(kJ/m^3)

(V_2, V_1) = 변화전후의 체적(m^3)

R = 기체상수(kJ/kg · K)

T_1, T_2 = 변화전후의 온도(273 + ℃)(K)

m = 질량(kg)

1.5.11 등온과정에서의 절대일

$$\begin{aligned} _1W_2 &= P_1V_1\ln\frac{V_2}{V_1} \\ &= mRT\ln\frac{V_2}{V_1} \\ &= mRT\ln\frac{P_2}{P_1} \end{aligned} \tag{1.24}$$

$$= P_1 V_1 \ln \frac{P_2}{P_1}$$

여기서, ${}_1W_2$ = 절대일(kJ)

P_1, P_2 = 변화전후의 압력(kJ/m^3)

V_1, V_2 = 변화전후의 체적(m^3)

m = 질량(kg)

R = 기체상수(kJ/kg · K)

T = 절대온도(273 + ℃)(K)

1.6 열역학 법칙

1.6.1 열역학 제0법칙(열평형의 법칙)

온도가 높은 물체가 낮은 물체를 접촉시키면 온도가 높은 물체에서 낮은 물체로 열이 이동하여 두 물체의 온도는 평형을 이루게 된다.

1.6.2 열역학 제1법칙(에너지보존의 법칙)

① 기체의 공급에너지는 내부에너지와 외부에서 한 일의 합과 같다.

② 어떠한 물리적 변화에서도 그것과 관계되는 모든 물체가 지닌 에너지의 합은 불변.

1.6.3 열역학 제2법칙(엔트로피의 법칙)

① 열은 스스로 저온에서 고온으로 절대로 흐르지 않는다.

② 자발적인 변화는 비가역적이다.

③ 열을 완전히 일로 바꿀수 있는 열기관을 만들 수 없다(제2종 영구기관).

TIP

*가역이란 : 어떤 운동이 가능하면 그것을 반대방향으로 진행시키는 운동도 가능한 것
*비가역변화 : 잉크를 물 속에 떨어뜨리면 확산되지만 자연히 모이는 일은 없다. 이 같은 변화를 말함. 즉, 열의 이동은 비가역적임.
*제2종 영구기관 : 에너지를 만들어내지는 않지만 이용할 수 없는 열원에서 에너지를 얻어 일을 하게 만드는 기관.
예) 대기나 바닷물에서 열을 취해서 전력으로 바꿀 수 있는 기관(불가능).
*제1종 영구기관 : 스스로 에너지를 만들어 내는 기관(불가능).
*엔트로피(entropy) : 무질서도의 크기를 나타내는 척도.
세상의 모든 물질들은 한곳에 모여있기 보다는 골고루 퍼져있으려는 성질을 보임(무질서도가 증가).
예) 물에 잉크를 떨어뜨리면 자연적으로 퍼지는 형상 → 무질서 해짐 → 엔트로피 증가
그러나 자연적으로 흐트러진 잉크방울을 원래대로 되돌릴 수 없음 → 비가역적
즉, 자연은 엔트로피가 증가하는 방향으로 흘러감.

1.6.4 열역학 제3법칙

순수한 물질의 1atm하에서 결정상태(구성 원소가 완전히 규칙적인 배열을 이룬 상태)이면 엔트로피는 0K(절대온도)에서 0이다.

핵심문제

01 절대단위에서 압력의 차원은 어느 것인가?

① $ML^{-1}T^{-2}$ ② MLT^{-2}
③ $ML^{-1}T^{2}$ ④ MLT^{2}

풀이 압력 $P=\dfrac{F}{A}=[FL^{-2}]=[MLT^{-2}L^{-2}]=[ML^{-1}T^{-2}]$

02 지름이 10cm인 실린더 속에 유체가 흐르고 있다. 내벽에 수직거리 y에서의 속도가 $u=-y^2+5y$(m/s)로 표시된다. 벽면에서의 마찰전단 응력은 몇 kg/m^{2}인가?(단, 유체의 $\mu=3.93\times10^{-3}$kg · sec/m^2)

① 1.95 ② 3.9
③ 0.019 ④ 3.82

풀이 뉴톤의 마찰법칙 $\tau=\mu\dfrac{dv}{dy}$에서

유속 $u=-y^2+5y$를 거리 y로 미분하여 정리하면

$\dfrac{du}{dy}=-2y+5$이고, 관중심에서 관벽까지 거리 $r=5\text{cm}=0.05\text{m}$이므로

$\dfrac{du}{dy}=-2y+5=-2\times0.05+5=4.9(1/\text{sec})$

$\tau=3.93\times10^{-3}\times4.9=19.257\times10^{-3}=0.01925\text{kg/m}^2$

03 점성계수의 단위가 아닌 것은?

① Poise ② Stokes
③ Centipoise ④ dyne · sec/cm^2

풀이 점성계수단위 : μ = dyne · sec/cm^2
점성계수 특수단위 : poise(1poise = 100centipoise)

해 답

01 ① 02 ③ 03 ②

04 달에서 측정한 무게가 3.2kg 중인 어느 물체를 지구상에서 측정하였다면 얼마의 무게가 되겠는가? (단, 달의 가속도는 1.6m/sec^2, 지구상의 중력가속도는 9.8m/s^2이다.)

① 4.90 kg중　　② 5.12 kg중
③ 13.0 kg중　　④ 19.6 kg중

풀이 무게 $W = m \cdot g$(m : 물체의 질량, g : 중력가속도)
달에서의 물체무게 $W = m \cdot g = m \cdot 1.6 = 3.2\text{kg}_f$
물체의 질량 $m = \dfrac{W}{g} = \dfrac{3.2}{1.6} = 2\text{kg}$
지구에서의 물체무게 $W = m \cdot g = 2 \cdot 9.8 = 19.6\text{kg}_f$

05 1atm 4℃에서의 물의 비중량은 몇 kg_f/m^3인가? (단, 중력가속도 g는 9.8m/sec^2이다.)

① 1000　　② 500
③ 250　　④ 100

풀이 물의 비중량(또는 단위중량) $\gamma_w = 1000\text{kg}_f/\text{m}^3 = 1\text{t}_f/\text{m}^3 = 1\text{g}_f/\text{cm}^3$

06 유체의 비중량 r, 밀도 ρ 및 중력가속도 g와의 관계는?

① $r = \rho/g$　　② $r = \rho g$
③ $r = g/\rho$　　④ $r = \rho/g^2$

풀이 물의 비중량(또는 단위중량) : $\gamma = \dfrac{W}{V} = \dfrac{mg}{V} = \rho g$
물의 밀도 : $\rho = \dfrac{m}{V}$

07 밀도의 중력 단위로서 맞는 것은?

① $\text{kg}_f \cdot \text{sec}^2/\text{m}^4$　　② $\text{kg} \cdot \text{sec}^2/\text{m}$
③ kg/m^2　　④ $\text{kg} \cdot \text{m}/\text{sec}^2$

풀이 물의 밀도 : $\rho = \dfrac{m}{V}$이므로 밀도의 차원은 $[\text{ML}^{-3}] = [\text{FL}^{-4}\text{T}^2]$
따라서, 밀도의 공학적 단위는 $\text{kg} \cdot \text{sec}^2/m^4$ 이다.

해 답

04 ④　05 ①　06 ②　07 ①

08 어떤 액체의 체적이 $10m^3$일 때 무게가 8800kgf이었다. 이 액체의 비중은 얼마인가?

① 0.88
② 0.88g/l
③ $0.88g/cm^3$
④ 1.13

풀이 물체의 비중 : $S=\dfrac{\text{물체의 무게}}{\text{동일체적의 물의 무게}}=\dfrac{W}{W_w}$

어떤 액체의 비중량 : $\gamma=\dfrac{W}{V}=\dfrac{8800}{10}kg_f/m^3=880kg_f/m^3$

물의 비중량 : $\gamma_w=1000kg_f/m^3=1t_f/m^3=1g_f/cm^3$

따라서 이 액체의 비중 : $S=\dfrac{\gamma}{\gamma_w}=\dfrac{\rho}{\rho_w}=\dfrac{880}{1000}=0.88$ (무차원임)

09 다음 중 무차원군인 것은?

① 비열
② 열량
③ 비중
④ 밀도

풀이 물체의 비중 : $S=\dfrac{\text{물체의 무게}}{\text{동일체적의 물의 무게}}=\dfrac{W}{W_w}$: 무차원

10 점성계수가 0.9poise이고 밀도가 $95kg\cdot sec^2/m^4$인 유체의 동점성계수는 몇 stokes인가?

① 9.66×10^{-2}
② 9.66×10^{-4}
③ 9.66×10^{-1}
④ 9.66×10^{-3}

풀이 $\nu=\dfrac{\mu}{\rho}$에서

$1kg_f=9.8kg\cdot m/s^2=9.8\times10^5g\cdot cm/s^2=9.8\times10^5dyne$

$\mu=0.9poise$

$=0.9dyne\cdot sec/cm^2=\dfrac{0.9}{9.8\times10^5}\times sec/(10^{-4})m^2$

$=\dfrac{0.9}{98}kg_f\cdot sec/m^2$

$\nu=\dfrac{\mu}{\rho}=\dfrac{\left(\dfrac{0.9}{98}\right)}{95}=9.66\times10^{-5}m^2/sec=9.66\times10^{-1}stokes$

해 답

08 ① 09 ③ 10 ③

11 점성계수의 단위로는 포아즈(poise)를 사용하는데 다음 중 poise는 어느 것인가?

① cm^2/sec　　② $N \cdot sec/m^2$
③ $dyne \cdot sec^2/cm^2$　　④ $dyne \cdot sec/cm^2$

풀이 점성계수의 특수 단위 : $poise = dyne \cdot sec/cm^2$

12 $1kg_f \cdot sec/m^2$은 몇 Poise인가?

① 9.8　　② 98
③ 980　　④ 9800

풀이 $1kg_f \cdot sec/m^2 = 9.8kg \cdot m/s^2 \cdot sec/m^2 = 9.8kg/m \cdot sec$
$= 9.8 \times 1000g/(100cm \cdot sec) = 98g/cm \cdot sec$
$1poise = 1dyne \cdot sec/cm^2 = 1g/cm \cdot sec$

13 액체와 고체가 접촉하면 상호 부착하려는 성질을 갖는데 이 부착력과 액체의 응집력의 상대적 크기에 의해 일어나는 현상은 무엇인가?

① 표면장력　　② 모세관현상
③ 점성법칙　　④ 뉴톤의 마찰법칙

풀이 표면장력 : 유체의 표면에 작용하여 표면적을 최소로 하는 힘
모세관 현상 : 물속에 가는 유리관을 세우면 응집력과 부착력의 작용에 의한 영향으로 액체가 이 관을 따라 상승 또는 하강하는 현상

14 모세관의 직경비가 1 : 2 : 3인 3개의 모세관 속으로 올라가는 물의 높이의 비는 얼마인가?

① 1 : 2 : 3　　② 6 : 3 : 2
③ 2 : 3 : 6　　④ 3 : 2 : 1

풀이 모관상승 높이는 모세관(가는 유리관) 직경에 반비례하므로

$$h_1 : h_2 : h_3 = \frac{1}{d_1} : \frac{1}{d_2} : \frac{1}{d_3}$$

$$h_1 : h_2 : h_3 = \frac{1}{1} : \frac{1}{2} : \frac{1}{3} = 6 : 3 : 2$$

해 답

11 ④　12 ②　13 ②　14 ②

15 다음 중 이상유체를 설명한 것은?

① 점성이 없고 PV=RT를 만족하는 유체 ② 점성이 없고 비압축성인 유체
③ 점성이 없고 마찰손실이 없는 유체 ④ 비압축성 유체

풀이 이상유체란 점성을 일으키지 않고 압력에 의해 체적변화가 발생하지 않는 가상의 유체

16 점성계수의 차원은 다음 중 어느 것인가?

① $ML^{-1}T^{-1}$ ② $ML^{-2}T^{-1}$
③ $M^{-2}L^{-1}T$ ④ $ML^{-1}T^{-2}$

풀이 점성계수 : $\mu = \dfrac{\tau}{\dfrac{dv}{dy}} = \dfrac{[FL^{-2}]}{\dfrac{[LT^{-1}]}{[L]}} = [FL^{-2}T] = [ML^{-1}T^{-1}]$

17 지름 1mm의 모세관에 물의 최대 상승 높이는 얼마인가?(단, $\theta = 0$, $\sigma = 7.41 \times 10^{-2}\mathrm{N/m}$)

① 0.03m ② 0.06m
③ 0.09m ④ 0.10m

풀이 모관상승고

$$h_c = \frac{4\sigma\cos\theta}{\gamma_w \cdot d} = \frac{4 \cdot 7.41 \cdot 10^{-2}}{9800 \cdot 10^{-3}} = 0.03\mathrm{m}$$

18 물의 비중량을 $9810\mathrm{N/m^3}$, 수은의 비중을 13.55라 하면 물의 밀도, 수은의 비중량과 밀도는 얼마인가?

풀이 ① 물의 비중량 $\gamma_w = \dfrac{W}{V} = \dfrac{mg}{V} = \rho g$

$9810\mathrm{N/m^3} = \rho \cdot 9.81\mathrm{m/s^2}$

$\rho = \dfrac{9{,}810}{9.81} = 1{,}000\mathrm{N \cdot s^2/m^4} = 1{,}000\mathrm{kg/m^3}$

② 수은의 비중량 및 밀도

비중 : $S = \dfrac{\rho_{수은}}{\rho_w}$ 이므로

$\rho_{수은} = \rho_w \cdot s = 1000 \cdot 13.55 = 1.355 \times 10^4\mathrm{kg/m^3}$

$\gamma_{수은} = \rho g = 1.355 \cdot 10^4 \cdot 9.8\mathrm{m/s^2} = 1.3279 \times 10^5\mathrm{N/m^3}$

해 답

15 ② **16** ① **17** ① **18** 수은 비중량$= 1.3279 \times 10^5\ \mathrm{N/m^3}$, 수은 밀도$= 1.355 \times 10^4\ \mathrm{kg/m^3}$

19 비중이 0.8인 기름의 점성계수는 0.01 kg/m^2이다. 이 기름의 동 점성계수는 몇 m^2/s인가?

① 1.2×10^{-3}　　② 1.2×10^{-4}

③ 2.2×10^{-3}　　④ 2.2×10^{-4}

풀이 동점성계수 $\nu = \dfrac{\mu}{\rho}$, 비중 $s = \dfrac{\gamma}{\gamma_w}$

기름의 단위중량 $\gamma = s \cdot \gamma_w = 0.8 \times 1000 = 800 kg_f/m^3$

따라서, 동점성계수 $\nu = \dfrac{\mu}{\left(\dfrac{\gamma}{g}\right)} = 0.01 \times \dfrac{9.8}{800} = 1.2 \times 10^{-4} (m^2/sec)$

20 어떤 액체의 동점성계수가 4stokes이며, 비중량이 $6 \times 10^{-3} N/cm^3$이다. 이 액체의 점성계수는 몇 $N \cdot sec/cm^2$인가?

① 2.45×10^{-3}　　② 2.45×10^{-4}

③ 2.45×10^{-5}　　④ 2.45×10^{-6}

풀이 동점성계수 $\nu = \dfrac{\mu}{\rho}$ = 4stokes = $4cm^2/sec$

밀도 $(\rho) = \dfrac{\gamma}{g} = \dfrac{6 \times 10^{-3}}{980} = 6.12 \times 10^{-6}\ (N \cdot sec^2/cm^4)$

점성계수 $\mu = \rho \cdot \nu = 4cm^2/sec \times 6.12 \times 10^{-6} N \cdot sec^2/cm^4$

$= 2.45 \times 10^{-5} N \cdot sec/cm^2$

21 어떤 유체의 밀도가 $86 kg_f \cdot s^2/m^4$이다. 이 액체의 비체적은 몇 m^3/kg인가?

① 1.12×10^{-5}　　② 1.13×10^{-4}

③ 1.19×10^{-3}　　④ 2.05×10^{-4}

풀이 비체적 $v_s = \dfrac{1}{\rho}$

밀도 $(\rho) = 86kg_f \cdot s^2/m^4 = 86 \times 9.8 (kg \cdot m/s^2) \cdot s^2/m^4 = 842.8kg/m^3$

따라서, 비체적 $v_s = \dfrac{1}{\rho} = \dfrac{1}{842.8kg/m^3} = 1.186 \times 10^{-3} m^3/kg$

해 답

19 ②　20 ③　21 ③

22 어떤 액체의 체적이 10m^3일 때 무게가 400kg_f이었다. 이 액체의 비중은 얼마인가?

① 0.04　　② 0.05

③ 0.06　　④ 0.07

풀이 비중 $s = \dfrac{\gamma}{\gamma_w}$

비중량, 단위중량 $\gamma = \dfrac{W}{V} = \dfrac{400}{10} = 40\text{kg}_\text{f}/\text{m}^3$

따라서, 비중 $s = \dfrac{40}{1000} = 0.04$

해 답

22 ①

Fire Fighting Hydrodynamics Theory

CHAPTER 02

정수역학

2.1 압력

2.2 압력의 측정기준

2.3 압력의 전달

2.4 압력측정기구

2.5 수중의 평면에 작용하는 정수압

2.6 부력

2.7 상대정지

CHAPTER 02

정수역학

2.1 압력

2.1.1 정의

1) 단위면적당 작용하는 힘

2) $P = \frac{F}{A}$ (2.1)

2.1.2 단위

1) 공학단위

kg_f/cm^2, mmHg, mmAq

$(1kg_f = 1kg \times 9.8m/sec^2 = 9.8kg \cdot m/sec^2 = 9.8N$

$= 9.8 \times 1000g \times 100cm/sec^2 = 9.8 \times 10^5 dyne)$

2) SI단위

$Pa = N/m^2$

$(1N = 1kg \times 1m/sec^2 = 1kg \cdot m/sec^2)$

2.2 압력의 측정기준

2.2.1 표준대기압

1) 정의

평균해수면상에서 대기가 지구표면에 가하는 평균압력으로 이론상 1기압은 위도 45°의 해면에서 단위면을 가진 온도 0℃, 높이 76cm의 수은기둥(단위중량 = $13.6gf/cm^3$)의 압력과 같다.

2) 표준대기압

$$1\ \text{기압(atm)} = 760\text{mmHg} = 13.6\times 76 = 1033.2\text{g/cm}^2 = 1.0132\times 10^5\ \text{N/m}^2$$
$$= 1.0332\text{kg/cm}^2 = 10.336\text{mH}_2\text{O}$$
$$(\text{물의 높이로 환산하면, } h = \frac{p}{\gamma} = \frac{1033.6(\text{g/cm}^2)}{1(\text{g/cm}^3)} = 1033.6\text{cm} = 10.336\text{m})$$

2.2.2 절대압력과 계기압력

1) 정의

압력은 측정기준에 따라서 절대압력과 계기압력으로 나눌 수 있다. 완전 진공상태, 즉, 절대영압(0)을 기준으로 하여 측정한 압력을 절대압력이라 하며 압력 측정시 대기압을 고려한 압력을 말한다.

2) 산정방법

① 절대압력(p_{abs}) = 대기압 + 계기압력 = $p_a + \gamma h$ (2.2)

= 대기압 − 진공압

② 계기압력(p_g) = γh (2.3)

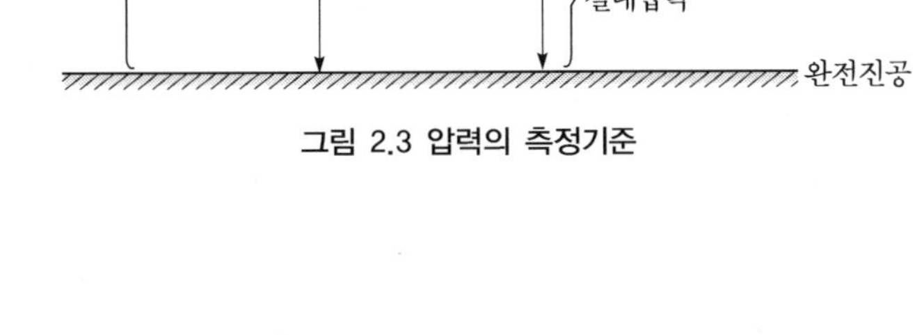

그림 2.3 압력의 측정기준

2.3 압력의 전달

1) 단면적이 A인 마개위에 힘 F를 가한 경우 마개 아랫면에 작용하는 수압강도는

$$P = \frac{F}{A} \tag{2.4}$$

2) B점에 작용하는 수압강도 P_B는

$$P_B = \gamma h + P \tag{2.5}$$

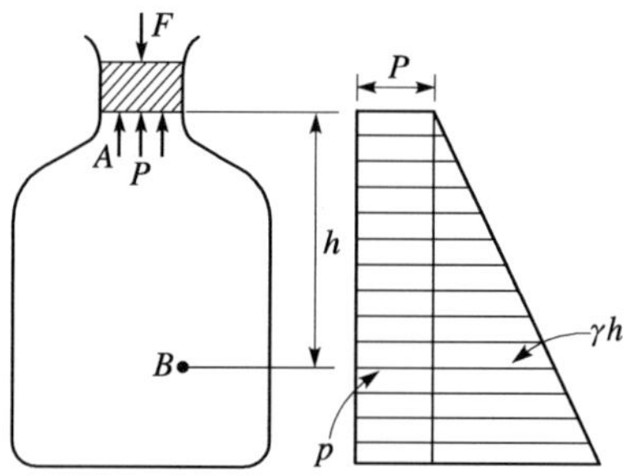

그림 2.4 압력의 전달

3) 파스칼의 원리

정수 중의 한 점에 압력을 가하면 그 압력은 수심에 관계없이 물 속의 모든 방향으로 일정한 강도로 전달된다. 수압기는 파스칼의 원리를 이용한 것으로 작은 힘으로 큰 힘을 얻는데 사용

$$\frac{F_1}{A_1} = \frac{F_2}{A_2} + \gamma h \tag{2.6}$$

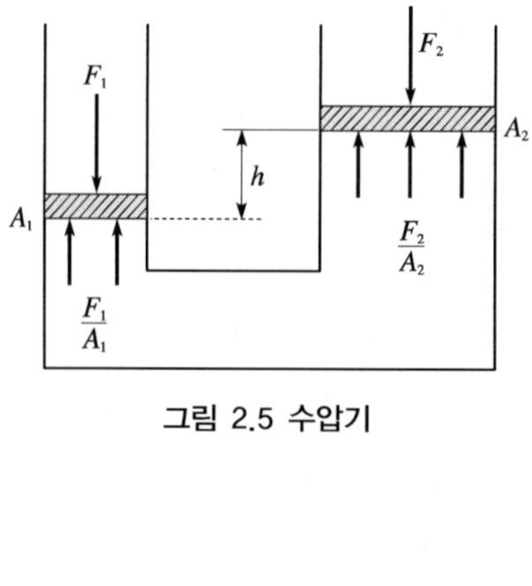

그림 2.5 수압기

2.4 압력측정기구

2.4.1 부르돈(Bourdon)압력계

1) 압력의 차이를 측정하는 장치

2) 관로나 탱크에 구멍을 뚫어 유체의 압력과 대기압과의 차를 나타냄

3) 견고하고 사용이 간편함

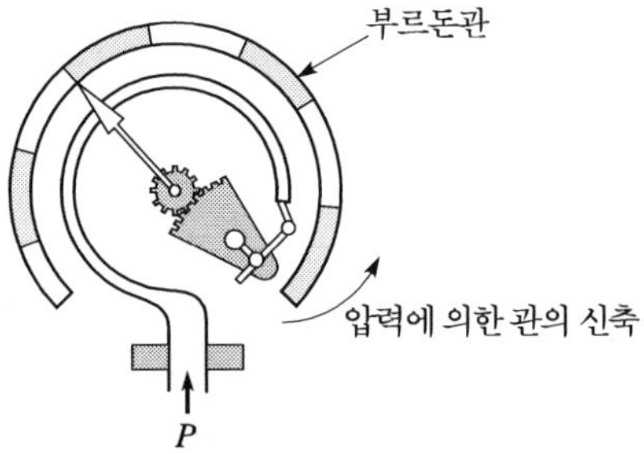

그림 2.6 부르돈압력계

2.4.2 액주계

1) 관 내의 압력 또는 두 관내의 압력차를 측정하는데 가장 일반적으로 사용됨

2) 두 점 사이의 압력차를 직선거리로부터 쉽게 얻을 수 있음

3) 하나의 관내 압력 또는 두 관의 압력차를 측정할 수 있음

4) 액주계의 종류

① 피에조미터(piezometer) : 액주계의 유체가 측정하려는 유체와 같은 경우

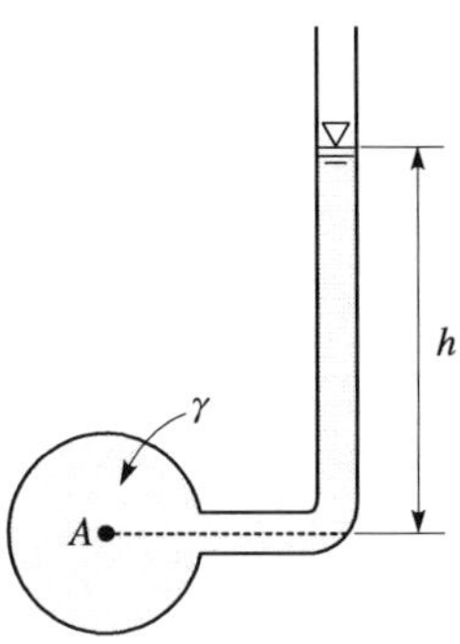

그림 2.7 연직 액주계

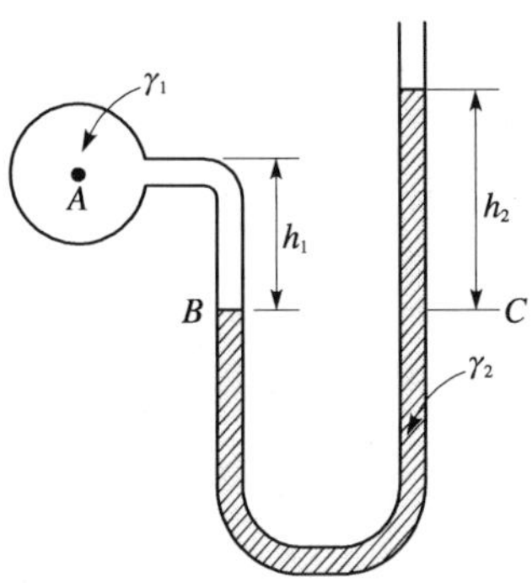

그림 2.8 U자형 액주계(U–tube manometer)

$$P_A = \gamma h \tag{2.7}$$

② **마노메터(manometer)** : U자형 유리관에 측정할 액체와 다른 액체를 넣고 수압을 측정하는 장치

A점의 압력을 구하기 위하여 B, C점은 동일 유체의 동일 수평면상의 점이므로 압력이 같다($P_B = P_C$)고 보면

$$P_B = P_A + \gamma_1 h_1 \tag{2.8}$$

$$P_C = \gamma_2 h_2 \tag{2.9}$$

$$P_B = P_C \text{이므로} \quad P_A + \gamma_1 h_1 = \gamma_2 h_2 \tag{2.10}$$

$$\text{따라서 A점 수압} \quad P_A = \gamma_2 h_2 - \gamma_1 h_1 \tag{2.11}$$

③ **시차 액주계** : 절대압을 측정하는 것이 아니고 정해진 두 지점에서의 압력차만을 측정하는 압력계이다.

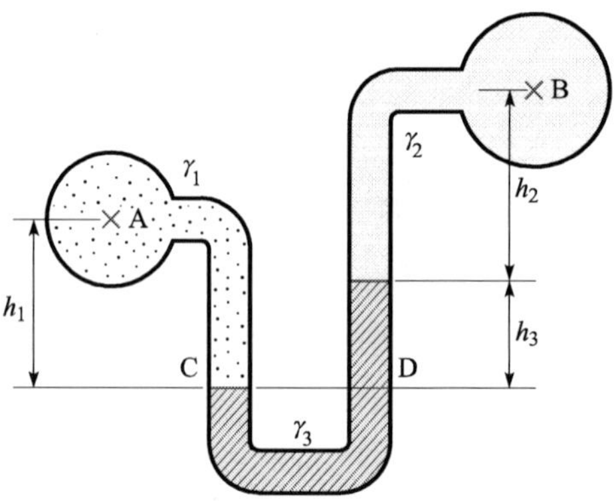

그림 2.9 시차 액주계

$$\text{C지점의 압력 : } P_A + \gamma_1 h_1 \tag{2.12}$$

$$\text{D지점의 압력 : } P_B + \gamma_2 h_2 + \gamma_3 h_3 \tag{2.13}$$

C지점과 D지점의 압력이 같으므로

$$P_A + \gamma_1 h_1 = P_B + \gamma_2 h_2 + \gamma_3 h_3 \tag{2.14}$$

식 (2.14)로부터 압력차($P_A - P_B$)를 계산하면

$$P_A - P_B = \gamma_2 h_2 + \gamma_3 h_3 - \gamma_1 h_1 \tag{2.15}$$

이 된다.

2.5 수중의 평면에 작용하는 정수압

평면상의 모든 점에서 수심이 같으므로 수압강도($p = \gamma h$)는 동일하다. 전수압(F)는 동일하다. 전 수압(F)은 면 전체에 작용하는 수압으로서 그 평면 위의 물의 무게와 같으며 작용점은 그 평면의 도심이다.

$$F = pA = \gamma h A = \gamma V = W \tag{2.16}$$

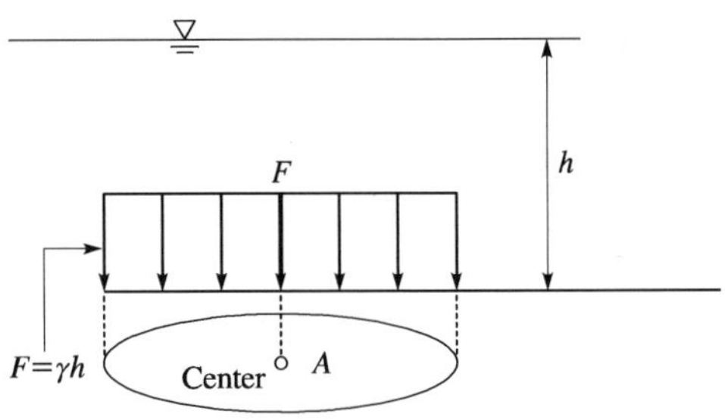

그림 2.10 수평면에 작용하는 전수압

2.6 부력

1) 정의

① 부력 : 수중에 잠겨있는 부분의 체적만큼 배제된 물의 무게와 같은 상향력을 말한다.

② 아르키메데스의 원리 : 수중에 잠겨있는 물체의 무게는 그 물체가 배제한 물의 무게만큼 가벼워진다는 것을 말하며 부력의 원리를 설명한다.

2) 물체가 수중에 떠 있는 경우

부력(F_B) = 공기 중 물체의 무게(W)가 된다.

여기서, 부력 $F_B = \gamma \times (수중체적\ ABCD)$

공기 중 물체의 무게 $W = \gamma V$ (2.17)

γ : 물의 단위중량(t/m^3)

V : 물체의 전체 체적

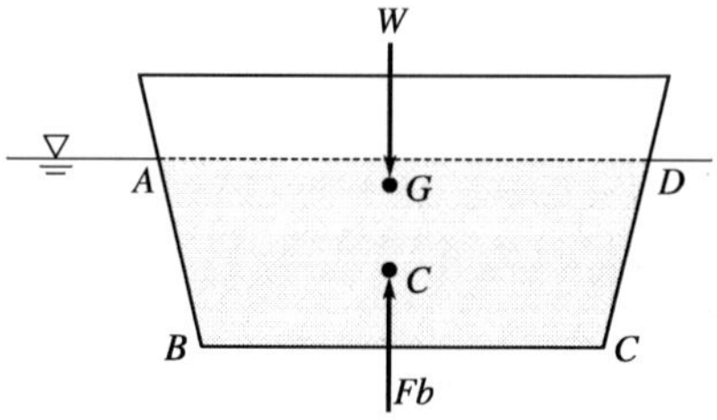

그림 2.11 수중에 잠긴 부체

그림 2.11에서 정역학적 평형방정식을 세우면

$F_B - W = 0$

$\therefore F_B = W = \gamma V'$ (2.18)

여기서, W : 공기 중 물체 무게

V' : 수중에 잠긴 물체의 체적

즉, 물체의 일부가 수중에 잠긴 부체는 그 물체의 무게와 동일한 부력을 받는다.

3) 물체가 수중에 잠겨 있는 경우

물체가 수중에 완전 잠긴 경우로 물체의 무게가 부력보다 큰 경우($W > F_B$)로 수중에서 물체의 무게는

$W' = W - F_B$

$F_B = W - W'$ (2.19)

여기서, W' : 수중에서 물체의 무게

2.7 상대정지

1) 연직상방향 운동시

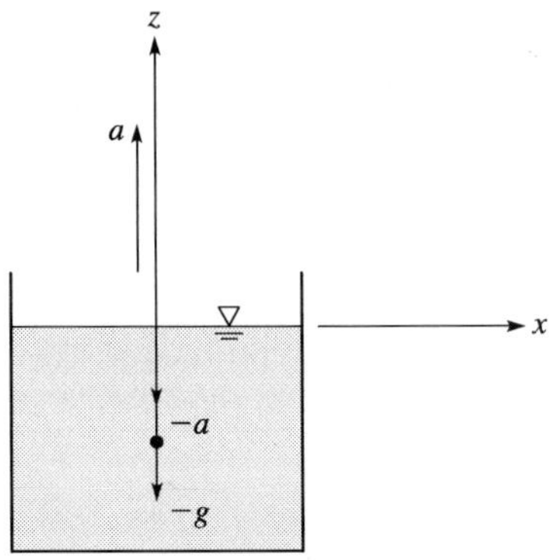

그림 2.12 연직 등가속도를 받는 액체

등가속도 α가 연직상향으로 작용하면,

$$p = \gamma h\left(1 + \frac{\alpha}{g}\right) \tag{2.20}$$

여기서, h : 수심

α: 등가속도

g: 중력가속도

연직상향의 등가속도를 받을 때의 수압은 정수압보다 $\frac{\alpha}{g}$만큼 수압을 더 받는다.

2) 연직하방향 운동시

등가속도 α가 연직하향으로 작용하면

$$p = \gamma h\left(1 - \frac{\alpha}{g}\right) \tag{2.21}$$

연직하향의 등가속도를 받을 때의 수압은 정수압보다 $\frac{\alpha}{g}$만큼 수압을 작게 받는다.

핵심문제

01 파스칼의 원리를 옳게 설명한 것은?

① 유체중의 물체는 그 물체가 배제하는 체적부분의 유체무게 만큼의 부력을 받는다.
② 밀폐된 용기의 유체에 가해지는 압력은 어느 방향에서나 서로 같다.
③ 유체의 유속은 단면적에 반비례하고, 지름의 제곱에 반비례한다.
④ 기체가 차지하는 부피는 압력에 반비례하고, 절대온도에 비례한다.

풀이 파스칼 원리 : 정수 중의 한 점에 압력을 가하면 그 압력은 수심에 관계없이 물 속의 모든 방향으로 일정한 강도로 전달된다. 수압기는 파스칼의 원리를 이용한 것으로 작은 힘으로 큰 힘을 얻는데 사용

02 U자관에 수은이 채워져 있다. 여기서 어떤 액체를 넣었을 때 이 액체 24cm 수은 10cm가 평형을 이루였다면 이 액체의 비중은 얼마인가?(단, 수은의 비중은 13.6이다.)[01.6.기사]

① 5.7　　② 5.8
③ 5.9　　④ 6.0

풀이 동일 유체이며 높이가 같은 경우 작용하는 압력은 같으므로

$P_B = P_C$에서

$P_B = \gamma_1 \times 0.24$

$P_c = 13.6 \times 0.1 = 1.36\text{kg}_\text{f}/\text{m}^2$

$0.24\gamma_1 = 1.36$

$\gamma_1 = \dfrac{1.36}{0.24} = 5.67\text{kg}_\text{f}/\text{m}^3$

따라서, 비중 $S = \dfrac{\gamma}{\gamma_w} = \dfrac{5.67}{1} = 5.67$

03 물이 들어 있는 U자관 속에 기름을 넣었더니 기름 25cm와 물 15cm 액주가 평형을 이루었다면 이 기름의 비중은 얼마인가?

① 0.3　　② 0.6
③ 0.7　　④ 1.7

해 답

01 ②　02 ①　03 ②

풀이 동일 유체이며 높이가 같은 경우 작용하는 압력은 같으므로

$P_B = P_C$에서

$P_B = \gamma_{oil} \times 0.25$

$P_c = 1 \times 0.15 = 0.15\text{t}_\text{f}/\text{m}^2$

$0.25\gamma_{oil} = 0.15$

$\gamma_{oil} = \frac{0.15}{0.25} = 0.6\text{t}_\text{f}/\text{m}^3$

따라서 $S = \frac{\gamma_{oil}}{\gamma_w} = \frac{0.6}{1} = 0.6$

04 관로의 유량을 측정하기 위하여 오리피스를 설치한다. 유량을 오리피스에서 생기는 압력차에 의하여 계산하면 얼마인가? (단, 액주계 액체의 비중은 2.50, 흐르는 유체의 비중은 0.85, 마노미터의 읽음은 400mm이다.)

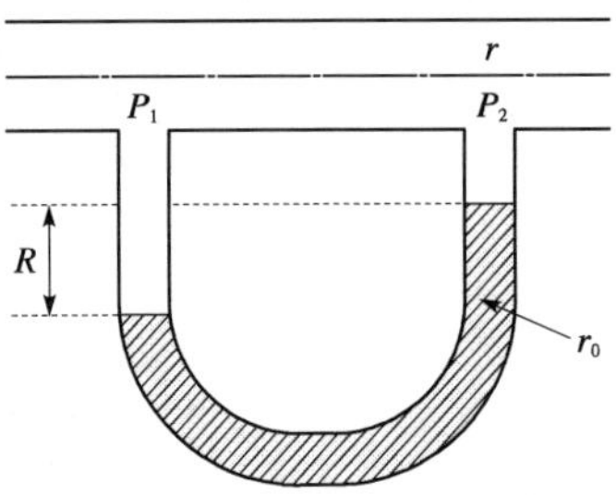

① 9.84kpa
② 63.2kpa
③ 6.468kpa
④ 98.0kpa

풀이 동일 유체이며 높이가 같은 경우 작용하는 압력은 같으므로

$P_1 = P_2$에서

$P_1 + 0.85 \times 9.8 \times 0.4 = P_2 + 2.5 \times 9.8 \times 0.4$

$P_1 - P_2 = 9.8 \times 0.4(2.5 - 0.85)$

$= 6.468\text{kPa}$

해 답

04 ①

05 상부가 개방된 어떤 용기에 CCI_4(4염화탄소)가 2m 깊이로 담겨있고 그 위에 물이 1.5m 깊이로 채워져 있다. 용기 바닥면이 받는 압력은 몇 N/m^2인가? (단, CCI_4의 비중은 1.5942이다.)

① 147271　② 157670
③ 45946　④ 56345

풀이 $P = 1 \times 1.5 + 1.5942 \times 2.0 = 4.6884t/m^2$
$= 4.5984 \times 9.8 = 45.946kPa = 45946N/m^2$

06 그림과 같이 액주계에서 $\rho_1 = 1000kg/m^3$, $\rho_2 = 13600kg/m^3$, $h_1 = 500mm$, $h_2 = 800mm$일 때 관중심 A의 게이지압은 얼마인가?

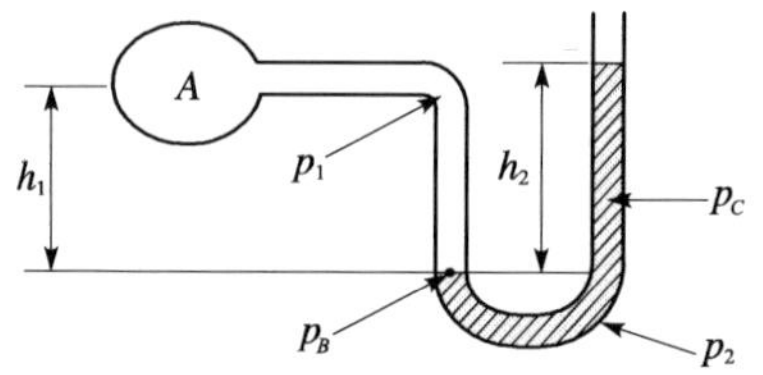

① 101.7kPa　② 109.6kPa
③ 126.4kPa　④ 131.7kPa

풀이 $P_B = P_C$ 에서
$P_B = P_A + 1000 \times 0.5$
$P_C = 13600 \times 0.8$
따라서, $P_A = 10380kg_f/m^2 = 101{,}724N/m^2 = 101.7kPa$

07 그림과 같이 피에조미터에서 P_A의 압력은 어떻게 표시될 수 있는가?

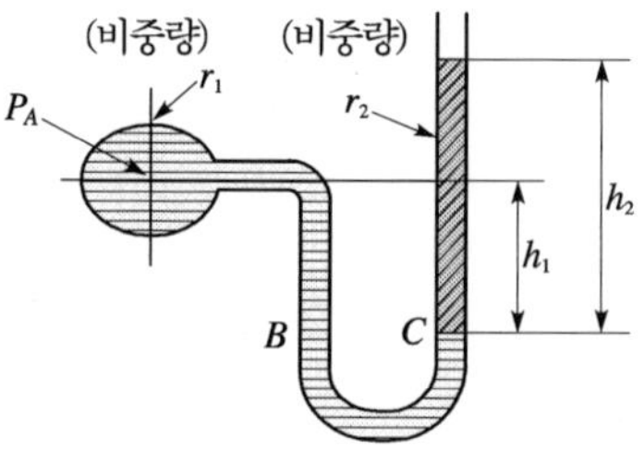

해 답

05 ③　06 ①　07 ②

① $P_A = r_1 h_1 - r_2 h_2$
② $P_A = r_2 h_2 - r_1 h_1$
③ $P_A = r_1 h_1 + r_2 h_1$
④ $P_A = r_1 h_1 + r_2 h_2$

풀이 $P_B = P_C$ 에서
$P_B = P_A + \gamma_1 h_1$
$P_C = \gamma_2 h_2$
따라서, $P_A = \gamma_2 h_2 - \gamma_1 h_1$

08 유체의 압력차를 측정할 수 있는 계기는?

① 오리피스
② 마노미터
③ 벤튜리관
④ 로타미터

풀이 마노미터는 관내 압력 또는 두 관의 압력차를 측정하는 기기

09 수압기는 다음 어느 정리를 응용한 것인가?

① 토리첼리의 정리
② 베르누이의 정리
③ 아르키메데스 정리
④ 파스칼의 정리

풀이 수압기는 파스칼의 정리를 응용한 기구임

10 유체 속에 잠겨진 물체에 작용되는 부력은?

① 물체의 중량보다 크다.
② 그 물체에 의하여 배제된 무게와 같다.
③ 물체의 중력과 같다.
④ 유체의 비중량과 관계가 있다.

풀이 부력이란 수중에서 물체를 상방향으로 미는 힘으로 수중에 잠겨진 부피만큼 배제된 물의 무게가 곧 부력이 된다.

11 비중이 0.7인 물체를 물에 띄우면 전체 체적의 몇 %가 물 속에 잠기는가?

① 55%
② 65%
③ 70%
④ 75%

해 답

08 ② 09 ④ 10 ② 11 ③

풀이 $W = F_B$

$0.7 \times V = 1 \times V_1$

여기서, V : 물체의 전체 체적

V_1 : 수중에 잠긴 물체의 체적

$\frac{V_1}{V} = 0.7$이므로 전체체적의 70%가 물속에 잠긴다.

12 그림에서 피스톤 A_2의 반지름이 A_1의 반지름의 2배일 때 힘 F_1, F_2 사이의 관계는?

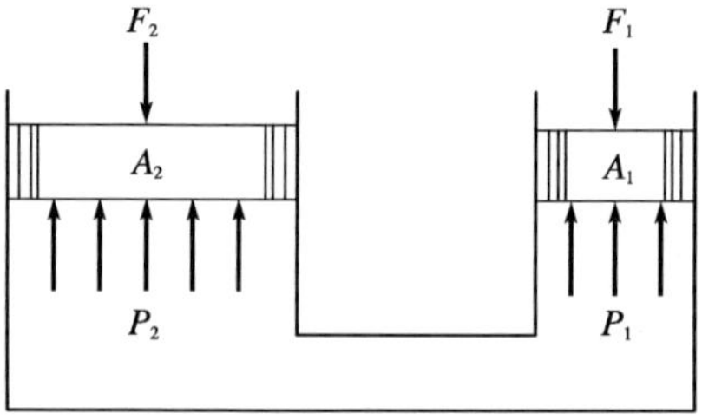

① $F_1 = F_2$　　② $F_2 = 2F_1$

③ $F_1 = 4F_2$　　④ $F_2 = 4F_1$

풀이 현재 평형상태이므로 $P_1 = P_2$임

$P_1 = \frac{F_1}{A_1}$, $P_2 = \frac{F_2}{A_2}$, $A_2 = \pi(r_2)^2 = \pi(2r_1)^2 = 4\pi r_1^2 = 4A_1$

$P_1 = P_2$이므로 $\frac{F_1}{A_1} = \frac{F_2}{A_2} = \frac{F_2}{4A_1}$

따라서, $F_2 = 4F_1$

13 밑변 2m×2m, 높이 2m인 나무토막 위에 500kg의 추를 올려 놓고 물에 띄웠다. 나무의 비중을 0.65라 할 때 나무토막이 물 속에 잠긴 부분의 부피는 몇 m^3인가?

① 5　② 5.2　③ 5.7　④ 6

풀이 $W = F_B$

$(1000 \times 0.65 \times 8) + 500 = 1000\,V_1$

여기서, V_1 : 수중에 잠긴 물체의 체적

따라서, $V_1 = \frac{5700}{1000} = 5.7\text{m}^3$

해 답

12 ④　13 ③

14 공기 중에서 941N 인 돌이 물에 잠겨있다. 물에서의 무게가 500N이면 이 돌의 체적은 몇 m^3 인가?

① 0.045　　② 0.034
③ 0.028　　④ 0.012

풀이 $F_B = W - W'$

여기서, F_B : 부력

W : 물체의 공기중 무게

W' : 물체의 수중무게

부력 $F_B = 941N - 500N = \gamma_w \cdot V$

$$V = \frac{441}{1000 \times 9.8} = 0.045\text{m}^3$$

15 단면적 40cm^2인 원통형의 물체를 물위에 놓았더니, 그림과 같이 떠 있었다. 물체의 무게는 얼마인가?

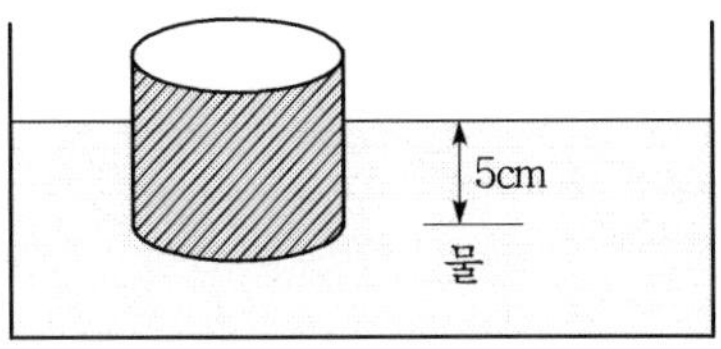

① 200g　　② 400g
③ 40g　　④ 400/πg

풀이 $F_B = W$

$F_B = \gamma_w \times V = 1\text{g}_\text{f}/\text{cm}^3 \times 40 \times 5 = 200\text{g}_\text{f}$

따라서, 물체의 무게는 200g_f

16 비중이 1.03인 바닷물에 전체 부피의 15%가 밖에 떠 있는 빙산이 있다. 이 빙산의 비중은 얼마인가?

① 0.875　　② 0.927
③ 1.927　　④ 0.155

해 답

14 ①　15 ①　16 ①

풀이 $F_B = W$

$F_B = \gamma_w \times V = 1.03 \times 0.85V = 0.8755V$

$W = \gamma_{빙산} \times V$

$\gamma_{빙산} = 0.8755\mathrm{t_f/m^3}$

따라서, 빙산의 비중 $S = \dfrac{\gamma_{빙산}}{\gamma_w} = \dfrac{0.8755}{1} = 0.8755$

17 어떤 물체가 공기 중에서 잰 무게는 588N 이고 이것을 물 속에서 잰 무게는 107.8N 이었다. 이 물체의 비중은 얼마인가? (단, 공기의 무게는 무시한다.)

① 1.0
② 1.1
③ 1.2
④ 1.3

풀이 $F_B = W - W'$

여기서, F_B : 부력

W : 물체의 공기중 무게

W' : 물체의 수중무게

부력 $F_B = 588N - 107.8N = \gamma_w \cdot V$

$V = \dfrac{480.2}{1000 \times 9.8} = 0.049\mathrm{m^3}$

$W = \gamma_s V = \gamma_s \times 0.049 = 588N$

$\gamma_s = \dfrac{588 \times \dfrac{1}{9.8}\mathrm{kg_f}}{0.049\mathrm{m^3}} = 1224.49\mathrm{kg_f/m^3}$

비중 $S = \dfrac{\gamma_s}{\gamma_w} = \dfrac{1224.48}{1000} = 1.2$

18 $2.5\mathrm{kg_f/cm^2}$의 압력은 몇 bar인가? (단, 중력가속도는 $9.81\mathrm{m/sec^2}$이다.)

① 2.5542
② 2.4525
③ 2.4233
④ 2.2264

풀이 $1\mathrm{bar} = 10^5\mathrm{Pa} = 10^5 \times \dfrac{1}{9.8}\mathrm{kg_f/m^2} = 10{,}204.08\mathrm{kg_f/m^2} = 1.02\mathrm{kg_f/cm^2}$

1bar : 1.02 = x : 2.5

x = 2.45bar

즉 $2.5\mathrm{kg/cm^2} = 2.45\mathrm{bar}$

해 답

17 ③ 18 ②

19 대기압의 크기는 760mmHg이고, 수은의 비중은 13.6일 때 240mmHg의 압력은 계기압력으로 몇 kg/cm^2인가?

① −0.3158 ② −0.6842 ③ −0.7072 ④ −0.8565

풀이 1기압 = $1.0336kg/cm^2$

절대압력 = 240mmHg = $\frac{240mmHg}{760mmHg} \times 1.0336kg/cm^2 = 0.3264kg/cm^2$

계기압력 = 절대압력−대기압 = $0.3264 - 1.0336 = -0.7072kg/cm^2$

20 게이지압력 $2.0kg/cm^2$인 용기가 있다. 대기압력이 $14.7kg/cm^2$일 때 이 용기의 절대압력은 몇 kg/cm^2인가?

① 16.7 ② 26.7 ③ 34.7 ④ 14.9

풀이 절대압력 = 대기압+계기압력

= $14.7 + 2.0 = 16.7kg/cm^2$

21 진공압력과 절대압력과의 관계는?

① 진공압력 − 대기압 = 절대압력
② 대기압력 + 진공압력 = 절대압력
③ 국소대기압력 − 진공압력 = 절대압력
④ 표준대기압력 − 진공압력 = 절대압력

풀이 절대압력 = 대기압+계기압력

= 대기압−진공압력

22 진공압력이 40mmHg일 경우 절대압력은 몇 kPa 인가?(단, 대기압은 101.3kPa이다.)

① 96 ② 55.5 ③ 34.7 ④ 14.9

풀이 1atm = 760mmHg = 101.325kPa

$40mmHg = \frac{40mmHg}{760mmHg} \times 101.325kPa = 5.33kPa$

절대압 = 대기압−진공압

= 101.3kPa−5.33kPa = 96kPa

해 답

19 ③ 20 ① 21 ③ 22 ①

23 원통형의 용기바닥에 깊이 1.5m까지는 비중이 1.35인 액체를 넣고 그 위에는 2.5m까지의 깊이로 비중 0.95의 액체를 넣었을 때 밑바닥이 받는 총압력은 몇 tonf인가? (단, 밑바닥의 지름은 2m이다.)

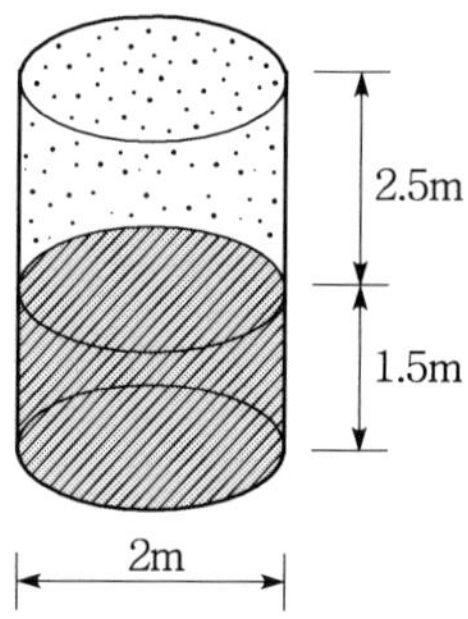

① 12.86 ② 13.8 ③ 14.5 ④ 16.0

풀이 용기의 저면이 받는 총압력은 전수압을 의미하므로

$$F = F_1 + F_2 = 0.95 \times 2.5 \times \frac{\pi \cdot 2^2}{4} + 1.35 \times 1.5 \times \frac{\pi \cdot 2^2}{4} = 13.82\text{tonf}$$

24 비중이 0.92인 빙산이 비중이 1.025의 해수면 위에 떠 있다. 수면위로 나온 빙산용적이 180m^{3}이면 빙산의 전체적은 몇 m^{3}인가?

① 1286 ② 1386 ③ 1450 ④ 1757

풀이 빙산의 무게와 부력이 같다는 조건을 이용하면

$W = F_B$, $W = \gamma_1 V$, $F_B = \gamma_2 (V - 180)$

$\therefore 0.92V = 1.025(V - 180)$

$(1.025 - 0.92)V = 1.025 \times 180$

$\therefore V = 1757.143\text{m}^3$

25 어떤 물체가 공기 중에서의 무게는 40kg이고 물속에서의 무게는 23kg이다. 이 물체의 비중은?

① 2.25 ② 2.35
③ 2.45 ④ 2.55

풀이 $\text{물체의비중} = \dfrac{\text{공기중무게}}{\text{공기중무게} - \text{물속무게}} = \dfrac{40}{40-23} = 2.35$

해 답

23 ② 24 ④ 25 ②

26 물이 들어있는 수조가 14.9$\mathrm{m/sec^2}$의 가속도로 수직상방향으로 이동될 때 깊이 2m에서의 압력은 몇 $\mathrm{kg_f/m^2}$인가?

① 5111.5　　② 5256.5
③ 5456　　④ 5040.8

풀이 $p=\gamma h(1+\frac{\alpha}{g})$ = 1000×2×(1+(14.9/9.8)) = 5040.82$\mathrm{kg_f/m^2}$

27 측정되는 압력에 의하여 생기는 금속의 탄성변형을 기계식으로 확대 지시하여 유체의 압력을 측정하는 기구는?

① 마노미터　　② 시차액주계
③ 부르돈관 압력계　　④ 기압계

풀이 부르돈관 압력계 : 유체의 압력이 증가하는 경우 부르돈관이 점차 확대되면서 이 힘으로 인해 바늘이 움직이게 됨

28 다음 중 압력차를 측정하는데 사용되는 기구는?

① 벤츄리미터　　② U자관
③ 오리피스미터　　④ 로라미터

풀이 ① 압력을 측정하는 계기
- 기압계, 부르돈 압력계, 피에조미터, U자관, 마노미터

② 유량을 측정하는 방법
- 오리피스, 피토관, 벤츄리미터, 노즐, 위어, 로라미터

해 답

26 ④　27 ③　28 ②

Fire Fighting Hydrodynamics Theory

CHAPTER 03

흐름의 기초이론

CHAPTER 03

흐름의 기초이론

3.1 흐름의 정의와 분류

3.1.1 정상류와 부정류

1) 정상류(steady flow)

밀도, 유속, 압력, 온도 등의 모든 흐름특성이 시간에 따라서 변하지 않는 흐름(평상시 하천의 흐름은 정상류라 할 수 있다)

$$\frac{\partial V}{\partial t}=0,\ \frac{\partial Q}{\partial t}=0,\ \frac{\partial \rho}{\partial t}=0 \tag{3.1}$$

2) 부정류(Unsteady flow)

흐름의 특성이 시간에 따라 변하는 흐름, 실제 자연계의 흐름은 대부분 부정류에 속함

$$\frac{\partial V}{\partial t}\neq 0, \frac{\partial Q}{\partial t}\neq 0, \frac{\partial \rho}{\partial t}\neq 0 \tag{3.2}$$

3.1.2 유선, 유적선

1) 유선(Stream line)

유체가 흐르고 있는 경우 어느 한순간에 유체입자의 속도 벡터를 그릴 때 이들 벡터에 접하는 가상의 선을 유선

$$\frac{dx}{u}=\frac{dy}{v}=\frac{dz}{w}\cdots \ \text{유선 방정식} \tag{3.3}$$

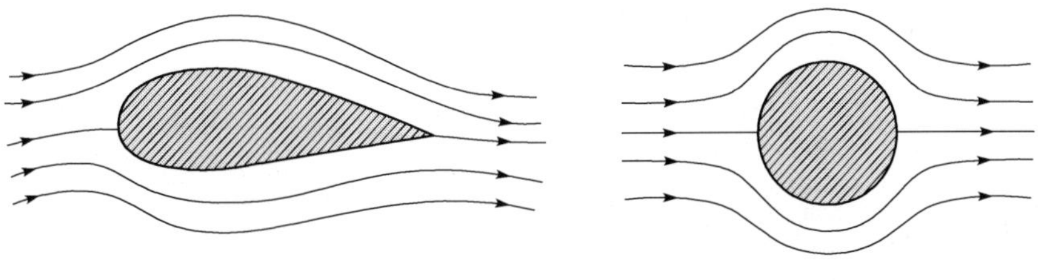

(a) 익형에서의 유선　　(b) 실린더에서의 유선

그림 3.1 단면주위에서 일어나는 유선의 모양

2) 유적선(Stream pathline)

운동하고 있는 물, 혹은 다른 유체 중에서 개개유체입자가 흐르는 경로를 유적선이라 한다. 정상류의 경우 유선은 시간에 따라서 변화하지 않으므로 유선은 물입자가 이동한 경로인 유적선과 일치한다. 그러나 부정류의 경우에는 유선과 유적선을 일치하지 않는다.

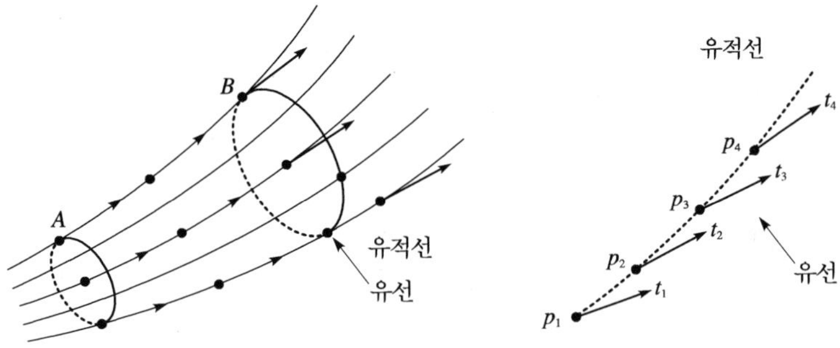

(a)　　(b)

그림 3.2 유선, 유적선

3.2 1차원 연속방정식

1) 개요

"질량은 창조되지도 않고 소멸되지도 않는다"는 질량보존의 법칙을 정상류로 흐르고 있는 유관에 적용시킴으로서 얻게 되는 방정식

한 단면에서 다른 단면으로 흐르는 유체 흐름의 연속성을 표시한다.

2) 원리

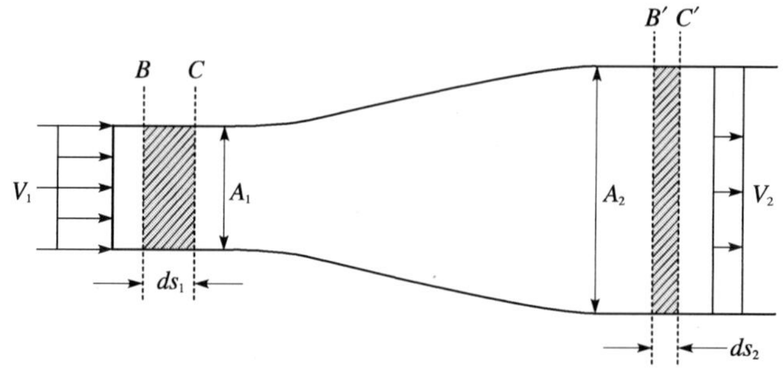

그림 3.3 1차원 연속방정식

$$Q = A_1 V_1 = A_2 V_2 \tag{3.4}$$

여기서, Q는 체적유량으로서 통상유량이라 약칭하며 $\mathrm{m^3/sec}$의 단위를 가진다.

3) 유량의 종류

① 질량유량(t/sec)	② 중량유량($\mathrm{t_f/sec}$)	③ 체적유량($\mathrm{m^3/sec}$)
$m = \rho A V$ (3.5)	$G = \gamma A V$ (3.6)	$Q = A V$ (3.7)
여기서, m : 질량유량 A : 단면적($\mathrm{m^2}$) V : 유속(m/sec) ρ : 밀도($\mathrm{kg/m^3}$)	여기서, G : 중량유량($\mathrm{t_f/sec}$) A : 단면적($\mathrm{m^2}$) V : 유속(m/sec) γ : 비중량($\mathrm{kgf/m^3}$)	여기서, Q : 유량($\mathrm{m^3/sec}$) A : 단면적($\mathrm{m^2}$) V : 유속(m/sec)

4) 수조 내 물의 유출시 걸리는 시간 t

$$t = \frac{V}{Q}(\mathrm{min}) \tag{3.8}$$

여기서, V=수조 내 물의 체적, Q=유량

$$t = \frac{\text{수두차 } h}{\text{수위하강속도 } V}(\mathrm{min}) \tag{3.9}$$

$$t = \frac{Q}{0.653 D^2 \sqrt{10P}} \tag{3.10}$$

여기서, Q= 방수량(l/min)

D= 직경(mm)

P= 방수압(MPa)

핵심문제

01 안지름이 20cm인 관내를 $3.6\mathrm{m^3/min}$으로 유체가 흐를 때 유속[m/sec]은 얼마인가?

① 1.91
② 0.72
③ 7.2
④ 18

풀이 $Q = AV = \dfrac{\pi \cdot 0.2^2}{4} \times V = 3.6\mathrm{m^3/min} = 3.6\mathrm{m^3}/60\mathrm{sec} = 0.06\mathrm{m^3/s}$

$V = \dfrac{Q}{A} = \dfrac{0.06}{0.0314} = 1.91\mathrm{m/s}$

02 비중량이 $998\mathrm{kg/m^3}$인 유체가 소화설비 배관 내부에 분당 5톤씩 흐른다. 관경이 150mm라면 평균유속(m/s)은 얼마인가?

① 3.1
② 4.73
③ 83.3
④ 283.8

풀이 중량유량 : $G = \gamma A V = 998\mathrm{kg_f/m^3} \times \dfrac{\pi \times 0.15^2}{4} \times V = 5000\mathrm{kg_f/min} = 83.33\mathrm{kg_f/sec}$

따라서, $V = \dfrac{83.33}{17.636} = 4.73\mathrm{m/s}$

03 유선에 대한 설명 중 맞는 것은?

① 한 유체 입자가 일정한 기간 내에 움직여 간 경로를 말한다.
② 모든 유체 입자의 순간적인 부피를 말하며, 연소하는 물질의 체적 등을 말한다.
③ 유동장의 한 선상의 모든 점에서 그은 접선이다.
④ 유동장의 모든 점에서 속도 벡터에 수직한 방향을 갖는 선이다.

풀이 유선 : 유체가 흐르고 있는 경우 어느 한순간에 유체입자의 속도 Vector를 그릴 때 이들 벡터에 접하는 가상의 선을 유선

해 답

01 ① 02 ② 03 ③

04 정상류라고 할 수 있는 것은?

① 직관로 속에 유속 변동이 있는 물
② 직관로 속에 일정한 유속을 가진 물
③ 수격작용과 surge현상을 일으키는 물
④ 곡관 내를 흐르며 마찰과 충격을 일으키는 물

풀이 정상류란 시간에 따른 물의 흐름특성이 일정한 상태의 흐름

05 유체의 흐름에서 유적선이란 무엇인가?

① 한 유체 입자가 일정한 기간에 움직인 경로
② 모든 점에서 속도벡터에 수직한 방향을 갖는 선이다.
③ 유동 단면의 중심을 연결한 선
④ 유체 입자의 순간 체적

풀이 유적선 : 운동하고 있는 물, 혹은 다른 유체중에서 개개유체입자가 흐르는 경로를 유적선

06 연속방정식의 설명에 대한 이론적 근거가 되는 것은?

① 에너지 보존의 법칙
② 질량보존의 법칙
③ 뉴톤의 운동 제2법칙
④ 관성의 법칙

풀이 연속방정식은 질량보존의 법칙을 근거로 하여 세워진 방정식임

07 직경 22cm인 관이 직경 12cm인 단면으로 줄었다가 다시 직경 18cm의 단면으로 확대되었다. 22cm관속의 평균유속이 1m/sec일 때 유량은 얼마이며, 12cm 및 18cm관속에서의 평균유속은 몇 m/sec인가?

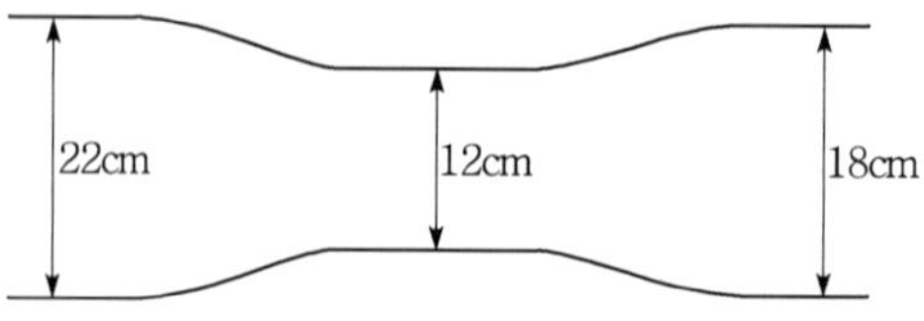

해 답

04 ① 05 ② 06 ③

① 1.5 ② 2.0
③ 2.5 ④ 3.0

풀이 1차원 연속방적을 이용하면 $Q=A_1V_1=A_2V_2$

$$V_2=\frac{A_1}{A_2}V_1=\left[\frac{\frac{\pi\times0.22^2}{4}}{\frac{\pi\times0.12^2}{4}}RIGHT\right]\times1=\left(\frac{0.038}{0.0113}\right)\times1=3.361(\mathrm{m/sec})$$

$$Q=\frac{\pi\times0.22^2}{4}\times1=0.038\mathrm{m^3/sec}$$

$V_3=1.494(\mathrm{m/sec})$

08 수면의 면적이 $10\mathrm{m}^2$인 저수조에 계속적으로 $1\mathrm{m}^3/\mathrm{min}$의 유량으로 물을 채우고 있다. 화재 초기에 수심은 2m였고, 진화를 위해 $2\mathrm{m}^3/\mathrm{min}$의 물을 계속 취수한다면, 이 저수조가 고갈 될 때까지는 약 몇 분 걸리겠는가?

① 15 ② 20
③ 25 ④ 30

풀이 수면의 체적 V

$V=10\mathrm{m}^2\times2\mathrm{m}=20\mathrm{m}^3$

소모되는 유량 Q

$Q=2\mathrm{m}^3/\mathrm{min}-1m^3/\mathrm{min}=1m^3/\mathrm{min}$

저수조가 고갈될 때까지 걸리는 시간 t

$$t=\frac{V}{Q}=\frac{20\mathrm{m}^3}{1\mathrm{m}^3/\mathrm{min}}=20\mathrm{min}$$

해 답

07 ① 08 ②

CHAPTER 04

이상유체의 흐름

CHAPTER 04

이상유체의 흐름

4.1 오일러(Euler's)방정식

4.1.1 정의

유체의 입자가 유선 또는 유관을 따라 움직일때 뉴튼의 운동 제2법칙을 적용하여 얻은 미분방정식을 오일러의 운동방정식이라고 한다.

4.1.2 가정조건

(1) 유체입자는 유선을 따라 움직인다.
(2) 유체의 점성력은 없다(비점성유체).
(3) 정상유동이다.
(4) 압축성 및 비압축성 유체에 관계없이 적용한다.

4.2 1차원 베르누이 방정식

4.2.1 기본식

베르누이(Bernoulli)의 에너지 방정식은 다음과 같다.

$$\frac{p}{\gamma}+\frac{V^2}{2g}+z=H=\text{일정} \quad (4.1)$$

여기서, $\frac{p}{\gamma}$: 압력수두

$\frac{V^2}{2g}$: 속도수두

z : 위치수두

H : 전수두

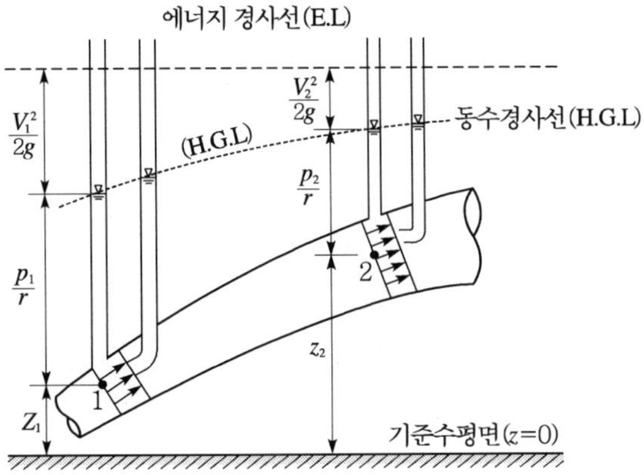

그림 4.1 Bernoulli 방정식

단면 1과 2 사이에 베르누이 방정식을 적용하면 다음과 같다.

$$\frac{p_1}{\gamma}+\frac{V_1^2}{2g}+z_1=\frac{p_2}{\gamma}+\frac{V_2^2}{2g}+z_2 \tag{4.2}$$

4.2.2 특성

① 에너지선(E.L.) : 각 단면의 전수두를 연결한 선, $EL=\frac{P}{\gamma}+\frac{V^2}{2g}+Z$ (4.3)

② 동수경사선(H.G.L) : 위치수두 + 압력수두를 연결한 선, $HGL=\frac{P}{\gamma}+Z$ (4.4)

즉, 수력구배선(H.G.L)은 항상 에너지선(E.L)보다 속도수두 $\left(\frac{V^2}{2g}\right)$만큼 아래에 위치한다.

4.2.3 가정조건

① 흐름은 정상류(Steady flow)

② 마찰에 의한 에너지손실이 없는 이상유체

③ 베르누이 방정식을 적용코저 하는 임의의 두 점은 같은 유선상에 있어야 한다.

4.3 베르누이 방정식의 응용

4.3.1 토리첼리(Torricelli)의 정리

물이 들어 있는 수로의 벽면에 아주 작은 구멍(작은 오리피스)을 뚫어서 물을 유출시키는 경우를 생각한다.

$$V = \sqrt{2gh} \tag{4.5}$$

여기서, V : 유속

g : 중력가속도

h : 높이

$$\text{추력 } F = 2\gamma A \times h \tag{4.6}$$

A : 단면적

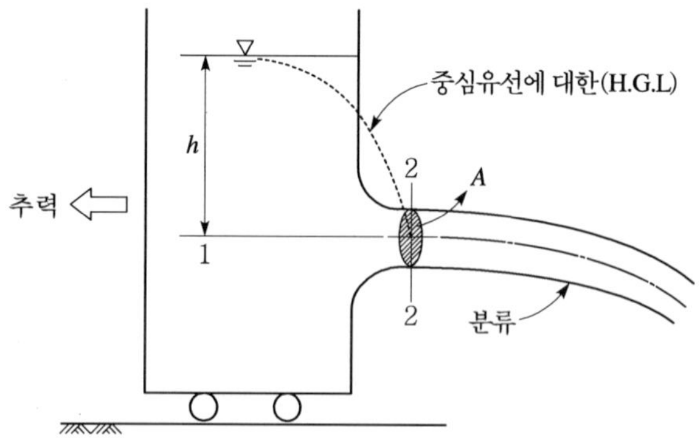

그림 4.2 토리첼리의 정리

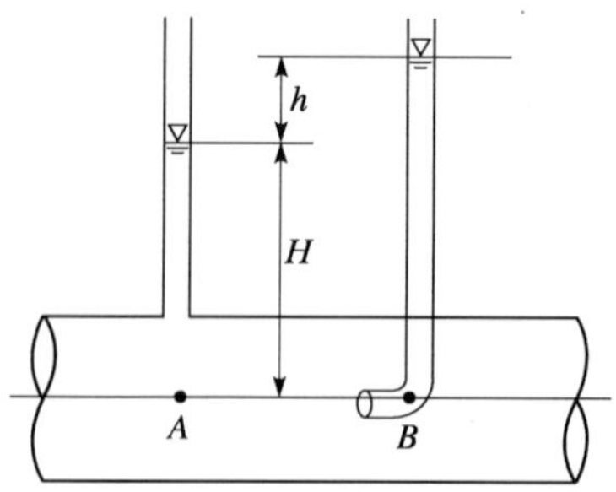

그림 4.3 수압관식 피토관

4.3.2 피토관(Pitot tube)

Henry Pitot가 정체압력을 측정하기 위해 고안한 것으로 정압과 동압을 이용하여 국부유속을 측정하는 장치이다.

A점의 유속은 다음과 같이 계산할 수 있다.

$$V_A = \sqrt{2gh} \tag{4.7}$$

$$h = \frac{V_A^2}{2g} \tag{4.8}$$

여기서, V : 유속(m/s)

g : 중력가속도(m/s^2)

h : 높이(m)

피토관 내 다른 유체가 들어있는 경우 유속은

$$V = \sqrt{2hg\left(\frac{\gamma}{\gamma_w} - 1\right)} \tag{4.9}$$

4.3.3 벤추리미터

관내 유속, 유량을 결정하기 위해 베르누이 식을 응용한 유체계측기로서 정확한 계측을 위하여 관직경의 약 30배가 되는 직선관을 상류부에 가져야 한다.

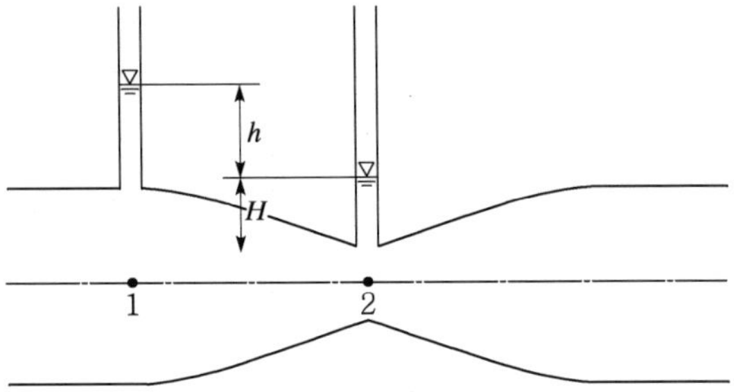

그림 4.4 수압관이 설치된 벤추리미터

$$\therefore V_2 = \frac{A_1 A_2}{\sqrt{A_1^2 - A_2^2}} \sqrt{2gh} \tag{4.10}$$

여기서, A_1, A_2 : 각각 1단면과 2단면에서의 단면적(m^2)

V : 유속(m/s)

g : 중력가속도(m/s^2)

h : 1단면과 2단면의 수두차(m)

4.4 운동량 방정식

4.4.1 운동량 방정식

$$\sum F = ma = m\frac{V_2 - V_1}{dt} \tag{4.11}$$

$$\therefore \left(\sum F\right)dt = m(V_2 - V_1) \tag{4.12}$$

식 (4.12)를 운동량 방정식이라 부르며, 여기서, $\left(\sum F\right)dt$는 역적(Impulse), mV는 운동량(Momentum)이다. 식 (4.12)를 다시 정리하면

$$\sum F = \rho Q(V_2 - V_1) = \frac{d}{dt}(mV) \tag{4.13}$$

4.4.2 정지한 벽에 직각으로 충돌하는 경우의 작용력

$V_1 = V$이고, V_2의 X방향성분은 0이므로 $V_2 = 0$이다.

$$F_x = \rho Q(V_{2x} - V_{1x}), \text{(단위 : N)} \tag{4.14}$$

관에 작용하는 분력 또는 작용력은 X방향뿐이므로 $F_x = F$이다.

$$\therefore\ F = \rho QV = \rho AV^2 = \frac{\gamma}{g}AV^2 \ \text{(단위 : kg}_f\text{)} \tag{4.15}$$

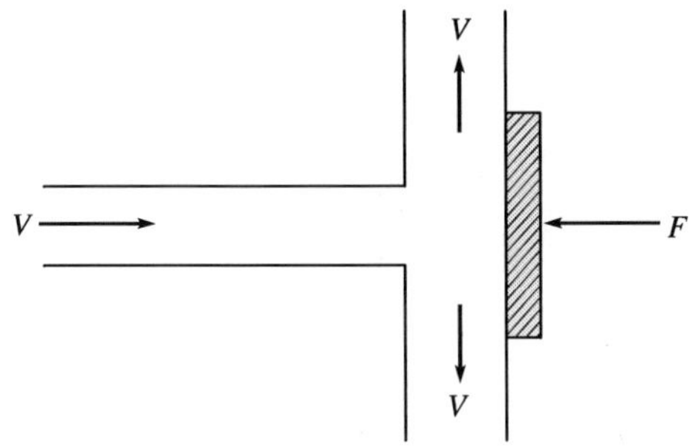

그림 4.5 직각으로 충돌하는 경우

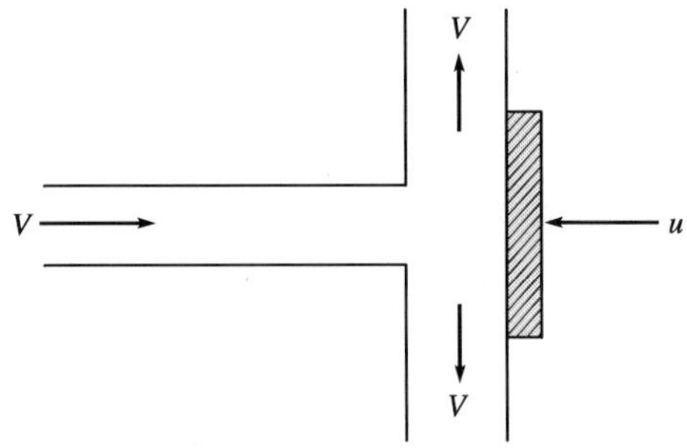

그림 4.6 이동평판에 직각으로 충돌하는 분류

4.4.3 이동하는 판(날개)에 작용하는 힘

속도 u로 움직이는 판에 속도 V의 분류가 충돌할 때 판에 유입되는 상대속도 $V-u$이다.

$$V_1 = V - u \tag{4.16}$$

$$V_2 = 0 \tag{4.17}$$

$$F = \frac{\gamma}{g} Q(V-u) \tag{4.18}$$

TIP

1) 유량측정방법 – ① 오리피스 ② 피토관 ③ 벤추리미터 ④ 노즐 ⑤ 위어 ⑥ 로라미터*
   *로라미터 : 부자(float)의 오르내림에 의해서 배관내의 유량 및 유속을 측정하는 기구

2) 방수량 계산 – 소방에서 노즐에서의 전압, 즉 노즐압력을 구하여 방수량을 계산
   $Q = AV$
   여기서, $V = \sqrt{2gh} = \sqrt{2 \times 9.8 \times 10p} = 14\sqrt{p}$ [m/sec] (4.19)
   p : kg/cm^2

핵심문제

01 유체의 예측에 사용되는 것이 아닌 것은?

① 마노미터 ② 피토게이지 ③ 크로마토그라피 ④ 벤츄리 미터

풀이 크로마토그라피 : 적절한 정지상과 이동상을 사용하여 시료들이 섞여 있는 혼합액을 이동속도 차이를 이용하여 분리하는 방법이다

예) 종이크로마토그래피

– 종이에 검은 수성 사인펜으로 점을 찍은 후 수직으로 세워놓고 아래 부분이 물에 잠기도록하면 물이 종이를 따라 올라가면서 사인펜 속의 색소가 분리된다. 이때 종이처럼 고정되어 있는 물질을 정지상이라 하며, 물과 같이 위로 이동하는 물질을 이동상이라 한다. 색소들은 저마다 물을 따라 올라가는 속도가 달라 분리가 가능하다.

02 오일러의 운동방정식은 유도하기 위한 가정 중 옳지 않은 항목은?

① 정상유동이다. ② 마찰이 없는 유동이다.
③ 유체입자가 유선을 따라 움직인다. ④ 점성유동이다.

풀이 오일러 운동방정식 가정조건

(1) 유체입자는 유선을 따라 움직인다.
(2) 유체의 점성력은 없다.(비점성유체)
(3) 정상유동이다.
(4) 압축성 및 비압축성 유체에 관계없이 적용

03 관내의 물의 속도가 12m/s, 압력이 $1.05\mathrm{kgf/cm^2}$, 속도수두와 압력수두는?(단, 중력가속도는 $9.8\mathrm{m/sec^2}$)

① 7.35m, 9.52m ② 7.5m, 10m ③ 7.35m, 10.5m ④ 7.5m, 10.5m

풀이 속도수두 : $\dfrac{V^2}{2g} = \dfrac{12^2}{19.6} = 7.35\mathrm{m}$

압력수두 : $\dfrac{p}{\gamma} = \dfrac{1.05\mathrm{kg_f/cm^2}}{1000\mathrm{kg_f/m^3}} = \dfrac{1.05\mathrm{kg_f}/(10^{-2}\mathrm{m})^2}{1000\mathrm{kg_f/m^3}}$

$= \dfrac{10{,}500(\mathrm{kg_f/m^2})}{1000(\mathrm{kg_f/m^3})} = 10.5\mathrm{m}$

해 답

01 ③ 02 ④ 03 ③

04 부자의 오르내림에 의해서 배관내의 유량 및 유속을 측정할 수 있는 기구의 명칭은 무엇인가?

① 액주계(Manometer) ② 로타미터(Rotameter)
③ 피에조미터(Piezometer) ④ 벤츄리미터(Venturi meter)

풀이 로라미터 : 부자(float)의 오르내림에 의해서 배관내의 유량 및 유속을 측정하는 기구

05 높이가 4.5m되는 탱크의 밑면에 직경이 10cm인 구멍이 뚫렸다. 이곳으로 유출되는 물의 유속[m/sec]을 구하여라.

① 4.5 ② 6.64
③ 9.39 ④ 14.0

풀이 $V=\sqrt{2gh}=\sqrt{2\cdot 9.8\cdot 4.5}=9.39\text{m/sec}$

06 피에조미터의 구멍은 무엇을 측정하기 위한 구멍인가?

① 정지하고 있는 유체의 압력 ② 전압력을 측정
③ 교란되지 않는 유체의 정압 측정 ④ 유동하고 있는 유체의 속도

풀이 액주계 : 피에조미터와 마노미터가 있으며 유체의 압력 또는 압력차를 측정

07 내경 28mm인 어느 배관내에 $120l/\text{min}$의 유량으로 물이 흐르고 있을 때 이 물의 속도수두는 얼마인가?(단, 표준중력가속도는 980cm/s^2이고, π의 값은 3.14)

① 약 0.54m ② 약 0.2m
③ 약 0.4m ④ 약 1.08

풀이 $Q=AV$

$Q=120l/\text{min}=120\times 10^{-3}\text{m}^3/60\text{sec}=2\times 10^{-3}\text{m}^3/\text{sec}$

$A=\dfrac{\pi\times 0.028^2}{4}=0.0006158\text{m}^2$

$V=\dfrac{Q}{A}=\dfrac{0.002}{0.0006158}=3.248\text{m/sec}$

속도수두 : $\dfrac{V^2}{2g}=\dfrac{3.248^2}{19.6}=0.54\text{m}$

해 답

04 ② 05 ③ 06 ③ 07 ①

08 이상유체에 대한 설명 중 적합한 것은?

① 비압축성 유체로서 점성의 법칙을 만족시킨다.
② 비압축성 유체로서 점성이 없다.
③ 압축성 유체로서 점성이 있다.
④ 점성의 유체로서 비압축성이다.

풀이 이상유체 : 비점성유체, 비압축성유체

09 다음 중 비압축성 유체란 어느 것을 말하는가?

① 관내에 흐르는 가스이다.
② 관내에 워터햄머를 일으키는 물질이다.
③ 배의 순환시 옆으로 갈라지며 유동하는 것이다.
④ 압력을 받아도 체적변화를 일으키지 아니하는 유체이다.

풀이 비압축성유체 : 체적변화를 일으키지 않는 유체

10 질량을 M, 길이 L, 시간 T로 표시할 때 운동량의 차원은 어느 것인가?

① MLT
② $ML^{-1}T$
③ MLT^{-2}
④ MLT^{-1}

풀이 운동량 = 질량 * 속도
= $[MLT^{-1}]$

11 오일러 방정식을 유도하는데 관계가 없는 가정은?

① 정상유동할 때
② 유선따라 입자가 운동할 때
③ 유체의 마찰이 없을 때
④ 비압축성 유체일 때

풀이 오일러 운동방정식 가정조건
(1) 유체입자는 유선을 따라 움직인다.
(2) 유체의 점성력은 없다(비점성유체).
(3) 정상유동이다.
(4) 압축성 및 비압축성 유체에 관계없이 적용

해 답

08 ② 09 ④ 10 ④ 11 ④

12 피토관으로 물의 속도를 측정하였더니 수주의 지시차가 10cm였다. 이 때 물의 속도는 얼마인가? (단, 피토관의 측정계수 C= 0.99임)

① 1.386m/s　　② 2.587m/s
③ 3.256m/s　　④ 4.467m/s

풀이 $V = c\sqrt{2gh} = 0.99\sqrt{2 \cdot 9.8 \cdot 0.1} = 1.386\text{m/sec}$

13 노즐구경이 21mm인 곳으로 물이 방출되는데 이 때 방사압력이 1.7kg/cm^2일 때 방사속도는 몇 m/sec인가?

① 1.825　　② 18.25
③ 28.25　　④ 2.85

풀이 $V = 14\sqrt{P} = 14\sqrt{1.7} = 18.25\text{m/sec}$

14 유체의 높이가 10m되는 탱크의 밑변에서 유출되는 유체의 속도(m/sec)는?

① 13　　② 14
③ 15　　④ 12

풀이 $V = \sqrt{2gh} = \sqrt{2 \cdot 9.8 \cdot 10} = 14\text{m/sec}$

15 물이 노즐을 통해서 대기로 방출된다. 노즐 입구에서의 압력이 계기 압력으로 P(kg/cm^2)라면 방출속도는 몇 m/sec인가?(단, 마찰손실이 전혀 없고 속도는 무시하며, 중력가속도는 9.8 m/sec^2이다.)

① $19.6P$　　② $19.6\sqrt{p}$
③ $14\sqrt{p}$　　④ $14P$

풀이 $V = 14\sqrt{P}$
여기서, V : 유속 (m/sec)
P : 압력 (kg_f/cm^2)

해 답

12 ①　13 ②　14 ②　15 ③

16 그림과 같은 물탱크에 수면으로부터 6m되는 지점에 직경 15cm가 되는 노즐을 부착하였을 경우 출구 속도와 유량을 계산하면?

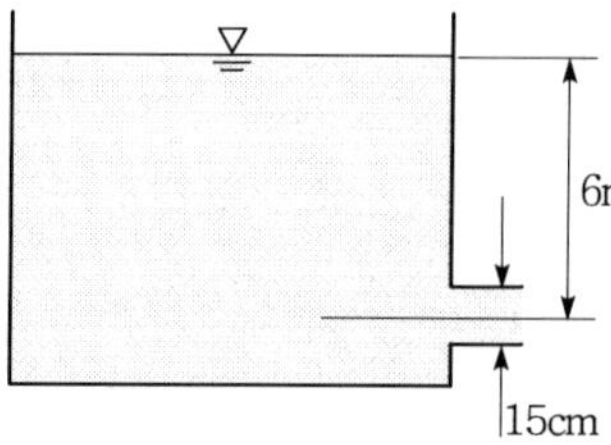

① 10.84m/sec, 0.766m^3/sec
② 7.67m/sec, 0.766m^3/sec
③ 10.84m/sec, 0.191m^3/sec
④ 7.67m/sec, 0.191m^3/sec

풀이 $V=\sqrt{2gh}=\sqrt{2\cdot 9.8\cdot 6}=10.84\text{m/sec}$

$Q=AV=\dfrac{\pi\times 0.15^2}{4}\times 10.84=0.191\text{m}^3/\text{sec}$

17 그림과 같이 수조의 밑부분에 구멍을 뚫고 물을 방출시키고 있다. 수위가 처음 높이의 1/2로 되었을 때 방출되는 유량은 처음 유량의 몇 배인가?

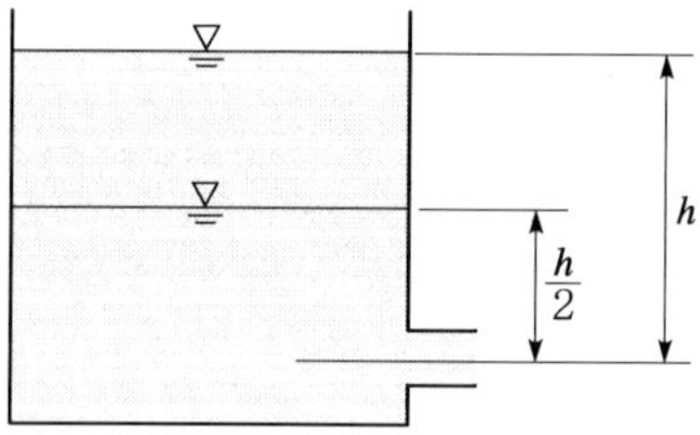

① $1/\sqrt{2}$ 배
② 1/2배
③ $1\sqrt{3}$ 배
④ 1/3배

풀이 $Q=AV=A\sqrt{2gh}$

즉 유량 $Q\propto\sqrt{h}$

처음 유량 : $Q_1=\sqrt{h}$

나중 유량 : $Q_2=\sqrt{h/2}=\dfrac{1}{\sqrt{2}}\sqrt{h}$

따라서, 나중유량은 처음유량의 $1/\sqrt{2}$ 배

해 답

16 ③ 17 ①

18 다음 중 배관 내의 유량을 측정하기 위하여 사용되는 기계, 기구가 아닌 것은?

① 마노미터 ② 벤추리미터
③ 오리피스미터 ④ 로타미터

풀이 마노미터는 액주계의 일종으로 관내 유체의 압력을 측정

19 다음의 유량측정장치 중 유체의 유량을 직접 볼 수 있는 것은?

① 오리피스미터 ② 벤추리미터
③ 피토우관 ④ 로타미터

풀이 로라미터는 부자의 오르내림에 의해 눈으로 직접 유량을 측정할 수 있는 기기임

20 개수로의 유량측정에 사용되는 것은 다음 중 어느 것인가?

① 오리피스 ② 벤추리미터
③ 피토우관 ④ 위어

풀이 위어는 개수로의 유량측정에 사용되는 기기로 사각위어와 삼각위어 등이 있다.

21 다음 설명 중 옳은 것은?

① 유체의 속도는 압력에 비례한다.
② 유체의 속도가 빠르면 압력이 커진다.
③ 유체의 속도는 압력과 관계가 없다.
④ 유체의 속도가 빠르면 압력이 작아진다.

풀이 동일 유선상 두점에 대해 베르누이 방정식을 적용하면
속도수두가 클수록 압력수두가 작아 두점 간의 에너지가 평형을 이루게 되므로
유속이 빠를수록 압력은 작게 된다.
(예 : 비행기 날개가 위방향으로 곡면형태를 하는 것은 윗면부에 기체가 빠르게 이동함으로써
상대적으로 하부 기체날개부보다 압력이 낮아지므로 비행기가 쉽게 상승하도록 도와줌)

해 답

18 ① 19 ④ 20 ④ 21 ④

22 물이 아래 그림과 같이 수평 벤추리관을 통과하고 있다. B단면의 면적이 A, C의 1/40이라고 하면 연속방정식과 에너지보존법칙을 고려할 때 다음 중 어느 것이 맞는가?

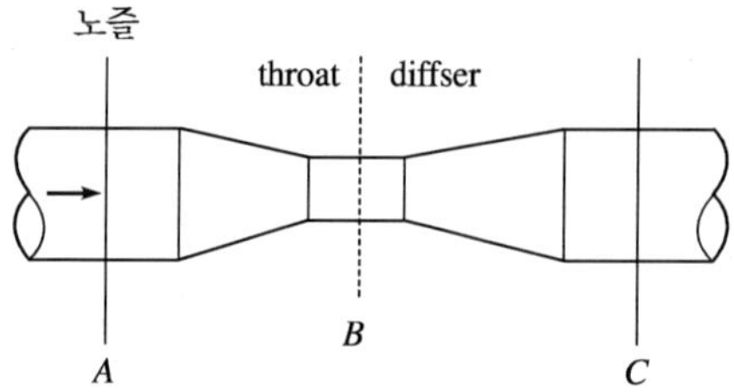

① B에서 압력이 증가한다.
② B에서 유속이 감소한다.
③ B에서 압력에너지가 감소한다.
④ B에서 운동에너지가 감소한다.

풀이 A보다 B부분의 단면적이 작으므로 유속이 빨라지고, 압력이 감소하게 됨.

23 수면의 수직하부에 위치한 오리피스에서 유출하는 물의 속도수두는 어떻게 표시되는가? (단, 속도계수는 C_v이고, 오리피스에서 나온 직후의 유속 $V = C_v\sqrt{2gh}$로 표시된다.)

① C_v/H ② Cv^2/H ③ Cv^2H ④ C_vH

풀이 속도수두 : $\dfrac{V^2}{2g} = \dfrac{(C_v\sqrt{2gH})^2}{2g} = C_v^2H$

24 파이프 내 물의 속도가 9.8m/sec, 압력이 98kpa이다. 이 파이프가 기준면으로부터 3m 위에 있다면 전수두는 몇 m인가?

① 13.5 ② 16 ③ 16.7 ④ 17.9

풀이 전수두 = 압력수두 + 속도수두 + 위치수두

$$\text{압력수두} = \frac{P}{\gamma} = \frac{98\text{kPa}}{1\text{t}_f/\text{m}^3} = \frac{\frac{98}{9.8}\text{t}_f/\text{m}^3}{1\text{t}_f/\text{m}^3} = 10\text{m}$$

$$\text{속도수두} = \frac{V^2}{2g} = \frac{9.8^2}{19.6} = 4.9\text{m}$$

위치수두 $= 3\text{m}$

따라서, 전수두 $= 10 + 4.9 + 3 = 17.9\text{m}$

해 답

22 ③ 23 ③ 24 ④

25 다음 중 베르누이방정식과 관계없는 것은? (단, γ : 비중량, V : 유속, Z : 위치수두, A : 단면적, ρ : 밀도)

① $\frac{P_1}{\gamma}+\frac{V_1^2}{2g}+Z_1=\frac{P_2}{\gamma}+\frac{V_2^2}{2g}+Z_2$

② $\frac{dA}{A}+\frac{d\rho}{\rho}+\frac{dV}{V}=0$

③ $\frac{P}{\gamma}+\frac{V^2}{2g}+Z=const$

④ $\frac{dp}{\gamma}+d(\frac{V^2}{2g})+dZ=0$

풀이 $\frac{dA}{A}+\frac{d\rho}{\rho}+\frac{dV}{V}=0$ 는 연속방정식임.

26 용량 2ton의 탱크에 물을 가득 채운 소방차가 화재현장에 출동하여 노즐압력 4kg/cm^2, 노즐구경 2.5cm를 사용하여 방수한다면 소방차내의 물이 전부 방수되는데 약 몇 분 소요되는가?

① 약 2분 26초
② 약 3분 26초
③ 약 4분 26초
④ 약 5분 26초

풀이 $V=14\sqrt{P}=14\sqrt{4}=28\text{m/sec}$

$Q_{out}=AV=\frac{\pi\times0.025^2}{4}\times28=0.0137\text{m}^3/\text{sec}$

소요시간 $t=\frac{V}{Q}=\frac{2}{0.0137}=146\text{sec}=2\text{분 }26\text{초}$

여기서, V : 탱크내 물의 체적($=2\text{ton}=2\text{m}^3$)

27 그림과 같은 밀폐된 용기에 물이 들어 있고, 그 위의 공기압은 1kg/cm^2이다. 수면에서 3m깊이인 곳에 오리피스를 통해 물이 분출된다. 노즐출구에서의 유속은 몇 m/sec인가?

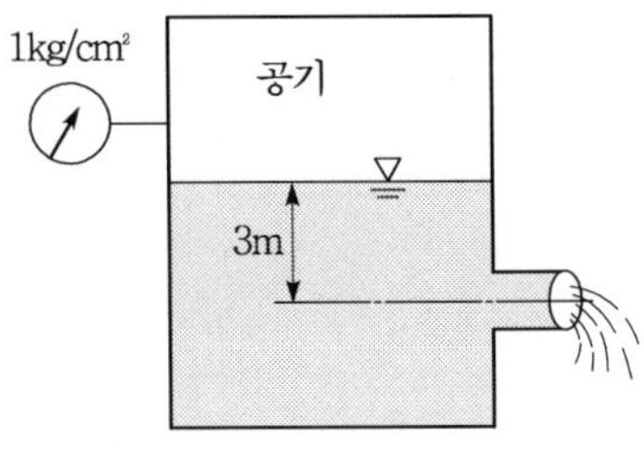

① 13
② 14
③ 15
④ 16

해 답

25 ② 26 ① 27 ④

풀이 기압을 단위환산하면

$1\text{kg/cm}^2 = 10^4(\text{kg/m}^2)$

$h = 3 + \frac{p_a}{\gamma} = 3 + \frac{10^4}{10^3} = 13\text{m}$

$V = \sqrt{2gh} = \sqrt{2 \cdot 9.8 \cdot 13} = 15.963\text{m/sec}$

28 사염화탄소(CCl_4)를 넣은 피토관으로 유속을 측정하려 한다. 사염화탄소의 높이차가 6.5cm이고 비중이 1.6일 때 유속은 몇 cm/sec인가?

① 83 ② 85

③ 86.5 ④ 87.4

풀이 비중이 다른 유체가 들어있는 경우 유속산정은

$V = \sqrt{2gh(\frac{\gamma}{\gamma_w} - 1)}$

$V = \sqrt{2 \cdot 980 \cdot 6.5(\frac{1.6}{1} - 1)} = 87.43\text{cm/sec}$

29 그림과 같이 각각 유리관을 물속에 삽입하였다. 관내 유속이 2m/sec일 때 유리관내의 수면 높이차는 몇 cm인가?

① 10.5 ② 19.8

③ 20.4 ④ 21.6

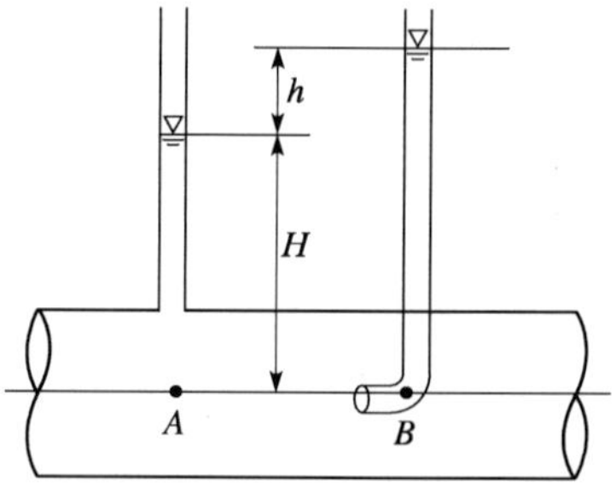

풀이 $V_A = \sqrt{2gh}$

$h = \frac{V^2}{2g} = \frac{2^2}{19.6} = 0.204\text{m} = 20.4\text{cm}$

해 답

28 ④ 29 ③

30 U자관에 수은이 채워져 있다. 여기에 어떤 액체를 넣었을 때 이 액체 24cm와 수은 10cm가 평형을 이루었다면 이 액체의 비중은?(단, 수은의 비중은 13.6)

① 5.7　　② 5.9
③ 6.1　　④ 13.6

풀이 $\gamma_1 h_1 = \gamma_2 h_2$에서 액체의 비중 γ_2는

$$\gamma_2 = \frac{\gamma_1 h_1}{h_2} = \frac{13.6 \times 10}{24} = 5.7$$

31 $D_1 = 30\text{cm}$, $D_2 = 10\text{cm}$이고 시차액주계의 차가 10cm인 벤츄리미터의 유량은 몇 m^3/sec인가?(단, 액주계에는 수은(비중=13.6)이 들어 있음)

① 0.0039　　② 0.039
③ 0.39　　④ 3.9

풀이 $Q = \dfrac{A_1 A_2}{\sqrt{A_1^2 - A_2^2}} \sqrt{2gh\left(\dfrac{\gamma}{\gamma_w} - 1\right)}$

여기서, $A_1 = 0.071\text{m}^2$, $A_2 = 0.0079\text{m}^2$이므로

$Q = 0.039\,\text{m}^3/\text{sec}$

32 직경이 10cm의 단면적에 유속 40m/sec의 분류가 판에 충돌하여 $90°$의 방향으로 흘러갈 때 판에 작용하는 힘은 몇 kgf인가?

① 1282　　② 1292
③ 1395　　④ 1416

풀이 $F_x = \dfrac{\gamma}{g} Q(V_2 - V_1) = \dfrac{1000}{9.8} \times \left(\dfrac{\pi \times 0.1^2}{4} \times 40\right) \times (40 - 0) = 1281.63\text{kg}_\text{f}$

33 직경이 10cm이고 유속 40m/s인 분류가 흐름방향으로 10m/s의 속도로 움직이고 있는 판에 작용하는 힘은 몇 kg_f인가?

① 951.7　　② 961.7
③ 971.7　　④ 981.7

해 답

30 ①　31 ②　32 ①　33 ②

풀이 $V_{1x}=40\text{m/s},\ V_{2x}=0$

$$F=\frac{\gamma}{g}Q(V-u)=\frac{1000}{9.8}\times\frac{\pi\times0.1^2}{4}\times(0-(40-10))^2=-961.7\text{kg}_\text{f}$$

(여기서, 힘 F는 물의 흐름방향과 반대방향으로 작용하므로 (-)로 산정된 것임)

34 두 개의 종이면 사이로 공기를 불어넣으면 두 종이면은 어떻게 되겠는가?

① 베르누이 법칙에 따라 서로 붙는다.
② 베르누이 법칙에 따라 서로 벌어진다.
③ 뉴톤의 법칙에 따라 서로 붙는다.
④ 뉴톤의 법칙에 따라 서로 벌어진다.

풀이 베르누이 방정식에 의해 두 개의 종이면 사이에 압력이 작아지므로 서로 달라붙는다.

35 다음 중 베르누이 정리를 이용한 유량 측정장치는?

① 벤츄리관　　② 부르돈관
③ 마노미터　　④ 피에조미터

풀이 벤츄리미터는 베르누이 정리를 이용한 유량측정장치이다.

해 답

34 ①　35 ①

Fire Fighting Hydrodynamics Theory

CHAPTER 05

실체유체의 성질

CHAPTER

05 실체유체의 성질

5.1 Reynold 실험과 흐름상태

5.1.1 점성효과에 의한 흐름상태

1) 층류 유동(laminar flow)

유체 입자들이 층과 층이 미끄러지면서 규칙 정연하게 흐르는 운동

2) 난류 유동(turbulent flow)

유체 입자들이 불규칙하게 흐르는 운동

5.1.2 레이놀즈수(Reynold's number) : Re

1) 레이놀즈의 적용

① 층류와 난류를 구분해 주는 척도(기준)이다.

② 물리적인 힘은 관성력과 점성력의 비로서 무차원수이다.

③ 뉴튼의 점성법칙 적용

2) 레이놀즈수

① 관계식 : $R_e = \dfrac{\rho VD}{\mu} = \dfrac{VD}{\upsilon} = \dfrac{\text{관성력}}{\text{점성력}}$ (5.1)

② 레이놀즈수 분류

㈎ 층류영역 : $Re \leq 2100$

㈏ 천이영역 : $2100 < Re < 4000$

㈐ 난류영역 : $Re \geq 4000$

여기서, ρ : 유체의 밀도($kg_f \cdot sec^2/m^4$)

V : 관속에 흐르는 유체의 평균 유속(m/sec)

D : 원관의 지름(m)

μ : 유체의 점성 계수($kg_f \cdot sec/m^2$)

ν : 유체의 동점성 계수(m^2/sec)

5.1.3 무차원수의 물리적 의미

1) 레이놀즈수(Reynold's number)

$$R_e = \frac{\rho VL}{\mu} = \frac{\text{관성력}}{\text{점성력}}$$ … 모든 유체에 적용

2) 프루드수(Froude's number)

$$F_r = \frac{V}{\sqrt{LG}} = \frac{\text{관성력}}{\text{중력}}$$ … 자유표면 유동에 적용

3) 코시수(Cauchy's number) 및 마하수(Mach's number)

$$C_a = \frac{\rho V^2}{E(K)} = \frac{\text{관성력}}{\text{탄성력}}$$

$$M_a = \frac{V}{\sqrt{E/\rho}} = \frac{\text{속도}(V)}{\text{음속}(C)} = \frac{\text{관성력}}{\text{중력}}$$ … 압축성 유동

4) 오일러수(Euler's number)

$$E_u = \frac{P}{\rho V^2} = \frac{\text{압축력}}{\text{관성력}}$$ … 압력차에 의한 유동

5) 웨버수(Weber's number)

$$W_b = \frac{\rho V^2 L}{\sigma} = \frac{\text{관성력}}{\text{표면장력}}$$ … 표면장력이 중요한 유동

5.2 에너지 보정계수와 운동량 보정계수

5.2.1 에너지 보정계수

베르누이 방정식의 유도에서 균일 유속분포를 가정하였으므로 실제 유체 흐름에 적용하기 위해서는 속도수두항을 보정해 주어야 한다.

에너지 보정계수를 사용하여 베르누이 방정식을 적용하면

$$\frac{p_1}{\gamma}+\alpha_1\frac{V_1^2}{2g}+z_1=\frac{p_2}{\gamma}+\alpha_2\frac{V_2^2}{2g}+z_2 \tag{5.2}$$

여기서, α : 에너지 보정계수이다.

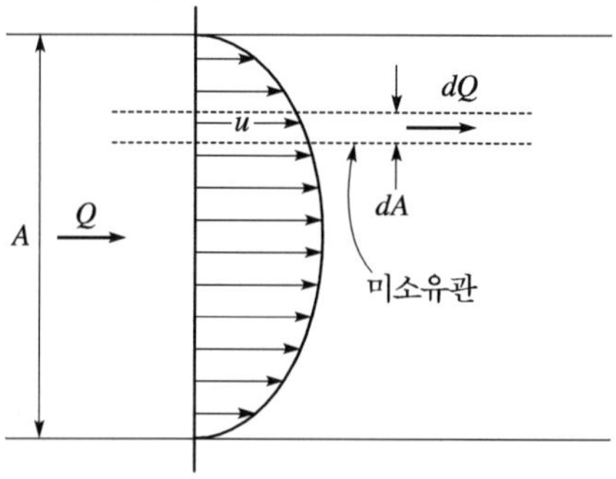

그림 5.1 에너지 보정계수

$$\alpha=\frac{1}{A}\int_A\left(\frac{v}{V}\right)^3 dA \tag{5.3}$$

여기서, v : 임의점에서의 유속

V : 평균유속

5.2.2 운동량 보정계수

운동량 방정식의 유도에서 평균유속분포를 가정하였으므로 실제 유체흐름에 적용하기 위하여 이를 보정하여야 한다.

$$\beta = \frac{1}{A}\int_A \left(\frac{v}{V}\right)^2 dA \tag{5.4}$$

여기서, β : 운동량보정계수

운동량보정계수를 운동량 방정식에 적용하여 보정하면

$$\sum F = \rho Q(\beta_2 V_2 - \beta_1 V_1) \tag{5.5}$$

5.3 손실수두

그림 5.2에서 실체유체가 단면 1에서 단면 2로 흐르는 동안 점성으로 인한 마찰력 때문에 손실되는 에너지를 손실수두라 한다.

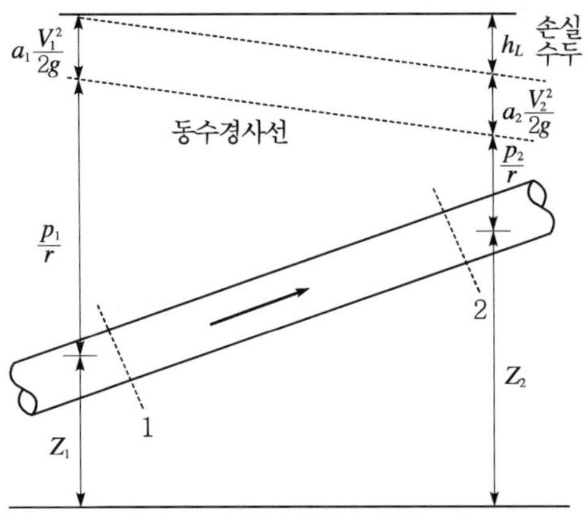

그림 5.2 손실수두

그림 5.2의 1, 2 단면에 대해 Bernoulli식을 적용하면

$$\frac{p_1}{\gamma} + \alpha_1\frac{V_1^2}{2g} + z_1 = \frac{p_2}{\gamma} + \alpha_2\frac{V_2^2}{2g} + z_2 + h_{L1-2}$$

$$\therefore h_{L1-2} = \left(\frac{p_1}{\gamma} + \alpha_1\frac{V_1^2}{2g} + z_1\right) - \left(\frac{p_2}{\gamma} + \alpha_2\frac{V_2^2}{2g} + z_2\right) \tag{5.6}$$

여기서, h_{L1-2}는 단면 1에서 2로 흐르는 동안 점성으로 인한 마찰력 때문에 손실되는 에너지로서 손실수두라 한다.

5.4 경심

경심은 유수단면적을 윤변으로 나눈 값을 말한다.

$$R_h = \frac{A}{\overline{P}} \tag{5.7}$$

여기서, R_h : 경심(동수반경)

$\overline{P}$: 윤변(물이 닿는 부분의 길이)

A : 유수단면적

경심은 마찰이 작용하는 단위 윤변에 대한 유수단면적의 크기를 나타낸다.

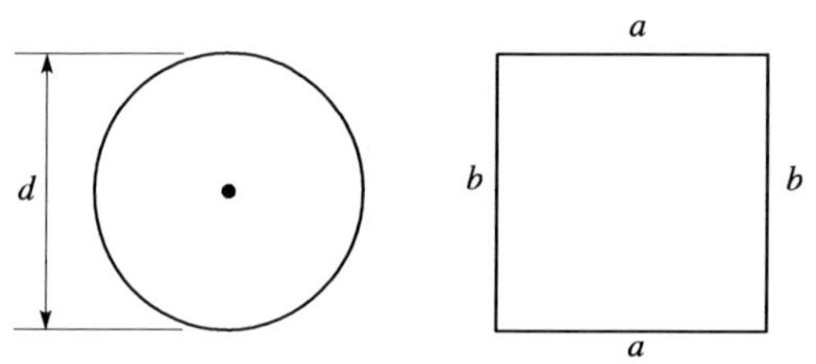

그림 5.3 윤변 및 경심의 계산

그림 5.3에서 원형과 구형의 윤변과 경심은 다음과 같이 계산된다.

① 원형

$$\text{윤변 : } \overline{P} = \pi d, \text{ 유수단면적 : } A = \frac{\pi d^2}{4} \tag{5.8}$$

$$\text{경심 : } R_h = \frac{A}{\overline{P}} = \frac{\frac{\pi d^2}{4}}{\pi d} = \frac{d}{4} \tag{5.9}$$

② 구형

$$\text{윤변 : } \overline{P} = 2(a+b), \text{ 유수단면적 : } A = ab \tag{5.10}$$

$$\text{경심 : } R_h = \frac{A}{\overline{P}} = \frac{ab}{2(a+b)} \tag{5.11}$$

핵심문제

01 밀도가 1000kg/m^3이며, 점도가 0.01Poise인 물이 내경 0.15[m]인 원관내를 0.3m/s의 유속으로 흐르고 있을 때 레이놀즈수(Re)는?

① 45 ② 450
③ 4500 ④ 45000

풀이 $Re = \dfrac{VD}{\nu} = \dfrac{\rho VD}{\mu}$

$\mu = 0.01poise = 0.01\text{g/cm} \cdot \text{sec} = 0.001\text{kg/m} \cdot \text{sec}$

$Re = \dfrac{\rho VD}{\mu} = \dfrac{1000 \times 0.3 \times 0.15}{0.001} = 45000$

02 두 개의 평행한 고정평판 사이에 점성유체가 층류로 흐르고 있다고 가정할 때 속도에 대한 다음 설명 중 올바른 것은?

① 전단면에 걸쳐 일정하다. ② 벽면에서 최대가 된다.
③ 중심에서 최대가 된다. ④ 중심에서 0이 된다.

풀이 점성유체의 경우 유속은 관 중심에서 최대이고 마찰응력은 관벽에서 최대가 됨.

03 유체의 점성에 관한 설명 중 맞지 않은 것은?

① 액체의 점성은 온도가 상승하면 감소한다.
② 기체의 점성은 온도가 낮아지면 감소하는 경향이 있다.
③ 유체의 전단응력은 흐름 방향에 수평인 방향으로의 속도 변화율에 비례한다.
④ 이상유체가 아닌 모든 실제유체는 점성을 가진다.

풀이 – 온도에 따른 액체와 기체의 점성은 반대경향을 나타냄
즉 온도가 상승하면 액체의 점성은 작아지고, 기체의 점성은 증가함
– 유체의 전단응력은 흐름방향에 수직방향으로의 속도경사(변화율)에 비례한다.
$\tau = \mu \dfrac{dv}{dy}$ 에서 τ는 전단응력이고, $\dfrac{dv}{dy}$가 속도경사임.

해 답

01 ④ 02 ③ 03 ③

04 다음 중 Newton의 점성법칙과 관계없는 항은?

① 전단응력 ② 속도구배
③ 점성계수 ④ 압력

풀이 뉴톤의 점성법칙

$$\tau = \mu \frac{dv}{dy}$$

여기서, τ : 전단응력
μ : 점성계수
$\frac{dv}{dy}$: 속도경사

05 전단응력이 증가할 때 속도기울기는 어떻게 변화하는가?

① 비례 ② 반비례
③ 제곱에 비례 ④ 제곱에 반비례

풀이 $\tau = \mu \frac{dv}{dy}$에서 전단응력과 속도기울기는 비례관계임.

06 두 개의 평행한 평판사이로 점성이 있는 유체가 흐르고 있다. 이 유체에 미치는 전단응력은 어떤 상태인가?

① 유체의 전체 단면에 걸쳐 일정하다.
② 흐름의 중심에서는 0이고, 벽면까지 직선적으로 상승한다.
③ 벽면에서는 0이고, 중심까지 직선적으로 상승한다.
④ 일반적으로 흐름의 중심에서 벽면까지 곡선의 형태를 가지고 변한다.

풀이 전단응력은 관벽면에서 최대이고 관중심에서는 0이 된다.

해 답

04 ④ 05 ① 06 ②

07 뉴톤유체에 대한 설명으로 옳은 것은?

① 유체 유동시 속도구배와 전단응력의 변화가 직선적인 관계를 갖지 않는 유체이다.
② 유체 유동시 속도구배와 전단응력과는 아무런 관계도 없는 유체이다.
③ 유체 유동시 속도구배와 전단응력의 변화가 원점을 통하지 않으나 직선적인 관계적인 관계를 갖는 유체이다.
④ 유체 유동시 속도구배와 전단응력의 변화가 원점을 통하는 직선적인 관계를 갖는 유체이다.

풀이 전단응력은 속도구배와 직선비례하며 증가함.

08 원형의 단면을 가진 관내에 유체가 흐를 땐 전단응력은?

① 중심에서 영이고 반지름에 비례하여 변한다.
② 관벽에서 영이고, 중심선에서 최대이며 선형 분포한다.
③ 중심에서 영이고, 반지름의 제곱에 비례하여 변한다.
④ 전단면에 걸쳐 일정하다.

풀이 전단응력은 관중심에서 0이고 관벽으로 갈수록 직선비례하며 증가함.

09 직경 5cm의 수평원관에 10℃의 물이 평균속도 0.6m/s로 흐르고 있다. 레이놀즈수를 구하고 층류, 난류를 판별하면? (10℃일 때 물의 동점성계수는 0.013065 stokes이다.)

① 1967(층류) ② 1967(난류)
③ 22962(층류) ④ 22962(난류)

풀이 $Re = \dfrac{VD}{\nu} = \dfrac{\rho VD}{\mu}$

$\nu = 0.013065\text{stokes} = 0.013065\text{cm}^2/\text{sec} = 0.013065 \times 10^{-4}\text{m}^2/\text{sec}$

$V = 0.6\text{m/sec},\ D = 0.05\text{m}$

$$Re = \frac{0.6 \times 0.05(\text{m}^2/\text{sec})}{0.013065 \times 10^{-4}(\text{m}^2/\text{sec})} = 22962(\text{난류}) > 4000$$

해 답

07 ④ 08 ① 09 ④

10 관속 흐름에서 레이놀즈수를 Q, d 및 동점성계수 v의 함수로 나타내면 다음 중 어느 것인가? (Q는 유량, d는 지름)

① $Re = \dfrac{4Q}{\pi d\nu}$ ② $Re = \dfrac{Q\rho}{4d\nu}$

③ $Re = \dfrac{4\nu}{Qd}$ ④ $Re = \dfrac{4d}{\nu Q}$

풀이 $V = \dfrac{Q}{A} = \dfrac{Q}{\dfrac{\pi \times d^2}{4}} = \dfrac{4Q}{\pi d^2}$

$$Re = \frac{Vd}{\nu} = \frac{\dfrac{4Q}{\pi d^2} \cdot d}{\nu} = \frac{4Q}{\pi d\nu}$$

11 레이놀즈수에 대한 설명으로 옳은 것은?

① 등속류와 비등속류를 구분하는 기준이 됨
② 정상류와 비정상류를 구분하는 기준이 됨
③ 층류와 난류를 구분하는 기준이 됨
④ 실제유체와 이상유체를 구분하는 기준이 됨

풀이 레이놀즈수는 층류와 난류를 구분하는 기준
층류 : $Re \leq 2100$
난류 : $Re \geq 4000$

12 동점성계수가 $0.8 \times 10^{-6} m^2/sec$인 어느 유체가 내경 20cm인 배관 속을 평균 유속 2m/sec로 흐른다면 이 유체의 Reynolds수는 얼마인가?

① 3.5×10^5 ② 5.0×10^5
③ 6.5×10^5 ④ 7.0×10^5

풀이 $Re = \dfrac{VD}{\nu} = \dfrac{2 \times 0.2}{0.8 \times 10^{-6}} = 5.0 \times 10^5$

해 답

10 ① 11 ③ 12 ②

13 비중 0.86, $\mu = 0.27\text{poise}$인 기름이 안지름 45cm의 파이프를 통하여 $0.3\text{m}^3/\text{sec}$의 유량으로 흐를 때의 레이놀즈수는 얼마인가?

① 19038 ② 21123
③ 23032 ④ 27047

풀이 1) 점도 $\mu = 0.27poise = 0.27\text{g/cm}\cdot\text{sec} = 0.027\text{kg/m}\cdot\text{sec}$

2) 내경 $D = 0.45\text{m}$

3) 유속 $v = \dfrac{Q}{A} = \dfrac{0.3}{\frac{\pi}{4}\cdot 0.45^2} = 1.887\text{m/sec}$

4) 밀도 $\rho = 0.86\text{g/cm}^3 = 860\text{kg/m}^3$

따라서 $Re = \dfrac{\rho v D}{\mu} = \dfrac{860\cdot 1.887\cdot 0.45}{0.027} = 27047$

14 레이놀드수와 관계가 있는 것은?

① 관성과 중력 ② 관성력과 점성력
③ 점성력과 중력 ④ 중력과 마찰력

풀이 $Re = \dfrac{Vd}{\nu} = \dfrac{\text{관성력}}{\text{점성력}}$

15 단면 A를 통과하는 유체의 속도를 변수 u라 하면 미소단면은 dA이다. 이 때 운동량 수정계수는 어떻게 표시할 수 있는가? (단, 운동량 수정계수는 β로 표시한다.)

① $\beta = \dfrac{1}{AV^3}\displaystyle\int_A u^3 dA$ ② $\beta = \dfrac{1}{AV^2}\displaystyle\int_A u^2 dA$

③ $\beta = \dfrac{1}{AV^2}\displaystyle\int_A u^3 dA$ ④ $\beta = \dfrac{1}{AV^3}\displaystyle\int_A u^2 dA$

풀이 운동량수정계수 : $\beta = \dfrac{1}{AV^2}\displaystyle\int_A u^2 dA$

에너지수정계수 : $\alpha = \dfrac{1}{AV^3}\displaystyle\int_A u^3 dA$

해 답

13 ④ 14 ② 15 ②

16 직경 20mm의 원관내를 층류로 흐를 때 최대유속은 몇 cm/sec인가?

(단, 점성계수 $\mu = 1.8 \times 10^{-2}$poise이고 물의 밀도 $\rho = 1\text{g/cm}^3$, 한계 $Re = 2000$이다)

① 18 ② 16

③ 13 ④ 11

풀이 $R_e = \dfrac{VD}{\nu} = 2000$일 때이므로

$$R_e = \frac{VD}{\nu} = \frac{V \times 2}{1.8 \times 10^{-2}} = 2000$$

$$(\because \nu = \frac{\mu}{\rho} = \frac{1.8 \times 10^{-2}}{1} = 1.8 \times 10^{-2}\text{cm}^2/\text{sec})$$

$$\therefore V = V_{\max} = 18\text{cm/sec}$$

17 어느 유체가 배관내에 층류로 흐르고 있다. 지름은 100mm이며, 동점성계수가 $1.3 \times 10^{-3}\text{cm}^2/\text{s}$인 유체로서 층류로 흐를 수 있는 최대유량은 약 몇 cm^3/sec인가? (단, 임계 레이놀즈수는 2100이다.)

① 2.044 ② 2.144

③ 2.244 ④ 2.344

풀이 $R_e = \dfrac{DV}{v}$

$$V = \frac{R_e v}{D} = \frac{2100 \times 1.3 \times 10^{-3}\text{cm}^2/\text{sec}}{10\text{cm}} = 0.273\text{cm/sec}$$

$Q = AV$이므로 $Q = \dfrac{\pi}{4} \times (10\text{cm})^2 \times 0.273\text{cm/sec} = 21.44\text{cm}^3/\text{sec}$

18 내경이 d, 외경이 D인 동심 2중관에 액체가 가득차 흐를 때 수력반경 R_h는?

① $D/4$ ② $(D-d)/4$

③ $(D-d)^2/4$ ④ $(D-d)^3/4$

풀이 수력반경=동수반경$= \dfrac{\text{관의 면적}}{\text{유체와 관이 접한면적}}$

$$R_h = \frac{A}{l} = \frac{\frac{\pi(D-d)^2}{4}}{\pi(D-d)} = \frac{1}{4}(D-d)$$

해 답

16 ① 17 ② 18 ②

Fire Fighting Hydrodynamics Theory

CHAPTER 06

관수로 내의 정상류

CHAPTER 06

Fire Fighting Hydrodynamics Theory

관수로 내의 정상류

관수로 흐름은 단면의 형상에 관계없이 유수가 단면 내를 완전히 충만하면서 흐르는 흐름으로 자유수면을 갖지 않고 압력에 의해서 흐른다. 관수로의 정상류 문제는 상수도의 배수관, 수력발전의 수압관, 압력터널 등 각종 공학적 문제의 해결에 대단히 중요하다. 이들 관수로의 단면형으로는 원형을 많이 사용하는데 그 이유는 흐름에 의한 저항력을 최소화하기 위해서이다. 관로 내에서 물이 충만하지 않고 자유수면을 가지고 흐르는 경우는 개수로로 취급한다. 하수도의 배수관, 암거 등이 그 예이다.

관수로의 특징은 물이 압력에 의해서 즉 관수로 상・하류 수면의 높이 차에 의해서 흐르며, 관수로 도중의 높고 낮음에는 관계가 없다.

6.1 마찰 손실수두-Darcy-Weisbach 공식

6.1.1 Darcy–Weisbach 공식

관내 물의 흐름으로 인해 마찰응력이 발생하는데 그 크기는 다음과 같다.

$$\tau = \frac{\gamma h_{L1-2}}{2l} r \tag{6.1}$$

여기서, τ : 마찰응력

h_{L1-2} : 단면 1과 2 사이에서의 손실수두

l : 단면 1과 2 사이의 거리

r : 관중심부터 관벽으로 임의거리

R : 관의 반경

관벽에서는 : $\tau_o = \dfrac{\gamma h_L}{2l} R$ (6.2)

압력차가 $P_1 - P_2$인 경우에는 : $\tau_o = \dfrac{P_1 - P_2}{2l} R$ (6.3)

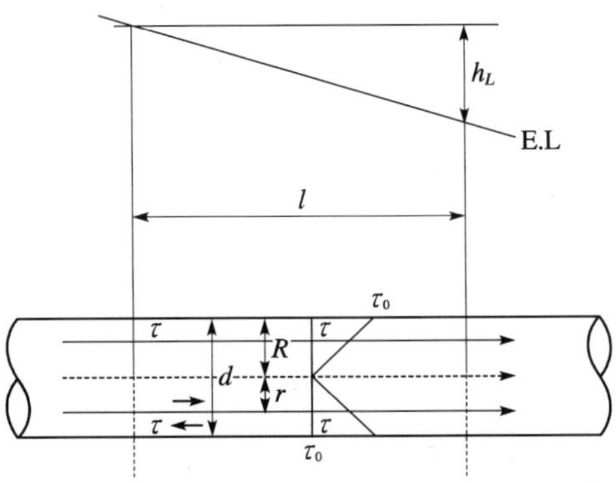

그림 6.1 마찰응력의 분포

식 (6.1)은 마찰응력과 손실수두의 관계를 표시하는 식으로 그림 6.1에서와 같이 $r \rightarrow R$, $\tau \rightarrow \tau_o$로 놓고 이 식을 다음과 같이 정리할 수 있다.

$$h_L = 2l\frac{\tau_o}{\gamma R} = 2l\frac{\tau_o}{\gamma\left(\dfrac{d}{2}\right)} = \frac{4\tau_o l}{\gamma d} = \frac{2\times 4\tau_o}{\rho V^2}\frac{l}{d}\frac{V^2}{2g} = f\frac{l}{d}\frac{V^2}{2g} \tag{6.4}$$

식 (6.2)를 Darcy-Weisbach 공식이라 하며, 주로 곧고 긴 관의 손실수두를 계산할 경우 적용된다.

6.1.2 마찰손실계수(Coefficient of triction head)

유체가 관로를 흐를 때 유체상호간 또는 관로 면과의 마찰에 의해 유체에너지 일부가 소멸되어 운동, 즉 움직임이 느려지는 정도를 정량적으로 나타낸 것이다.

관수로 내에 층류가 흐를 때 마찰손실계수 f는 레이놀즈 수만의 함수이고, 관벽의 조도에는 관계가 없다. 이 실험결과는 층류영역($Re \le 2100$)에서는 $f = \dfrac{64}{Re}$ −(6.5)로 관의 조도에 관계없이 적용된다.

6.1.3 마찰손실의 주원인

1) 관내마찰 손실수두

① 관내에서 유체와 관로 면(벽)과의 마찰에 의함.

② 유체의 난류에 의함.

③ 유체의 점성에 의함.

2) 국부저항 손실수두

① 관경의 변화(축소 및 화대)에 의함.

② 관의 굴곡에 의함.

③ 배관 중 밸브 이음쇠 등에 의함.

6.2 하젠-포아젤 법칙

마찰손실을 고려한 관내의 유량을 계산할 경우 적용함

$$h_L = \frac{32\mu l V}{\gamma d^2} = \frac{32\mu l}{\gamma d^2} \times \frac{4Q}{\pi d^2} = \frac{128\mu l Q}{\gamma \pi d^4} \tag{6.6}$$

$$Q = \pi d^4 \frac{\gamma h_L}{128\mu l} \tag{6.7}$$

6.3 Manning의 평균유속공식

개수로의 설계를 위해 개발된 경험공식이나 관수로 흐름에도 많이 사용된다.

$$V = \frac{1}{n} R_h^{2/3}\ S^{1/2} \tag{6.8}$$

여기서, n : Manning의 조도계수 : 하상재료나 하상형태 등의 영향에 의한 흐름 저항계수

$$R_h \ :\ \text{동수반경} = \frac{A}{P} = \frac{\text{단면적}}{\text{윤변}} \tag{6.9}$$

$$S \text{ : 에너지 경사 } \left(= \frac{h_L}{l}\right) \tag{6.10}$$

6.4 미소손실

주손실은 마찰손실에 의하여 발생하는 손실을 말하며 Darcy−Weisbach 법칙으로 표시한다.

$$h_L = f\frac{l}{d}\frac{V^2}{2g} \tag{6.11}$$

미소손실은 단면의 갑작스런 변화로 인한 손실을 의미하며

$$h_m = K_L\frac{V^2}{2g} \tag{6.12}$$

$$\text{여기서, } K_L \text{ : 미소손실계수 } = f\,\frac{l}{d} \tag{6.13}$$

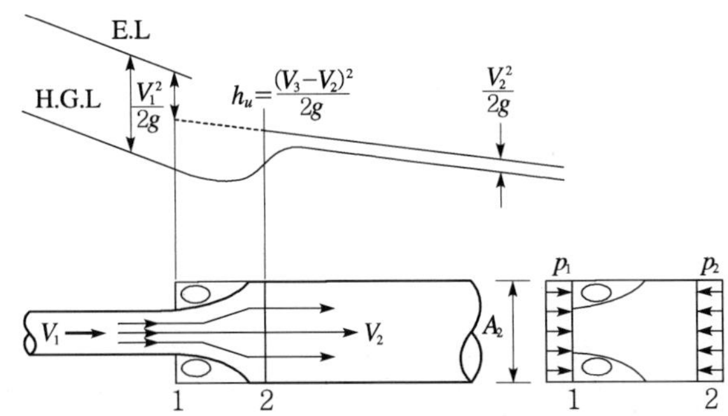

그림 6.2 단면 급확대손실

$$h_{Le} = \left[1-\left(\frac{A_1}{A_2}\right)\right]^2\frac{V_1^2}{2g} = K_e\frac{V_1^2}{2g} \tag{6.14}$$

$$\text{여기서, } K_e = \left[1-\left(\frac{A_1}{A_2}\right)\right]^2 \tag{6.15}$$

V_1 : 축소부 유속

6.4.2 단면 점확대 손실

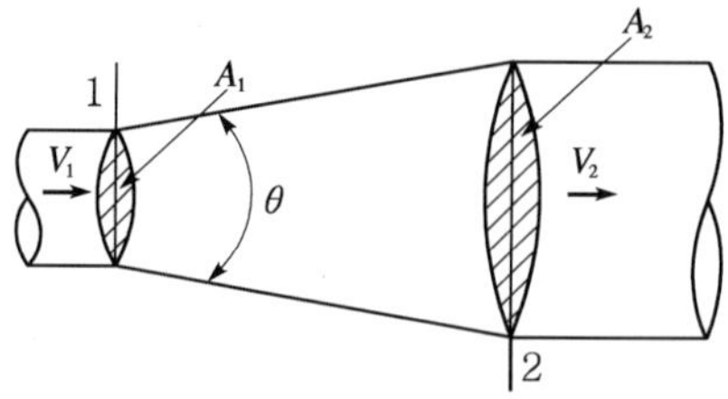

그림 6.3 단면 점확대손실

$$h_{Lse} = K_{se} \times \frac{(V_1 - V_2)^2}{2g} = K_{se}\left(1 - \frac{A_1}{A_2}\right)^2 \frac{V_1^2}{2g} = K\frac{V_1^2}{2g} \tag{6.16}$$

여기서, K_{se}= 단면 점확대 손실계수

$$K = K_{se}\left(1 - \frac{A_1}{A_2}\right)^2 \tag{6.17}$$

6.4.3 단면 급축소 손실

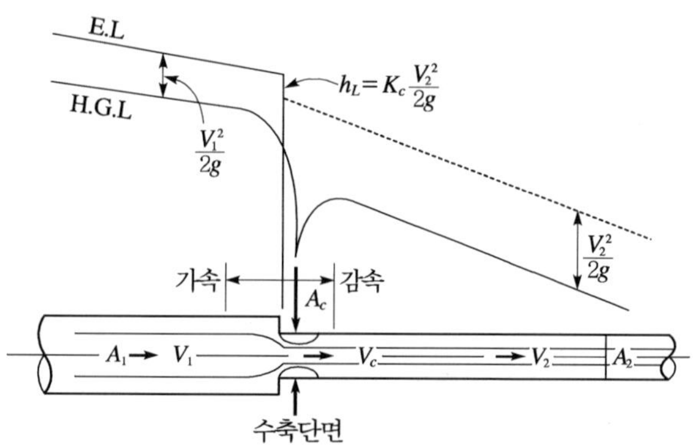

그림 6.4 단면 급축소 손실

$$h_{Ls} = \left(1 - \frac{A_c}{A_2}\right)^2 \frac{V_2^2}{2g}$$ (6.18) (여기서, $A_c / A_2 = C_c$ (6.19)로 놓으면)

$$h_{Ls} = (1 - C_c)^2 \frac{V_2^2}{2g} = K\frac{V_2^2}{2g} \tag{6.20}$$

여기서, C_c =수축계수(Coefficient of Constant)

$$K = (1 - C_c)^2$$

$$\therefore\ h_{Ls} = K\frac{V_2^2}{2g}\,(\text{여기서, 손실계수 } K = (1 - C_c')^2) \tag{6.21}$$

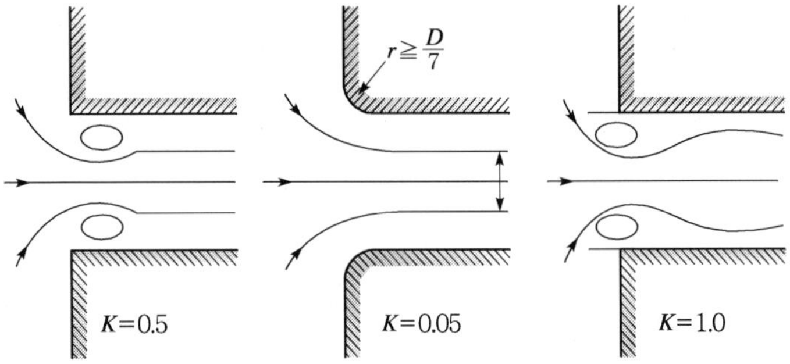

그림 6.5 형태별 축소 손실계수

핵심문제

01 일정한 유량의 물이 층류로 원관에 흐를 때 지름을 2배로 하면 손실수두는 몇 배가되는가?

① 1/2 ② 1/4
③ 1/8 ④ 1/16

풀이 손실수두 : $h_L = f\dfrac{l}{d}\dfrac{V^2}{2g}$

$h_L \propto \dfrac{1}{d}$ 이므로 지름이 두 배로 증가하면 손실수두는 1/2배 감소

02 하겐 – 포아젤(Hagen – poiseulle) 방정식에 대한 설명 중 옳은 것은?

① 수평원통관 속의 난류흐름에 대한 유량을 구하는 식이다.
② 수평원통관속의 층류 및 난류 흐름에서 마찰손실을 구하는 식이다.
③ 수평원통관속에 층류의 흐름에서 유량, 관경, 점성계수, 길이, 압력강하 등의 관계식이다.
④ 수평원통관속의 층류의 흐름에서 레이놀즈수와 유량과의 관계식이다.

풀이 마찰손실을 고려한 관내의 유량을 계산할 경우 적용함.

유량 : $Q = \pi d^4 \dfrac{\gamma h_L}{128\mu l}$

여기서, Q : 유량, μ : 점성계수, h_L : 손실수두, l : 관의 길이 d : 관의 지름

03 파이프내의 흐름에 있어서 마찰계수(f)에 대한 설명으로 옳은 것은?

① f는 파이프의 조도와 레이놀즈에 관계가 있다.
② f는 파이프내의 조도에는 전혀 관계가 없고 압력에만 관계있다.
③ 레이놀드에는 전혀 관계없고 조도에만 관계있다.
④ 레이놀드수와 마찰손실수두에 의하여 결정된다.

풀이 마찰손실계수 f는 조도와 레이놀드수에 관계가 있음.
단, 층류조건에서의 마찰손실계수 f는 레이놀드수만의 함수임.

$f = \dfrac{64}{Re}$

해 답

01 ① 02 ③ 03 ①

04 지름 30cm인 원관과 지름 45cm인 원관이 직접 연결되어 있을 때 작은관에서 큰 관쪽으로 매초 230l의 물을 보내면 연결부의 손실수두는 몇 m인가?(단, Kse=0.8)

① 0.308
② 0.125
③ 0.135
④ 0.166

풀이 $Q = 230l/\text{sec} = 230 \times 10^{-3}\text{m}^3/\text{sec}$

$$V_1 = \frac{Q}{A_1} = \frac{230 \times 10^{-3}}{\frac{\pi \times 0.3^2}{4}} = 3.25\text{m/sec}$$

$$V_2 = \frac{Q}{A_2} = \frac{230 \times 10^{-3}}{\frac{\pi \times 0.45^2}{4}} = 1.45\text{m/sec}$$

손실수두 : $h_L = \frac{(V_1 - V_2)^2}{2g} = \frac{(3.25 - 1.45)^2}{19.6} = 0.166\text{m}$

05 오리피스 헤드가 6m이고 실제 물의 유출속도가 9.7m/s일 때 손실 수두는?

① 0.6m
② 1.2m
③ 1.3m
④ 2.4m

풀이 이론상의 유출속도 : $V = \sqrt{2gh} = \sqrt{2 \times 9.8 \times 6} = 10.84\text{m/sec}$

이론상의 속도수두 : $\frac{V^2}{2g} = \frac{10.84^2}{19.6} = 6.0\text{m}$

실제 유출속도 : $V = 9.7\text{m/sec}$

실제 속도수두 : $\frac{V^2}{2g} = \frac{9.7^2}{19.6} = 4.8\text{m}$

따라서, 손실수두 $h = 6.0 - 4.8 = 1.2\text{m}$

06 다음 중 관마찰계수는?

① 절대조도와 관지름의 함수
② 절대조도와 상대조도의 관계
③ 레이놀드수와 상대조도의 함수
④ 마하수와 코우시수의 함수

풀이 마찰손실계수 f는 조도와 레이놀드수에 관계가 있음.
단, 층류조건에서의 마찰손실계수 f는 레이놀드수만의 함수임.

해 답

04 ④ 05 ② 06 ③

07 다음 중 잘못 표현된 것은?

① 관내에 물이 흐를 때의 속도는 관의 중심이 가장 빠르다.
② 관벽 가까이에서는 물이 관 벽에 부착하려는 성질이 있다.
③ 층류일 때 생기는 저항은 난류일 때 보다 크다.
④ 소방에서 다루고 있는 관내의 흐름은 난류이다.

풀이 난류상태가 층류보다 관마찰 저항력이 더 크게 나타남.

08 수평원관 속에서 층류의 흐름이 있을 때 유량은?

① 관의 길이에 비례한다.
② 점성에 비례한다.
③ 지름의 4승에 비례한다.
④ 압력강하에 반비례한다.

풀이 하젠-포아젤식을 적용하면

$$Q=\pi d^4 \frac{\gamma h_L}{128\mu l}$$

여기서, Q : 유량, μ : 점성계수, h_L : 손실수두, l : 관의 길이, d : 관의 지름

따라서, 유량은 지름의 4승에 비례함 $Q \propto d^4$

09 직경 300mm인 수평원관 속을 물이 층류로 흐르고 있다. 관의 길이 50m에 대해 압력 강하가 100kPa이라면 관벽에서 전단응력은 몇 $\mathrm{N/m^2}$인가?

① 100
② 150
③ 200
④ 250

풀이 $\tau=\frac{\gamma h_L}{2l}\times R=\frac{P_1-P_2}{2l}\times R$

여기서, h_L : 손실수두, l : 관의 길이, R : 반경

P_1-P_2 : 압력차

따라서 전단응력 $\tau=\frac{100\times 1000Pa}{50m}\cdot\frac{0.15m}{2}=150\mathrm{N/m^2}$

해 답

07 ③ 08 ③ 09 ②

10 레이놀즈수가 1200인 유체가 매끈한 원관속을 흐를 때 관마찰계수는 얼마인가?

① 0.053 ② 0.063
③ 0.076 ④ 0.53

풀이 층류인 경우 관마찰계수 f는

$f=\dfrac{64}{Re}$ 이므로

$f=\dfrac{64}{1200}=0.053$

11 일정한 유량의 물이 원관 속을 층류로 흐른다고 가정할 때 직경을 3배로 하면 손실수두는 몇 배로 되는가?

① 1/8 ② 1/81
③ 1/90 ④ 1/100

풀이 하젠-포아젤의 법칙에서

$H=\dfrac{128\mu Ql}{\gamma\pi D^4}$ 이므로

손실수두는 직경에 대해 4제곱 반비례한다.

그러므로 $H\propto\dfrac{1}{3^4}=\dfrac{1}{81}$

12 부차적 단면급축소 손실계수 $K=2$인 관부속품에서의 손실수두가 2m라면 이때의 유속은 몇 m/sec인가?

① 4.34 ② 4.4
③ 4.5 ④ 4.6

풀이 급축소관에서의 손실

$H=K\dfrac{V_2^2}{2g}$

여기서, H : 손실수두, K : 손실계수, V_2 : 축소관에서의 유속)

그러므로 유속은 $V_2=\sqrt{\dfrac{2gh}{K}}=\sqrt{19.6}=4.427\text{m/s}$

해 답

10 ① 11 ② 12 ②

13 지름 50mm, 길이 10m, 관마찰계수가 0.33인 원관속에 난류가 흐르고 있다. 관 입구와 출구의 압력차가 $0.1\mathrm{kg_f/cm^2}$일 때 유속은 몇 m/sec인가?

① 0.545　　② 5.450
③ 4.5　　④ 4.89

풀이
$\Delta p = 0.1\mathrm{kg/cm^2} = 1\mathrm{t/m^2}$

$\Delta p = \gamma h_L$에서 $h_L = 1\mathrm{m}$

$h_L = f\dfrac{l}{D}\dfrac{V^2}{2g}$에서

$1 = 0.33 \times \dfrac{10}{0.05} \times \dfrac{V^2}{2 \times 9.8}$

$\therefore\ V = 0.545\mathrm{m/sec}$

해 답

13 ①

Fire Fighting Hydrodynamics Theory

CHAPTER 07

펌프

CHAPTER 07

펌프

7.1 유효흡입수두 : NPSH(Net Positive Suction Head)

7.1.1 펌프의 흡입 특성

1) 수조의 수위가 펌프의 수위보다 낮은 경우 펌프에 의해 물이 자연적으로 흡입(Suction) 되는 것이 아니고 펌프 구동에 따라 배관내 기압이 대기압이하로 감소되어 이때 외부 대기압에 의해 배관내로 물이 자연적으로 상승하는 것이다.

2) 흡입배관을 통해 물이 정상적으로 상승하여 펌프로부터 송출되려면 물을 밀어주는 역할을 하는 수면에 작용하는 대기압이 전체 손실(펌프나 배관에서 물을 흡입하려는 것을 방해하는 모든 요소의 손실)보다 커야 한다.

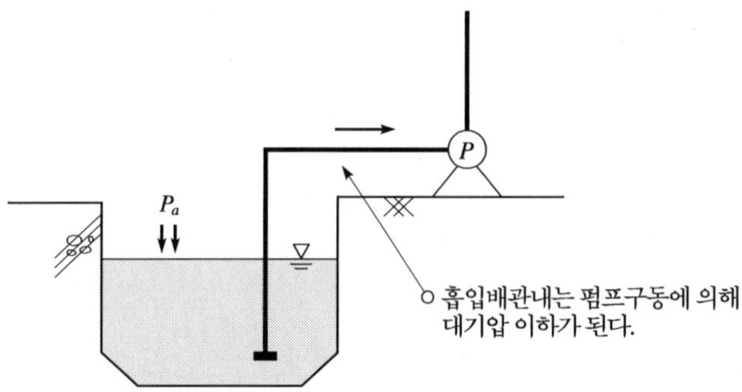

즉, 대기압 > 전체손실이어야 한다.

7.1.2 $NPSH_{av}$(유효흡입수두)의 개념

1) 유효흡입수두 구성요소(손실수두)

① 흡입수면에서 펌프까지의 실흡입 양정에 의해 형성되는 수압(이는 수면상에서 펌프 중심까지의 높이가 된다) : H_h(m)

② 흡입측 배관에서 물에 의한 배관마찰손실 : H_f(m)

③ 흡입측 배관내 물의 포화증기압(흡입배관은 흡입시 대기압이하가 되므로 이때 증발된 공기가 형성하는 포화증기압이 존재한다.) : H_v(m)

2) $NPSH_{av}$(유효흡입수두)

대기압을 수두로 약 10.33m로 가정하면 다음과 같게 된다. $10.33 > H_h + H_f + H_v$ 따라서, $10.33 - (H_h + H_f + H_v) > 0$으로 표현되는데 이때 좌변은 손실부분을 전부 제거 하고 물이 대기압에 의해 펌프 속으로 유입되는 순간 가지고 들어가는 잔여분의 수두로서 물이 펌프 속으로 유입되는 유효한 흡입양정이 된다.

따라서, $10.33 - (H_h + H_f + H_v)$를 유효흡입수두(Available Net Positive Sution Head)라 하며 보통 $NPSH_{av}$로 표시한다.

① 펌프의 설치위치, 흡입관경, 흡입배관 길이, 이송액체의 종류, 온도에 의해 결정된다.

② 펌프가 케비테이션 발생없이 안전하게 운전할 수 있는가를 나타내는 척도가 된다.

3) $NPSH_{re}$(필요흡입수두)

① 펌프의 설계에 의해 결정된다.

② 펌프자체에서 발생하는 손실수두이며, 펌프제작시 펌프 고유의 특성에 결정된다.

7.2 펌프의 동력

7.2.1 수동력(순수한 동력으로 효율 및 전달계수를 고려하지 않은 동력)

펌프내의 회전차의 회전에 의하여 펌프를 통과하는 액체에 주어지는 동력(펌프의 효율을 고려하지 않음).

$$P_w = \gamma HQ \tag{7.1}$$

여기서, Q : 유량(m^3/min)

H : 양정(m)

γ : 비중량(kgf/m^3)

$$P_w[HP] = \frac{\gamma HQ}{75 \times 60} \tag{7.2}$$

$$P_w[kW] = \frac{\gamma HQ}{102 \times 60} = \frac{1000HQ}{102 \times 60} = 0.163HQ \tag{7.3}$$

$$P_W[kg_f \cdot m/sec] = \frac{\gamma HQ}{60} \tag{7.4}$$

7.2.2 축동력(수동력에 효율을 보정한 동력)

펌프의 외부에 있는 동력공급원(원동기, 전동기)으로부터 펌프의 회전차를 구동하는데 필요한 동력(펌프효율고려).

$$P_s[HP] = \frac{\gamma HQ}{75 \times 60 \times \eta} \tag{7.5}$$

$$P_s[kW] = \frac{\gamma HQ}{102 \times 60 \times \eta} \tag{7.6}$$

여기서, Q : 옥내 소화전의 방수량(m^3/min)

H : 송수 펌프의 양정 (m)

η : 펌프 효율

7.2.3 원동기의 동력(축동력에 전달계수를 고려한 동력)

펌프를 구동시키는 원동기의 동력으로 보통 축동력보다 크다

$$P = KP_s = \frac{\gamma HQ}{102 \times \eta \times 60} K \fallingdotseq \frac{0.163 \times Q \times H}{\eta} \times K \tag{7.7}$$

여기서, K : 전달계수

TIP

- 동력이란 단위시간에 하는 일의 양
- 동력의 차원은

  $[P]=[\gamma QH_e]=[FL^{-3}L^3T^{-1}L]=[FLT^{-1}]$
- 동력의 단위

  $\mathrm{kg_f \cdot m/sec}$, $Watt$, HP(마력)

  여기서, $1h_p = 75\mathrm{kg_f \cdot m/sec}$

  $1W = 1\mathrm{N \cdot m/sec} = \frac{1}{9.8}\mathrm{kg_f \cdot m/sec}$

7.3 펌프의 상사법칙

1) 정의

비속도가 같으면 펌프의 크기가 다른 경우에도 이를 상사(相似)라고 표현한다.

2) 상사법칙(Affinity)

소화설비용 원심펌프에 있어서는 상사의 경우 회전수(N), 임펠러의 지름(D)에 따라 토출량(Q), 양정(H), 축동력(P)이 다음과 같이 변화하게 된다.

3) 비속도(N_c : Specific speed=비교회전속도)

펌프의 형식, 구조, 성능을 일정한 표준으로 고쳐 비교검사하는 지표로 펌프의 크기에 관계없이 임펠러(Impeller : 회전날개)의 형상을 나타낸다.

임펠러의 상사성 또는 펌프의 특성 및 펌프의 형식을 결정함.

$$N_c = \frac{NQ^{\frac{1}{2}}}{\left(\frac{H}{n}\right)^{\frac{3}{4}}} \tag{7.8}$$

여기서, Q = 유량($\mathrm{m^3/min}$), H = 양정(m), n = 단수, N = 회전수

① 토출량비 $\dfrac{Q_2}{Q_1}=\left(\dfrac{N_2}{N_1}\right)^1\times\left(\dfrac{D_2}{D_1}\right)^3$ (7.9)

*유량은 펌프 회전수의 1승에 비례하고, 임펠러 직경의 3승에 비례한다.

② 전양정비 $\dfrac{H_2}{H_1}=\left(\dfrac{N_2}{N_1}\right)^2\times\left(\dfrac{D_2}{D_1}\right)^2$ (7.10)

* 양정은 펌프회전수의 2승에 비례하고, 임펠러 직경의 2승에 비례한다.

③ 동력비 $\dfrac{P_2}{P_1}=\left(\dfrac{N_2}{N_1}\right)^3\times\left(\dfrac{D_2}{D_1}\right)^5\times\left(\dfrac{\eta_{p_2}}{\eta_{p_1}}\right)$ (7.11)

* 동비는 펌프회전수의 3승에 비례하고, 임펠러 직경의 5승에 비례한다.

여기서, P : 소요동력

N : 펌프 회전수

D : 회전차 외경

η_p : 펌프 효율

1대의 펌프를 다른 속도에서 운전시키는 경우($\dfrac{D_2}{D_1}=1,\ \dfrac{\eta_{p_2}}{\eta_{p_1}}=1$이라 하면)

① 토출량 $Q_2=Q_1\times\left(\dfrac{N_2}{N_1}\right)^1$ (7.12)

② 전양정 $H_2=H_1\times\left(\dfrac{N_2}{N_1}\right)^2$ (7.13)

③ 동 력 $L_2=L_1\times\left(\dfrac{N_2}{N_1}\right)^3$ (7.14)

7.4 펌프의 양정

7.4.1 양정의 종류

① 실양정(정수두) : 낮은 곳의 수면에서 최고위의 수직거리를 수두(수두압)라 한다.

② 전양정(펌프양정) : 실양정 + 마찰손실수두

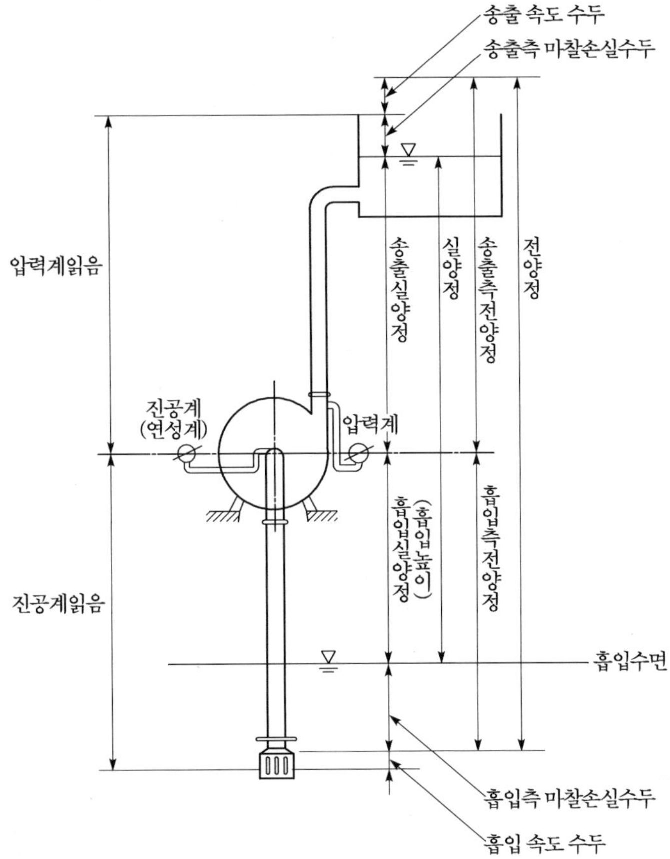

그림 7.1 펌프의 양정

7.4.2 펌프의 작동

1) 직렬연결

① 양수량 : $Q = Q$ (7.15)

② 양정 : $H = 2H$(토출압 : $2P$) (7.16)

2) 병렬연결

① 양수량 : $Q = 2Q$ (7.17)

② 양정 : $H = H$(토출압 : P) (7.18)

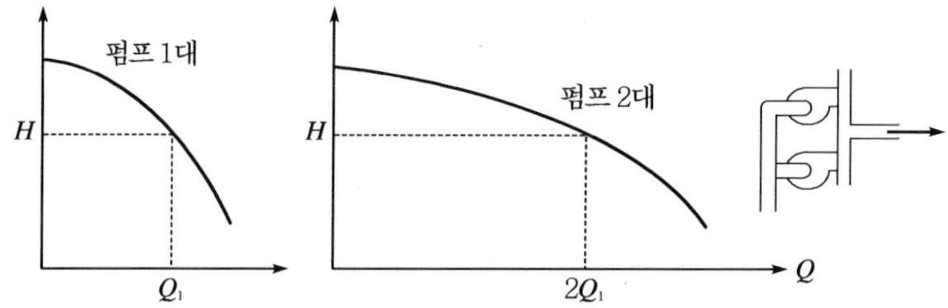

(a) 펌프의 병렬작동

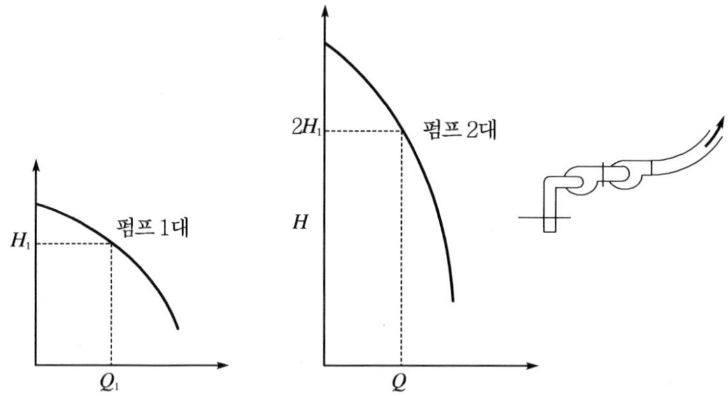

(b) 펌프의 직렬작동

그림 7.2 펌프의 작동

7.5 펌프의 제현상

7.5.1 공동현상(캐비테이션, Cavitation)

1) 정의

① 배관내를 흐르는 액체의 압력이 해당온도에 대응하는 증기압이하로 내려갈 때 국부적으로 비등현상이 일어나서 증기가 발생되며 증기 공동을 만드는 현상을 말한다.

② 유체가 넓은 유로에서 좁은 곳으로 고속 유입시 또는 굴곡이 있거나 만곡부가 있으면 유속이 빠른 부분이 저압이 되어 그 액체의 압력이 그때의 해당온도에 대응하는 수온의 포화증기압보다 낮아지면 비점이 낮아져 수중에 증기발생 또는 용존공기가 분리하여 기포가 발생되는데 이와 같은 현상을 Cavitation이라 한다.

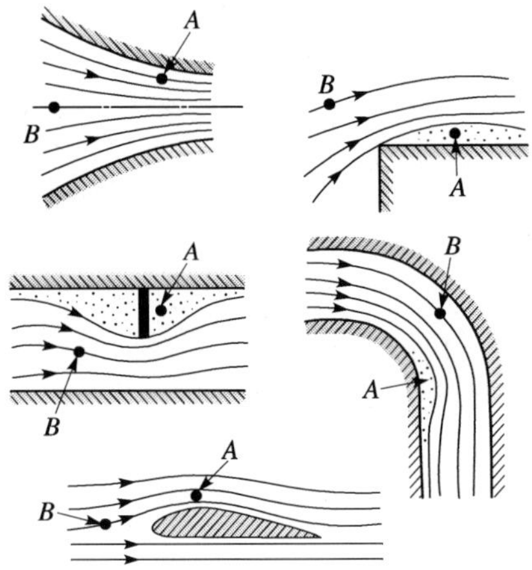

그림 7.3 공동현상의 발생조건

2) 발생원인

물은 100℃, 1기압에서 비등(boiling)하나 압력이 내려갈 경우 그 이하의 온도에서도 비등하게 된다. 따라서 흡입배관에서 대기압이하로 압력이 저하되므로 상온에서도 국부적으로 비등현상이 발생하게 된다. 즉, 물의 압력이 해당온도에 대응하는 포화증기압 이하로 내려가게 되면 증발하여 기포가 발생하게 된다.

① 펌프의 흡입측 수두가 클 경우

② 펌프의 마찰손실이 클 경우

③ 펌프의 흡입관경이 너무 작을 경우

④ 이송하는 유체가 고온인 경우

⑤ 펌프의 흡입압력이 유체의 포화증기압보다 낮은 경우

⑥ 임펠러 속도가 지나치게 클 경우

3) Cavitation시 발생되는 현상

① 펌프가 수원의 수위보다 높을 경우 소화설비용 흡입배관의 경우 입구는 대기압 이하로 되므로 Cavitation이 발생하기 쉽다.

② 공동현상이 발생하면 기포는 펌프의 토출부위에서 급격히 파괴되면서 주위에 충격을 주게 된다.

③ Cavitation에 의한 피해는 고온, 고압의 충격파를 발생시켜 소음, 진동, 재료의 피로현상, 부식 등의 원인을 제공한다.

④ 소화설비에서는 흡입양정이 높거나 유속이 빠른 부위에서 발생하기 쉽다.

4) 방지대책

① 펌프의 유효 흡입측 수두(실양정)을 짧게 한다.
펌프의 설치 높이(흡수면에 가깝게)를 낮춘다.

② 펌프의 회전수를 작게 한다.

③ 흡입배관의 유속을 줄여준다.

④ 흡입배관의 마찰손실수두를 작게 한다.
흡입배관의 굴곡, 관경, 재질, 부속류, 배관 상태 등은 손실이 경감되는 방향으로 시공 한다.

⑤ 단흡입펌프로 $NPSH_{re}$가 만족되지 않는 경우는 양흡입 펌프로 설치한다.

⑥ 흡입배관의 관경을 크게 한다.

⑦ 소화설비용 펌프의 경우는 $NPSH_{re}$를 알게 되면 Cavitation을 일으키지 않고 운 전할 수 있는 펌프의 고정된 위치(수면상 높이)를 결정할 수 있다.

- $NPSH_{av} = NPSH_{re}$: 발생한계
- $NPSH_{av} > NPSH_{re}$: 발생하지 않음
- $NPSH_{av} \geq NPSH_{re} \times 1.3$: 설계시 적용

7.5.2 수격작용(Water Hammer)

1)개요

① 배관내를 유체가 흐를때 펌프의 순간적인 정지 및 기동, 밸브의 급격한 개폐, 배관의 급격한 굴곡 등에 의해 유체의 속도가 급히 변화하면 유체가 가지고 있는 운동에너지가 압력에너지로 변하여 순간적으로 큰 압력변화가 발생하는 현상.

② 이러한 압력의 상승이 발생하는 것을 수격작용이라 한다. 이때 유체가 가지고 있는 운동에너지는 유속의 급격한 변화에 의하여 압력에너지로 변환된다.

2) 발생원인

① 배관내를 유체가 흐를때 정전 등으로 펌프의 순간적인 정지 및 기동에 의한 원인.

② 배관의 급격한 굴곡 및 밸브의 급격한 개폐에 의한 원인.

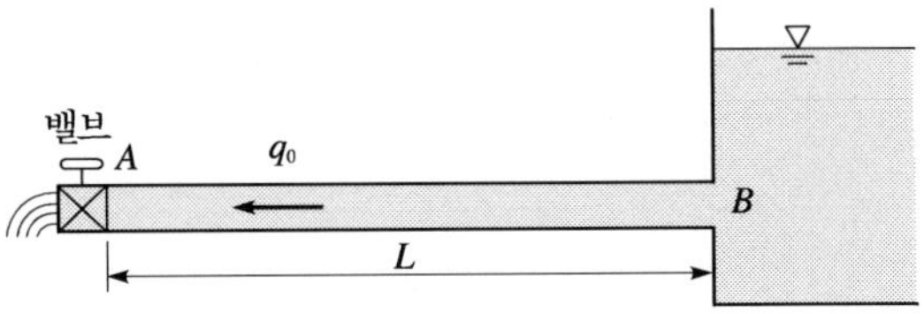

그림 7.5 수격작용의 원리

3) 수격작용의 피해

① 수압이 상승하여 이로 인하여 충격파가 발생하여 소음 및 진동, 충격을 발생

② 충격으로 배관 및 밸브의 손상으로 설비의 열화 및 기능 저하

4) 방지대책

① 밸브류의 급격한 개폐를 억제한다.

② 관경을 크게 하여 관내의 유속을 저하시킨다.

③ 충격을 흡수하는 Water hammer cushion을 설치한다.

④ 펌프에 Fly wheel을 설치한다(펌프의 회전속도를 고르게 하기 위함).

⑤ 토출측 관로에 조압수조(Surge tank)를 설치한다.

7.5.3 서어징(Surging) 현상

1) 개요

터빈펌프, 압축기, 송풍기 등을 저유량 영역에서 사용하면 압력, 유량이 주기적으로 변동하여 정상적인 운전이 불가능하게 되는 것을 말한다.

2) 서어징 현상

① 서어징 현상은 압력, 유량 변동으로 진동, 소음 등이 발생하며 장시간 계속되면 유체관로를 연결하는 기계나 장치 등의 파손을 초래한다.

② 펌프의 경우 입구 및 출구의 진공계 또는 압력계의 침이 흔들리고 동시에 송출 유량이 변동하는데 이것을 외관적 현상이라 한다. 즉, 송출유량과 송출압력 사이에 주기적인 변동이 생기는 것을 말한다.

③ 서어징 현상은 관로계가 복잡한 펌프의 장치 등에 주로 발생하며 송출유량을 조절하는 설치개소의 유무에 따라 관련이 있다.

3) 서어징(Surging) 발생원인

① 토출배관이 길고 배관도중에 물탱크나 기체상태의 공기탱크가 있을 때 발생

② 유량조절밸브가 탱크의 뒤쪽에 있을 때

4) 서어징(Surging) 현상의 방지대책

① 회전차나 안내깃 등의 치수나 형상을 바꾸어 펌프의 운전특성을 변화시킨다. 유량조절 밸브는 토출측 직후에 설치한다.

② 배관 중에 불필요한 수조 또는 기체 상태에 있는 잔류공기를 제거하고, 배관의 단면적, 유량 등을 변화시킨다.

핵심문제

01 펌프의 흡입 및 토출관의 직경이 동일한 소화전 펌프에서 흡입측의 진공계는 $0.25\text{kg}_f/\text{cm}^2$을 가리키고 진공계보다 수직으로 1m 높은 위치에 있는 토출측 압력계의 저항은 $3.9\text{kg}_f/\text{cm}^2$ 이라면 펌프의 전양정(m)은 얼마인가?

① 42.5　　② 38.6
③ 18.9　　④ 1.004

풀이 흡입측 수두 : $h_{흡입} = \dfrac{P}{\gamma_w} = \dfrac{0.25\text{kg}_f/\text{cm}^2}{0.001\text{kg}_f/\text{cm}^3} = 250\text{cm} = 2.5\text{m}$

토출측 수두 : $h_{흡입} = \dfrac{P}{\gamma_w} = \dfrac{3.9\text{kg}_f/\text{cm}^2}{0.001\text{kg}_f/\text{cm}^3} = 3900\text{cm} = 39\text{m}$

위치수두 : $h = 1\text{m}$

따라서 펌프의 전양정 $H = 2.5 + 39 + 1 = 42.5\text{m}$

02 방사구경 20[mm]인 노즐선단에서 피토게이지로 방수압력을 측정한 결과 $4\text{kg}_f/\text{cm}^2$의 압력이 측정되었다. 방수량은 몇 l/min인가?

① 520　　② 620
③ 720　　④ 820

풀이 $V = 14\sqrt{p} = 14\sqrt{4} = 28\text{m/sec}$

유량 $Q = AV = \dfrac{\pi \cdot 0.02^2}{4} \times 28 = 0.0088\text{m}^3/\text{sec} = 0.0088 \times 10^3 \times 60l/\text{min} = 527.8l/\text{min}$

03 수력도약(Hydraulic jump)이 일어나는 원인은?

① 개수로에서 유속이 갑작스런 증가로 생기는 에너지 손실 때문이다.
② 개수로에서 유로단면이 갑자기 증가하면 액체가 팽창하기 때문이다.
③ 개수로에 흐르는 액체의 운동에너지가 갑자기 위치 에너지로 변하기 때문이다.
④ 수력도약은 비가역 과정이므로 비가역량 만큼 수면이 상승한다.

풀이 도수현상(수력도약) – 개수로 흐름에서 사류 흐름이 상류 흐름으로 바뀔 때 격렬한 난류운동이 동반되며 수심이 상승되게 되는 데 이런 현상을 도수 또는 수력도약이라 한다. 이러한 현상은 상당한 에너지 손실을 유발하는 데 도약의 높이가 클수록 그 손실도 커진다.

해 답

01 ①　02 ①　03 ①

04 수격작용(water hammering)의 방지법이 아닌 것은?

① 관의 유속을 낮게 한다.
② 조압 수조(surge tank)를 관선에 설치한다.
③ 밸브는 펌프 송출구 가까이 설치한다.
④ 관의 직경을 작게 한다.

풀이 관의 직경을 크게 해야 수격현상을 방지할 수 있음.

05 수격 작용시 발생하는 충격압의 속도에 영향을 주는 요소가 아닌 것은?

① 유체의 탄성
② 유체의 밀도
③ 관의 탄성
④ 관의 밀도

풀이 관자체의 밀도와 수격현상으로 인한 충격압의 속도는 관련이 없다.

06 원심펌프의 공동현상(cavitation) 방지 대책과 거리가 먼 것은?

① 펌프의 설치 위치를 낮춘다.
② 펌프의 회전수를 높인다.
③ 흡입관의 구경을 크게 한다.
④ 단 흡입 펌프는 양 흡입으로 바꾼다.

풀이 펌프의 회전수를 높이면 공동현상이 발생하게 된다.

07 전 양정 40m, 1분당 토출량 0.65m^3, 효율 50%인 펌프를 사용하는 경우 펌프의 축동력(P_s)은 몇 $kg_f \cdot m/sec$인가? (단, 축동력 L의 단위는 $kg_f \cdot m/sec$이다)

① 855
② 866.7
③ 877
④ 877.8

풀이 전양정 $H=40m$, 토출량 $Q=0.65m^3/min$, 펌프효율 $\eta=0.5$

축동력 : $P_s = \dfrac{\gamma HQ}{\eta} = \dfrac{1000 \times 40 \times 0.65}{0.5 \times 60} = 866.7kgf \cdot m/sec$

해 답

04 ④ 05 ④ 06 ② 07 ②

08 전양정 80m, 유량 $2.4\mathrm{m}^3/\mathrm{min}$인 펌프의 최소 수동력은 몇 kW인가?

① 30.2 ② 31.4
③ 32.5 ④ 32.8

풀이 $H=80\mathrm{m},\ Q=2.4\mathrm{m}^3/\mathrm{min}$

수동력(L_w) $L_w[kW]=\dfrac{\gamma HQ}{102\times 60}=\dfrac{1000\times 80\times 2.4}{102\times 60}=31.37kW$

09 유량 $8\mathrm{m}^3/\mathrm{sec}$인 물이 터빈에 150cm의 수두를 주었을 경우, 터빈에 전달된 동력은 몇 마력인가?

① 0.267 ② 2.67
③ 2.55 ④ 162

풀이 $Q=8\mathrm{m}^3/\mathrm{sec}\ \ H=150\mathrm{cm}$

$P[HP]=\dfrac{\gamma HQ}{75}=\dfrac{1000\times 1.5\times 8}{75}=160HP$

10 펌프를 사용하여 지하 5m에 있는 물을 지상 40m의 물탱크까지 1분간에 $1.5\mathrm{m}^3$을 올리려면 몇 마력이 필요한가? (단, $\eta=0.7$, 관로의 전체손실수두 = 9m)

① 26 ② 40
③ 77 ④ 87

풀이 $H=5+40+9=54\mathrm{m}$

$Q=1.5\mathrm{m}^3/\mathrm{min}$

$L[PS]=\dfrac{\gamma HQ}{75\times 60\times \eta}=\dfrac{1000\times 54\times 1.5}{75\times 60\times 0.7}=25.71PS$

11 소화용 펌프를 유량 $1.5\mathrm{m}^3/\mathrm{s}$, 양정 60m, 회전수 1770rpm으로 선정하였으나 공장배치가 변경되어 양정이 90m가 필요하게 되었다. 이 펌프를 몇 rpm으로 운전하면 변경된 양정과 거의 같은 효율로 운전될 수 있는가?

① 1890rpm ② 2168rpm
③ 3168rpm ④ 2088rpm

해 답

08 ② 09 ② 10 ① 11 ②

풀이 $\frac{H_1}{H_2}=\left(\frac{D_1}{D_2}\right)^2\left(\frac{N_1}{N_2}\right)^2$

$\frac{60}{90}=\left(\frac{1}{1}\right)^2\left(\frac{1770}{N_2}\right)^2 \rightarrow N_2=2168\text{rpm}$

12 회전수 1000rpm, 전양정 60m에서 유량 $0.12\text{m}^3/\text{s}$의 물을 배출하는 펌프의 축동력은 100kW이다. 이 펌프와 상사인 펌프가 크기가 3배이면서 500rpm으로 운전될 때의 축동력은 몇 kW인가?(단, 펌프효율은 1:1)

① 2037.5 ② 2067.7 ③ 3037.5 ④ 4037.5

풀이 $\frac{L_1}{L_2}=\left(\frac{D_1}{D_2}\right)^5\frac{\gamma_1}{\gamma_2}\left(\frac{N_1}{N_2}\right)^3$

$\frac{100}{L_2}=\left(\frac{1}{3}\right)^5\frac{1}{1}\left(\frac{1000}{500}\right)^3$

$L_2=3037.5\text{kW}$

13 어떤 펌프가 2000rpm으로 회전하여 전양정 100m에 $0.17\text{m}^3/\text{s}$의 유량을 방출한다. 이것과 상사로서 크기가 2배되는 펌프가 1500rpm으로 운전될 때 유량은 몇 m^3/s인가?

① 102 ② 10.2 ③ 1.02 ④ 0.102

풀이 $\frac{Q_1}{Q_2}=\left(\frac{D_1}{D_2}\right)^3\left(\frac{N_1}{N_2}\right)$

$\frac{0.17}{Q_2}=\left(\frac{1}{2}\right)^3\left(\frac{2000}{1500}\right)$

$Q_2=1.02\text{m}^3/\text{sec}$

14 펌프의 흡입양정이 4m이고 흡입관로의 손실수두가 2m일 때 NPSH는 약 몇 m인가?
(단, 수면은 표준대기압(101.3kPa) 상태이고, 이 때의 포화 수증기압은 3300Pa 이다.)

① 2m ② 3m ③ 4m ④ 5m

풀이 대기압수두$(H_a)=10.336\text{m}$

수증기압수두$(H_v)=3.3\text{kPa}=\frac{3.3\text{kPa}}{101.325\text{kPa}}\times 10.336\text{m}=0.33\text{m}$

흡입수두$(H_s)=4\text{m}$

해 답

12 ③ 13 ③ 14 ③

마찰손실수두$(H_L) = 2\text{m}$

유효흡입양정 NPSH는

$NPSH = H_a - H_v - H_s - H_L = 10.336\text{m} - 0.33\text{m} - 4\text{m} - 2\text{m} = 4\text{m}$

15 65mm 소방호스가 30mm의 곧은 노즐에 연결되어 있다. 유량은 $700l/\text{min}$이다. 운동량 때문에 생긴 반발력은 몇 $\text{kg}_\text{f} \cdot \text{m/sec}^2$ 인가?

① 152　② 265　③ 368　④ 473

풀이 소방호스의 단면적 $A_1 = 33.16\text{cm}^2$

노즐의 단면적 $A_2 = 7.06\text{cm}^2$

$Q = 700l/\text{min} = 0.0117\text{m}^3/\text{sec}$

$V_1 = \frac{Q}{A_1} = \frac{0.0117}{0.003316} = 3.52\text{m/sec}$

$V_2 = \frac{Q}{A_2} = \frac{0.0117}{0.000706} = 16.57\text{m/sec}$

$F = \rho Q(V_2 - V_1)$

$\therefore F = \rho Q(V_2 - V_1) = 1000\text{kg}_\text{f}/\text{m}^3 \times 0.0117\text{m}^3/\text{sec} \times (16.57 - 3.52)\text{m/sec}$

$= 152.2\text{kg}_\text{f} \cdot \text{m/sec}^2$

16 20m^2의 저수조에 계속적으로 $2000l/\text{min}$의 물을 채우고 있다. 화재 초기에 수심은 2m 였고, 진화를 위해 $8000l/\text{min}$의 물을 저수로로부터 계속 취수하기 시작했다. 저수조가 고갈될 때 까지 시간은 몇 분 소요되는가?

① 6.1　② 6.3　③ 6.6　④ 6.9

풀이 유입량 $= Q_{\in} = 2000l/\text{min} = 0.033\text{m}^3/\text{sec}$

유출량 $= Q_{out} = 8000\text{l/min} = 0.134\text{m}^3/\text{sec}$

유입량과 유출량의 차이 : $0.134 - 0.033 = 0.101\text{m}^3/\text{sec}$

저수조의 밑 면적은 20m^2이고, 줄어드는 양은 $0.101\text{m}^3/\text{sec}$이므로

수면이 가라앉는 속도는

$V = \frac{Q}{A} - \frac{0.101}{20} = 0.00505\text{m/sec}$

수심이 2m이므로 저장된 물이 고갈되는 시간은

① $t = \frac{\text{수두차}}{\text{속도 } V} = \frac{2}{0.00505} = 396\text{sec} = 6.6\text{min}$

② $t = \frac{\text{체적 } V}{\text{유량 } Q} = \frac{\text{높이} \times \text{면적}}{\text{유량}}$

해 답

15 ①　16 ③

Fire Fighting Hydrodynamics Theory

CHAPTER 08

요점정리

CHAPTER 08

요점정리

8.1 공동현상(cavitation)

8.1.1 정의

펌프의 흡입측 배관내 물의 정압이 기존증기압보다 낮아져서 기포가 발생되어 물이 흡입되지 않는 현상

8.1.2 발생현상

① 소음과 진동발생
② 관 부식
③ 임펠러 손상 (수차의 날개 손상)
④ 펌프의 성능저하

8.1.3 발생원인

① 펌프의 흡입수두가 클 때
② 펌프의 마찰손실이 클 때
③ 펌프의 임펠러속도가 클 때
④ 펌프의 설치위치가 수원보다 높을 때
⑤ 관내 수온이 높을 때

⑥ 관내의 물의 정압이 그때의 증기압보다 낮을 때
⑦ 흡입관의 구경이 작을 때
⑧ 흡입거리가 길 때
⑨ 유량이 증가하여 펌프물이 과속으로 흐를 때

8.1.4 방지대책

① 펌프의 흡입수두를 작게 한다.
② 펌프의 마찰손실을 작게 한다.
③ 펌프의 임펠러속도를 작게 한다.
④ 펌프의 설치위치를 수원보다 낮게 한다.
⑤ 양흡입 펌프를 사용한다.
⑥ 배관내 물의 정압을 그때의 증기압보다 높게 한다.
⑦ 흡입관의 구경을 크게 한다.
⑧ 펌프를 2대 이상 설치한다.

8.2 수격현상(water hammering)

8.2.1 정의

배관내를 흐르는 유체의 유속을 급격하게 변화시킬 때 압력이 상승 또는 하강하여 관로의 벽면을 치는 현상

8.2.2 발생원인

① 펌프가 갑자기 정지할 때
② 급히 밸브를 개폐할 때
③ 정상운전시 유체의 압력변동이 생길 때

8.2.3 방지 대책

① 관경을 크게 한다.
② 관내의 유속을 낮게 한다.
③ 조압수조를 관선에 설치한다.
④ 플라이휠을 설치한다.
⑤ 펌프송출구(토출구) 가까이에 밸브를 설치한다.
⑥ 에어챔버를 설치한다.

8.3 맥동현상(surging)

8.3.1 정의

유량이 단속적으로 변하여 펌프 입・출구에 설치된 진공계압력계가 흔들리고 진동과 소음이 일어나며 펌프의 토출유량이 변하는 현상

8.3.2 발생원인

① 배관 중에 수조가 있을 때
② 배관 중에 기체상태의 부분이 있을 때
③ 유량조절밸브가 배관 중 수조의 위치 후방에 있을 때
④ 펌프의 특성곡선이 산모양이고 운전점이 그 정상부 일 때

8.3.3 방지대책

① 배관 중에 불필요한 수조를 없앤다.
② 배관내의 기체를 제거한다.
③ 유량조절밸브를 배관 중 수조의 전방에 설치한다.
④ 운전점을 고려하여 적합한 펌프를 선정한다.
⑤ 풍량 또는 토출량을 줄인다.

8.4 대기압

절대압=대기압+게이지압

절대압=대기압−진공압

8.5 하젠-포아젤 법칙

$$Q = \pi d^4 \frac{\gamma h_L}{128\mu l}$$

8.6 운동량 방정식

1) 운동량 방정식

$$F = \rho Q V$$

2) 운동량 수정계수

$$\beta = \frac{1}{A V^2} \int_A v^2 dA$$

3) 운동에너지 수정계수

$$\alpha = \frac{1}{A V^3} \int_A v^3 dA$$

8.7 서징발생조건

① 배관중 수조가 있을 때

② 배관중 기체상의 부분이 있을 때

③ 수조의 위피 후방에 있을 때

④ 펌프특성 곡선이 산모양이고 운전점이고 정상 부분일 때

8.8 피에조미터 구멍은 무엇을 측정하기 위한 것인가?

교란 되지 않은 유체의 정압

8.9 뉴턴 유체란?

유체이동시 속도구배와 전단응력의 변화가 원점을 통하는 직선적인 관계를 갖는 유체이다.

8.10 2개 사이의 공에 공기를 불어 넣으면 2개의 공은 어떻게 되겠는가?

베르누이 법칙에 따라 달라 붙는다.

8.11 층류흐름에 적용되는 베르누이 방정식

압력수두, 속도수구, 위치수두의 합이 일정함을 의미한다.

베르누이 방정식(Bernoulli's equation)

$$\frac{V^2}{2g} + \frac{p}{\gamma} + z = 일정$$

여기서, $\frac{V^2}{2g}$: 속도수두, $\frac{p}{\gamma}$: 압력수두, Z : 위치수두

V : 유속(m/sec)

P : 압력(kg/m^2)

Z : 높이(m)

g : 중력가속도(9.8m/s^2)

γ : 비중량(kg/m^3)

8.12 냇물을 건널 때 일반적으로 안전을 위하여 폭이 넓은 곳으로 건너는 이유는?

연속방정식 $Q = A_1 V_1 = A_2 V_2$에서 유량은 동일한 상태에서 강물의 폭이 넓을수록 유속이 감소하기 때문에 강을 건널 때에는 폭이 넓은 곳이 더 안전함.

8.13 오일러(Euler's)방정식

유체의 입자가 유선 또는 유관을 따라 움직일 때 뉴턴의 운동 제2법칙을 적용하여 얻은 미분방정식을 오일러의 운동방정식이라고 한다.

① 유체입자는 유선을 따라 움직인다.

② 유체의 점성력은 없다.(비점성유체)

③ 정상유동이다.

④ 압축성 및 비압축성 유체에 관계없이 적용

8.14 공기속을 비행기가 날아갈 때 비행기가 얻는 양력

① 날개윗면과 아랫면에 작용하는 압력차이로 인해 발생

② 베르누이 방정식이 응용됨

8.15 수력도약

① 유체가 빠른 흐름에서 느린 흐름으로 변하면서 수심이 깊어지는 현상

② 개수로에 흐르는 액체의 운동에너지가 위치에너지로 변할 때

8.16 캐비테이션(Cavitation)

펌프의 흡입배관 내의 압력이 물의 온도에 해당하는 포화증기압보다 낮아지면 캐비테이션 발생

8.17 기체가 가장 액화하기 쉬운 상태

저온 고압상태

8.18 점도계중 뉴턴의 점성법칙이 적용되는 것

① MacMichael점도계

② Stormer점도계

8.19 유체의 점성 설명

① 실제 유체는 유동 손실이 발생된다.

② 온도가 증가하면 기체의 점성이 증가한다.

③ 온도가 증가하면 액체의 점성이 감소한다.

8.20 배관의 마찰손실

1) 주손실 : 관로에 의한 마찰손실

2) 부차적손실

① 관의 급격한 확대 손실

② 관의 급격한 축소 손실

③ 관 부속품에 의한 손실

8.21 손실수두

① $h_L = f\frac{l}{d}\frac{v^2}{2g}$

② 유체의 손실수두는 관의 길이에 비례하고, 관내경에 반비례하며, 유속의 제곱에 비례한다.

8.22 수압기는 어느 정리를 응용한 것인가?

1) 파스칼의 정리

2) 파스칼의 원리(Principle of pascal)

$$\frac{F_1}{A_1} = \frac{F_2}{A_2}$$

여기서, F : 가해진 힘($\mathrm{kg_f}$), A : 단면적($\mathrm{m^2}$)

8.23 하젠 포아젤의 법칙

1) 일정한 유량의 물이 층류상태로 관에 흐를때의 손실 수두 계산

2) 관계식

$$\mathrm{Q} = \pi \mathrm{d}^4 \frac{\gamma \mathrm{h_L}}{128\mu \mathrm{l}}$$

8.24 관마찰계수(f)

1) 층류 : 레이놀드만의 함수임

$$\mathrm{f} = \frac{64}{\mathrm{Re}}$$

2) 천이영역(임계영역) : 레이놀드수와 관의 상대조도에 관계되는 계수

3) 난류 : 관의 상대조도에 무관한 계수

8.25 로터미터

부자의 오르내림에 의해서 배관내의 유량 및 유속을 측정할 수 있는 기구

8.26 수격작용시 충격압 속도영향 요소

① 유체의 탄성

② 유체압

③ 관의 탄성

8.27 체적탄성계수

1) 관계식

$$K = -\frac{\Delta P}{\Delta V / V}$$

여기서, K : 체적탄성계수(kg_f/cm^2)

ΔP : 가해진 압력(kg_f/cm^2)

$\Delta V/V$: 체적의 감소율(%)

2) 체적탄성계수는 압력이 일정할 때 온도의 증가에 따라 직선적으로 증가(X)

3) 체적탄성계수는 온도와 무관(O)

8.28 유선과 유적선

1) 유선 : 유동장내의 모든 점에서 속도벡터에 접하는 가상적인 선

2) 유적선 : 유체 입자가 일정 시간내에 지나간 경로

8.29 마찰손실

1) 원관내를 흐르는 층류흐름에서 마찰손실은 레이놀드 수에 반비례한다.

2) 손실수두 : $h_L = f\frac{l}{d}\frac{v^2}{2g}$

3) 관마찰계수 : $\mathrm{f} = \frac{64}{\mathrm{Re}}$

8.30 비압축성 유체란?

1) 압력을 받아도 체적변화를 일으키지 않는 유체이다.

2) 압축성 유체란 : 기체와 같이 체적변화를 일으키는 유체이다.

8.31 마찰속도의 정의

난류에만 정의 되는 속도이다.

8.32 배관 내의 유량 측정방법

① 마노미터 ② 오리피스미터

③ 벤투리미터 ④ 로터미터

8.33 오일러 방정식의 유도 가정

① 정상유동
② 유체의 마찰이 없는 경우
③ 유선따라 운동할 경우

8.34 유체의 정압

1) 정의 : 밀폐된 용기에서 어느 한 점에 작용하는 압력
2) 특성 : 모든 방향에 같은 크기로 작용

8.35 원관내 전단응력

1) 평행한 평판 사이로 유체가 압력차에 의해 층류로 흐르고 있을 때 유체가 받는 전단 응력은 중심에서 0이고 벽면으로 직선형태의 응력변화를 가진다.

2) 관계식 : $\tau = \mu \dfrac{du}{dy}$

여기서, τ : 전단응력(N/m^2)

μ : 점성계수($N \cdot sec/m^2$)

$\dfrac{du}{dy}$: 속도구배(속도기울기)$\left[\dfrac{1}{sec}\right]$

8.36 유체에 대한 설명 중 가장 옳은 것

아무리 작은 전단력에도 형을 일으키는 물질

8.37 펌프입구의 연성계 및 출구의 압력계 지침이 흔들리고 송출량도 주기적으로 변화하는 이상 현상은?

맥동현상

8.38 베르누이 방정식 적용조건

① 비압축성 흐름
② 비점성 흐름
③ 정상유동

8.39 유속측정 기기

① 피토관
② 피토-정압관
③ 시차액주계
④ 열선속도계

8.40 유량측정 기기

① 벤투리미터
② 오리피스
③ 로터미터
④ 위어

8.41 정압측정

① 정압관
② 피에조미터

8.42 열전달 매질이 없어도 열이 전달되는 형태

복사

8.43 유량 파이프 흐를 때 유체속도

$Q = AV$ 에서 $V = \frac{Q}{A} = \frac{Q}{\frac{\pi d^2}{4}}$ 이므로 관지름에 반비례한다.

8.44 유체속에 잠겨진 물체에 작용되는 부력은?

① 그 물체에 의하여 배제된 액체의 무게와 같다.

② 부력 : $F_B = \gamma V'$ (V' : 물속에 잠긴 물체의 부피)

8.45 관마찰손실이 가장 큰 것?

90(티분류)

8.46 난류의 흐름에서 관찰계수에 영향을 미치는 요소?

① 관내경

② 관내 표면조도

③ 유체의 점성

④ 관내압력(X)

8.47 비압축성유체

① 액체와 같이 체적이 변하지 않는 유체

② 밀도가 압력에 의해 변하지 않는 유체

③ 굴뚝둘레를 흐르는 공기 흐름

④ 정지된 자동차 주위에 흐르는 공기흐름

8.48 대기압

$$\begin{aligned} 1\text{atm} &= 760\text{mmHg} = 1.0332\text{kgf/cm}^2 \\ &= 10.332\text{mH2O}(\text{mAq}) \\ &= 1.013\text{bar} = 1013\text{mbar} \\ &= 101325\text{pa} \\ &= 101.325\text{Kpa}(\text{KN/m}^2) \end{aligned}$$

8.49 유체의 단위

① $1\text{N} = 10^5\text{dyne}$

② $1\text{N} = 1\text{kg} \cdot \text{m/s}^2$

③ $1\text{dyne} = 1\text{g} \cdot \text{cm/s}^2$

④ $1\text{Joule} = 1\text{N} \cdot \text{m}$

⑤ $1\text{kgf} = 9.8\text{N} = 9.8\text{kg} \cdot \text{m/s}^2$

⑥ $1\text{p} = 1\text{g/cm} \cdot \text{sec} = 1\text{dyne} \cdot \text{sec/cm}^2$

⑦ $1\text{cp} = 0.01\text{g/cm} \cdot \text{sec}$

⑧ $1\text{stokes} = 1\text{cm}^2/\text{sec}$

⑨ $1\text{atm} = 760\text{mmHg}$

$= 1.0332\text{kg/cm}^2$

$= 10.332mH_2O(mAq)$

$= 14.7PSI(lb/m^2)$

$= 1013mbar(1.013bar)$

8.50 압력(p)

$$p = \gamma h, \ p = \frac{F}{A}$$

여기서, p : 압력(kgf/cm^2)

γ : 비중량(kgf/cm^3)

h : 높이(m)

F : 힘(kg)

A : 단면적(cm^2)

8.51 물속의 압력

$$P = P_O + \gamma h$$

여기서, P : 물속의 압력(kg/cm^2)

P_o : 대기압($1.0332kg/cm^2$)

γ : 물의 비중량($1,000kg/m^3$)

h : 물의 깊이(m)

8.52 동점성 계수

$$\nu = \frac{\mu}{\rho}$$

여기서, ν : 동점성계수(cm^2/sec)

μ : 점성계수(g/cm·sec)

ρ : 밀도(g/cm^3)

8.53 비중량

$$\gamma = \frac{1}{V_S} = \rho g$$

여기서, γ : 비중량(kgf/m^3)

V_s : 비체적(m^3/kgf)

ρ : 밀도(kg/m^3)

g : 중력가속도(9.8m/s^2)

① 물의 비중량

$$1\text{gf/cm}^3 = 1{,}000\text{kgf/m}^3$$

② 물의 밀도

$$\rho = 1\text{g/cm}^3 = 1{,}000\text{kg/m}^3$$

$$= 1{,}000\text{N} \cdot \text{sec}^2/\text{m}^4$$

$$= 102\text{kg} \cdot \text{sec}^2/\text{m}^4$$

8.54 이상기체 상태방정식

$$\text{PV} = \text{nRT} = \frac{\text{W}}{\text{M}}\text{RT}, \quad \rho = \frac{\text{PM}}{\text{RT}}$$

여기서, P : 압력(atm), V : 부피(㎥)

n : 몰수$\left(\frac{W}{M}\right)$, $R=0.082$(atm · m^3/kg · mole · K)

W : 무게(kg)

M : 분자량

ρ : 밀도(kg/m^3)

8.55 물체가 물에 떠 있는 경우 부력과 물체의 무게관계

① 부력

$$F_B = \gamma V$$

여기서, F_B : 부력(kgf)

γ : 비중량(kg/m^3)

V : 물체가 잠긴 체적(m^3)

② 물체의 무게

$$W = \gamma V$$

여기서, W : 물체의무게(kg)

γ : 비중량(kgf/m^3)

V : 물체의 전체 체적(m^3)

③ $F_B = W$ 이므로 부력의 크기는 물체의 무게와 같지만 방향이 반대이다.

8.56 힘

$$F = ma$$

여기서, F : 힘(N), m : 질량(kg), a : 가속도(m/sec^2)

$$F = \rho Q V$$

여기서, F : 힘(kg)

ρ : 밀도(물의 밀도 102kg·sec^2/m^4)

Q : 유량(㎥/sec)

V : 유속(m/sec)

8.57 열역학의 법칙

1) 열역학 제0법칙(열평형의 법칙)

온도가 높은 물체가 낮은 물체를 접촉시키면 온도가 높은 물체에서 낮은 물체로 열이 이동하여 두 물체의 온도는 평형을 이루게 된다.

2) 열역학 제1법칙(에너지보존의 법칙)

기체의 공급에너지는 내부에너지와 외부에서 한 일의 합과 같다.

3) 열역학 제2법칙

① 열은 스스로 저온에서 고온으로 절대로 흐르지 않는다.
② 자발적인 변화는 비가역적이다.
③ 열을 완전히 일로 바꿀수 있는 열기관을 만들 수 없다.

4) 열역학 제3법칙

순수한 물질의 1atm하에서 결정상태이면 엔트로피는 0K에서 0이다

8.58 연속방정식

① 질량불변의 법칙(질량보존의 법칙)
② 질량유량($m = \rho A V$)

$$m = \rho A V$$

여기서, m : 질량유량(kg/sec)
A : 단면적(m^2)
V : 유속(m/sec)
ρ : 밀도(kg/m^3)

③ 중량유량($G = \gamma A V$)

$$G = \gamma A V$$

여기서, G : 중량유량(kg/sec)
A : 단면적(m^2)

V : 유속(m/sec)

γ : 비중량(kg/m^3)

④ 체적유량($Q = AV$)

$$Q = AV$$

여기서, Q : 유량(m^3/sec), A : 단면적(m^2), V : 유속(m/sec)

8.59 운동량 방정식의 가정

① 유동단면에서의 유속은 일정하다.

② 정상유동이다.

8.60 토리첼리의 식(Torricelli's theorem)

$$V = \sqrt{2gH}$$

여기서, V : 유속(m/sec)

g : 중력가속도(9.8m/sec^2)

H : 높이(m)

8.61 운동에너지

$$E_k = \frac{1}{2} m V^2$$

여기서, E_k : 운동에너지(kg/m^2/sec^2)

m : 질량(kg)

V : 유속(m/sec)

8.62 줄의 법칙(Joule's law)

이상기체의 내부에너지는 온도만의 함수이다.

8.63 이상기체의 성질

① **보일의 법칙** : 온도가 일정할 때, 기체의 부피는 절대압력에 반비례한다.

$$P_1 V_1 = P_2 V_2$$

여기서, P : 기압(atm)

V : 부피(m^3)

② **샤를의 법칙** : 압력이 일정할 때 기체의 부피는 절대온도에 비례한다.

$$\frac{V_1}{T_1} = \frac{V_2}{T_2}$$

여기서, V : 부피(m^3)

T : 절대온도(K)

③ **보일-샤를의 법칙** : 기체가 차지하는 부피는 압력에 반비례하며, 절대온도에 비례한다.

$$\frac{P_1 V_1}{T_1} = \frac{P_2 V_2}{T_2}$$

여기서, P : 기압(atm)

V : 부피(m^3)

T : 절대온도(K)

8.64 레이놀드수

원관유동에서 중요한 무차원 수

① **층류** : $Re \leq 2{,}100$

② **천이영역(임계영역)** : $2{,}100 < Re < 4{,}000$

③ **난류** : $Re \geq 4{,}000$

④ 상임계 레이놀드 수(4,000) : 층류에서 난류로 변할 때의 레이놀드 수

⑤ 하임계 레이놀드수(2,100) : 난류에서 층류로 변할 때의 레이놀드 수

$$R_e = \frac{DV\rho}{\mu} = \frac{DV}{\nu}$$

여기서, Re : 레이놀드 수

D : 내경(m)

V : 유속(m/sec)

ρ : 밀도(kg/m^3)

μ : 점도(g/cm·sec)

ν : 동정성계수($\frac{\mu}{\rho}$)(cm^2/sec)

8.65 달시-웨버의 식

$$H = \frac{\Delta P}{\gamma} = \frac{flV^2}{2gD}$$

여기서, H : 마찰손실(m)

ΔP : 압력차(kg/cm^2)

γ : 비중량(물의 비중량 1,000kg/m^3)

f : 관마찰계수

l : 길이(m)

V : 유속(m/sec)

g : 중력가속도(9.8m/sec^2)

D : 내경(m)

※ Darcy 방정식 : 곧고 긴 관에서의 손실수두 계산

8.66 수력반경(hydraulic radius)

$$R_h = \frac{A}{l} = \frac{1}{4}(D-d)$$

여기서, R_h : 수력반경(m)

A : 단면적(m^2)

l : 접수길이(m)

D : 관의 외경(m)

d : 관의 내경(m)

※ 수력반경 : 면적을 접수길이(둘레길이)로 나눈 것

8.67 무차원의 물리적 의미

명칭	물리적의미
레이놀드 수	관성력/점성력
프루드 수	관성력/중력
마하 수	관성력/탄성력
웨버 수	관성력/표면장력
오일러 수	압축력/관성력

8.68 유체측정기기

① 마노미터
② 오리피스미터
③ 벤츄리미터
④ 로터미터

8.69 펌프의 동력

① 전동력

$$P = \frac{0.163QH}{E}K$$

② 축동력

$$P = \frac{0.163QH}{E}$$

③ 수동력

$$P = 0.163QH$$

여기서, P : 동력(kw)

Q : 유량(m^3/min)

H : 전양정(m)

E : 효율

K : 동력전달계수

8.70 펌프의 연결

1) 직렬연결

① 양수량 : Q

② 양정 : 2H(토출압 : 2P)

2) 병렬연결

① 양수량 : 2Q

② 양정 : H(토출압 : P)

Fire Fighting Hydrodynamics Theory

APPENDIX

부록

소방설비 산업기사 기출문제

APPENDIX

부록

소방설비 산업기사 기출문제

1 2005년 제1회 소방설비 산업기사

01 회전차의 직경이 42cm인 모형터빈의 양정이 5.64m, 회전수가 374rpm이다. 이것과 역학적 상사를 이루는 원형터빈의 회전차 직경이 409cm, 양정이 55m일 때, 원형터빈의 회전수는 몇 rpm 인가?

① 110
② 115
③ 120
④ 125

풀이 상사법칙을 적용하면

$$\frac{H_1}{H_2} = \left(\frac{D_1}{D_2}\right)^2 \left(\frac{N_1}{N_2}\right)^2$$

여기서, H : 양정고, D : 터빈직경, N : 회전수

$$\frac{5.64}{55} = \left(\frac{0.42}{4.09}\right)^2 \left(\frac{374}{N_2}\right)^2$$

따라서, $N_2 = 120$

02 다음 중 웨버 수(Weber number)의 물리적 의미를 옳게 나타낸 것은?

① $\frac{\text{관성력}}{\text{표면장력}}$
② $\frac{\text{관성력}}{\text{중력}}$
③ $\frac{\text{표면장력}}{\text{관성력}}$
④ $\frac{\text{중력}}{\text{관성력}}$

해 답

01 ③ 02 ①

풀이 웨버수(Weber's number)

$$W_b = \frac{\rho V^2 L}{\sigma} = \frac{\text{관성력}}{\text{표면장력}}$$

03 그림과 같은 유체가 물인 수압기에서 정적 평형을 이루고자할 때 A부분에 가해야 하는 하중의 크기는 약 몇 N인가?

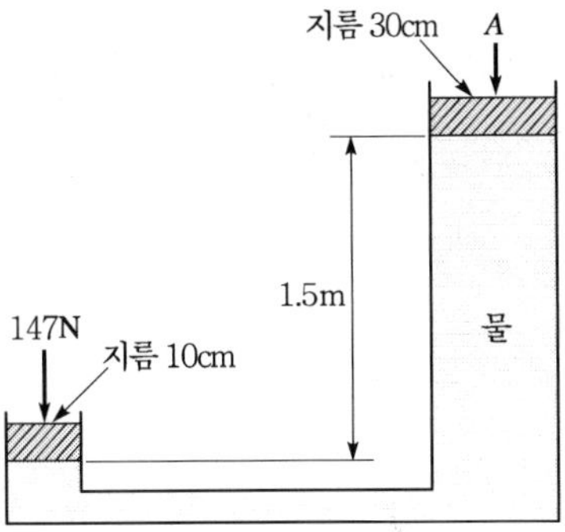

① 284 ② 314
③ 362 ④ 1323

풀이 파스칼의 원리를 적용하면

$\frac{F_1}{A_1} = \frac{F_2}{A_2}$ 이므로

$$\frac{147}{\frac{\pi(0.1)^2}{4}} = \frac{F_2 + 1000 \times 9.8 \times 1.5 \times \pi\frac{(0.3)^2}{4}}{\frac{\pi(0.3)^2}{4}}$$

따라서, $F_2 = 284\text{N}$

04 압력계가 1275kPa을 지시하고 있다. 이것을 수두로 나타내면 약 몇 mAq인가?

① 13 ② 15
③ 130 ④ 150

풀이 압력 $p = \gamma h$이므로 수두 $h = \frac{p}{\gamma} = \frac{1275}{9.8} = 130\text{m}$

05 배관속을 흐르는 유체의 손실수두에 관한 설명으로 옳은 것은? (단, 관마찰계수는 상수이다.)

① 관의 길이에 반비례한다.
② 관 내경의 제곱에 반비례한다.
③ 유속의 제곱에 비례한다.
④ 유체의 밀도에 반비례한다.

풀이 손실수두는 $h_L = f\frac{l}{d}\frac{v^2}{2g}$ 이므로

유체의 손실수두는 관의 길이에 비례하고, 관내경에 반비례하며, 유속의 제곱에 비례한다.

해 답

03 ① 04 ③ 05 ③

06 다음 그림에서 $p_1 - p_2$는 몇 Pa인가?

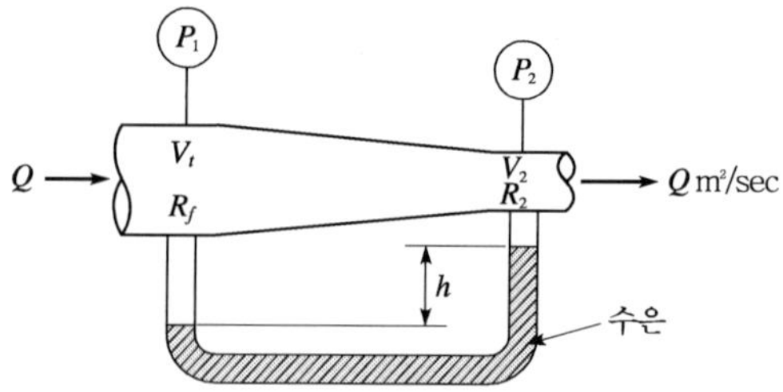

(단, 수은의 비중은 13.5, 물의 비중은 1.0, 벤튜리 관은 수평으로 놓여 있다.)

① $1.35 \times 10^4 h$

② $1.25 \times 10^4 h$

③ $13.25 \times 10^4 h$

④ $12.25 \times 10^4 h$

풀이 압력차 $p_1 - p_2 = (13.5 - 1)h = 12.5 \times 1000 \times 9.8h = 12.25 \times 10^4 h$

따라서, 압력차 $p_1 - p_2 = 12.25 \times 10^4 h\text{Pa}$

07 다음에서 금속의 탄선변형을 이용하여 기계적으로 압력을 측정할 수 있는 계기는?

① 부르돈 압력계 ② 수은 기압계

③ 아네로이드 기압계 ④ 마노메타 압력계

풀이 부르돈(Bourdon)압력계 : 측정되는 압력에 의해 생기는 금속의 탄성변형을 기계적으로 지시하여 압력을 측정하는 기계

08 베르누이 방정식을 유도하기 위한 가정으로 틀린 항은?

① 정상유동이다. ② 마찰이 없는 유동이다.

③ 유체입자가 유선을 따라 움직인다. ④ 점성유동이다.

풀이 베르누이 방정식은 비점성 유동인 이상유체에 대한 이론식임

09 소방차에 설치되어 있는 물탱크에 소화수원으로 19620N이 채워진 상태로 화재현장에 출동하여 구경이 21mm인 노즐을 사용하여 294.2kPa의 방수압력으로 방사할 경우에 물탱크 내의 소화수원이 완전히 소모되는데 약 몇 분이 소요되겠는가?

① 7.97 ② 6.97

③ 4.97 ④ 3.97

풀이 노즐의 유속 $V = 14\sqrt{P}$이므로

$$P = 294.2\text{kPa} = 294.2 \times \frac{1,000}{9.8} \times \frac{1}{10,000}\text{kg/cm}^2 = 3\text{kg/cm}^2$$

해 답

06 ④ 07 ① 08 ④ 09 ④

$V = 14\sqrt{3} = 24.25\text{m/sec}$

$Q = AV = \frac{\pi(0.021)^2}{4} \times 24.25 \times 60(\text{분}) = 0.504\text{m}^3/\text{min}$

물무게 $W = 19620N$을 체적으로 환산하면

$W = \gamma V$에서 $V = \frac{W}{\gamma} = \frac{19,620\text{N}}{9,800\text{N/m}^3} = 2\text{m}^3$

소요시간 $t = \frac{Q}{V} = \frac{0.504}{2} = 3.97\text{min}$

10 수력구배선에 대한 설명 중 옳은 것은?

① 에너지선보다 속도수두만큼 위에 있다.
② 에너지선보다 압력수두만큼 아래에 있다.
③ 에너지선보다 속도수두만큼 아래에 있다.
④ 항상 수평선이다.

풀이 수력구배선(또는 동수경사선)은 압력수두를 연결한 선으로 에너지선보다 속도수두만큼 아래에 있다.

해 답

10 ③

2 2005년 제2회 소방설비 산업기사

01 어떤 물체가 공기 중에서 무게는 40N이고, 물 속에서 무게는 23N이다. 이 물체의 비중은?

① 2.35　　② 2.54
③ 3.33　　④ 4.32

풀이 비중 $s=\dfrac{\text{공기중 무게}}{\text{부력}(=\text{배제된 물의 무게})}=\dfrac{\text{공기중 무게}}{\text{공기중 무게}-\text{수중무게}}=\dfrac{40}{40-23}=2.35$

02 그림과 같이 점성계수가 $0.26\text{N}\cdot\text{s/m}^2$인 기름위에 판을 수평으로 4m/s의 속도로 잡아당길 때 필요한 힘은 몇 N인가?(단, 속도분포는 선형이다.)

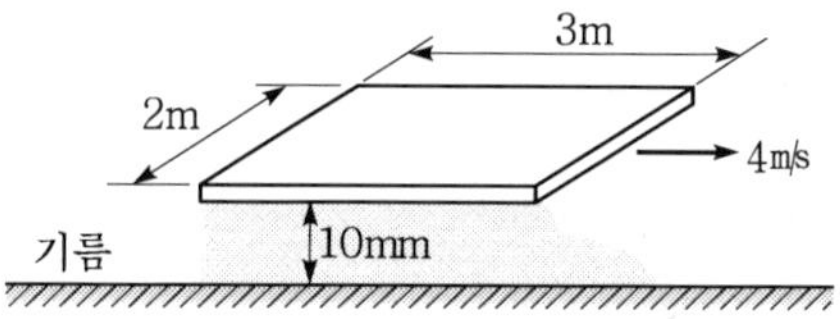

① 54　　② 127
③ 341　　④ 624

풀이 힘 $F=\tau A$

$$\tau=\mu\frac{dv}{dy}=0.26\times\frac{4}{0.01}=104\text{N/m}^2$$

$$F=104\times2\times3=624\text{N}$$

03 안지름 2cm인 원관 내에 물을 흐르게 하여 층류 상태로부터 점차 유속을 빠르게 하여 난류 상태로 될 때 한계유속은 몇 cm/s인가?

① 10　　② 15
③ 20　　④ 40

풀이 레이놀드 수 $Re=\dfrac{V\cdot D}{\nu}=\dfrac{V\cdot2}{0.01}=4000$

따라서, 한계유속 $V=20\text{cm/s}$

해 답

01 ①　02 ④　03 ③

04 표면장력의 차원은 어느 것인가? (단, F : 무게, M : 질량, L : 길이, T : 시간의 차원)

① ML^{-1}
② MLT^{-2}
③ FL
④ MT^{-2}

풀이 표면장력 $\sigma = N/m = [FL^{-1}] = [MLT^{-2}L^{-1}] = [MT^{-2}]$

05 단면적 $0.003m^2$인 소방호스가 단면적 $0.0008m^2$인 곧은 노즐에 연결되어 있고, 유량은 $0.012m^3/s$이다. 운동량의 변화 때문에 생긴 반발력은 몇 N인가? (단, 물의 밀도는 $997kg/m^3$이다.)

① 120
② 131
③ 181
④ 329

풀이 힘 $F = \rho Q(V_2 - V_1)$

유속 $V_1 = \dfrac{Q}{A_1} = \dfrac{0.012}{0.003} = 4m/s$, $V_2 = \dfrac{Q}{A_2} = \dfrac{0.012}{0.0008} = 15m/s$

따라서, 반발력(힘) $F = 997 \times 0.012 \times (15-4) = 131N$

06 수평원형관의 상류측 단면 안지름이 200mm이고 하류측 단면 안지름이 400mm인 점차 확대관이 있다. 상류측 물의 유속과 압력이 각각 1.5m/s, 110kPa이면 하류측 단면에서의 압력은 몇 kPa인가?

① 111
② 113
③ 115
④ 117

풀이 상류측과 하류측에 베르누이 방정식을 세우면

$$\frac{p_1}{\gamma_w} + \frac{V_1^2}{2g} = \frac{p_2}{\gamma_w} + \frac{V_2^2}{2g}$$

유량 $Q = A_1 V_1 = \dfrac{\pi(0.2^2)}{4} \times 1.5 = 0.047m^3/s$

유속 $V_2 = \dfrac{Q}{A_2} = \dfrac{0.047}{\dfrac{\pi(0.4^2)}{4}} = 0.375m/s$

$$\frac{110}{9.8} + \frac{1.5^2}{19.6} = \frac{p_2}{9.8} + \frac{0.375^2}{19.6}$$

따라서, 압력 $P_2 = 111kPa$

해 답

04 ④ 05 ② 06 ①

07 다음 중 연속방정식이 아닌 것은?

① $\rho_1 A_1 V_1 = \rho_2 A_2 V_2$
② $A_1 V_1 = A_2 V_2$
③ $\frac{dA}{A} + \frac{d\rho}{\rho} + \frac{dV}{V} = 0$
④ $\frac{dx}{u} = \frac{dy}{v} = \frac{dz}{w} = 0$

풀이 $\frac{dx}{u} = \frac{dy}{v} = \frac{dz}{w} = 0$은 유선방정식임

08 펌프의 급정지, 밸브의 급격한 개폐 등의 원인으로 배관 내에 발생되기 쉬운 현상은?

① 서징현상
② 수격작용
③ 공동형상
④ 비회전현상

풀이 수격작용이란 흐르고 있는 유체를 관단의 밸브로 갑자기 닫으면 유체의 감속된 양의 운동에너지가 압력에너지로 변하여 밸브에 충격을 주는 현상을 말함

09 다음의 유량 측정장치 중 관의 단면에 축소부분이 있어서 유체를 그 단면에서 가속시킴으로써 생기는 압력 강하를 이용하지 않는 것은?

① 노즐
② 오리피스
③ 로라미터
④ 벤츄리 미터

풀이 로라미터 : 부자(float)의 오르내림에 의해서 배관내의 유량 및 유속을 측정하는 기구

10 펌프의 이상 현상 중 허용흡입수두와 가장 관련이 있는 것은?

① 수온상승현상
② 수격현상
③ 공동현상
④ 서징현상

풀이 공동현상 발생요건 :
가. 흡입양정이 높은 경우
나. 회전차가 수중에 완전히 잠기지 않은 경우
다. 회전속도가 빠른 경우
라. 관 벽면에 요철 또는 만곡부가 있는 경우

해 답

07 ④ 08 ② 09 ③ 10 ③

11 모세관의 직경의 비가 2:3:4인 3개의 모세관 속을 올라가는 물의 높이의 비는?

① 2:3:4
② 6:2:1
③ 6:4:3
④ 2:4:3

풀이 모세관 상승높이는 유리관 직경에 반비례하므로

$$h_1 : h_2 : h_3 = \frac{1}{d_1} : \frac{1}{d_2} : \frac{1}{d_3}$$

$$h_1 : h_2 : h_3 = \frac{1}{2} : \frac{1}{3} : \frac{1}{4} = 6:4:3$$

12 100mm 관로를 통하여 물을 정확히 10분 동안 계량탱크에 공급하였다. 탱크의 늘어난 무게가 95.3kN이다. 이 관로를 흐르는 평균유량은 몇 m^3/s? (단, 물의 밀도는 $1000kg/m^3$이다.)

① 0.0162
② 0.0972
③ 0.162
④ 0.972

풀이 중량유량 $G = \gamma A V t = 95.3kN$

$$1000 \cdot A \cdot V \cdot 10 \cdot 60(\sec) = 95.3 \cdot 1000 \cdot \frac{1}{9.8}$$

$A \cdot V = 0.0162m^3/\sec$

따라서, 체적유량 $Q = AV = 0.0162m^3/s$

13 지름이 200mm인 수평원관내를 어떤 액체가 층류로 흐를 때 관벽에서의 전단응력은 150Pa이다. 관의 길이가 30m일 때 압력강하 Δp는 몇 kPa인가?

① 70
② 80
③ 90
④ 100

풀이 전단응력 $\tau = \frac{\gamma_w h_L}{2l} R = \frac{\Delta p}{2l} R$

$$\tau = \frac{\Delta p}{2l} R = \frac{\Delta p}{2 \times 30} 0.1 = 150Pa$$

따라서 $\Delta p = 90kPa$

해 답

11 ③ 12 ① 13 ③

3 2005년 제4회 소방설비 산업기사

01 유체를 정의한 것 중 가장 옳은 것은?

① 용기 안에 충만될 때까지 항상 팽창하는 물질
② 흐르는 모든 물질
③ 흐르는 물질 중 전단응력이 생기지 않는 물질
④ 전단응력이 물질내부에 생기면 정지상태로 있을 수 없는 물질

풀이 유체란?
- 변형되기 쉬운 성질을 갖는 액체와 기체
- 작은 전단력을 받더라도 연속적으로 변형하는 물질

02 그림과 같은 형태의 수평배관에 물이 흐르고 있다. 압력계 A에서의 지시압은 500kPa, 이 지점에서의 물의 동압은 5kPa일 때 압력계 B에서의 지시압은 약 몇 kPa인가? (단, B 지점에서의 동압은 12kPa, A, B간의 마찰손실 압력은 8kPa이라 한다.)

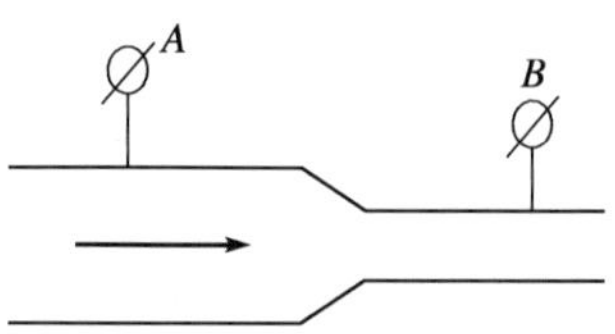

① 492 ② 485
③ 475 ④ 462

풀이 A점 압력계의 총압력 $= 500 + 5 = 505$kPa
B점 압력계의 동압 12kPa, 지시압은 $505 - 12 = 493$kPa
마찰손실 압력이 8kPa이므로
B점의 지시압은 $493 - 8 = 485$kPa

03 유체수송과 관련한 설명 중 맞지 않는 것은?

① 수력구배선은 에너지선보다 항상 아래에 있다.
② 베르누이방정식은 비압축성 유동에만 사용할 수 있다.
③ 유체에 점성이 없다면 속도분포가 포물선형으로 된다.
④ 압력수두, 속도수두, 위치수두를 모두 합한 것을 전수두라 한다.

풀이 비점성유체의 경우 마찰이 존재하지 않으므로 속도분포는 전단면에 걸쳐 일정

해 답

01 ④ 02 ② 03 ③

04 관내를 흐르고 있는 유체에 대해 체적 유량으로 표시하기 곤란한 경우는?

① 물이 관내를 흐를 때
② 기름이 관내를 흐를 때
③ 탄산가스가 관내를 흐를 때
④ 단면적이 변하는 관 속을 물이 흐를 때

풀이 탄산가스는 기체이므로 체적유량으로 표시하기 곤란함

05 높이 40m의 저수조에서 15m의 저수조로 직경 45cm, 길이 600m의 주철관을 통해 물이 흐르고 있다. 유량은 $0.25\text{m}^2/\text{s}$이며, 관로 중의 터빈에서 29.4kW의 동력을 얻는다면 관로의 손실 수두는 몇 m 인가?(단, 터빈의 효율은 100%이다.)

① 12
② 13
③ 14
④ 15

풀이 $p=\dfrac{\gamma Q h_L}{102\eta}=\dfrac{1000\cdot 0.25\cdot h_L}{102\cdot 1}=29.4\text{kW}$

$h_L=11.99\text{m}$

06 내경 D인 배관에 비압축성 유체인 물이 $V(\text{m/s})$의 속도로 흐르다가 갑자기 내경이 3배가 되는 확대관으로 흐르고 있다. 확대된 배관에서의 물의 속도는 처음속도의 몇 배가 되겠는가?

① 1배
② 1/3배
③ 1/6배
④ 1/9배

풀이 $Q=A_1V_1=A_2V_2$이므로

$Q=\dfrac{\pi D^2}{4}V_1=\dfrac{\pi(3D)^2}{4}V_2$

$V_1=9V_2$

따라서, $V_2=\dfrac{1}{9}V_1$

해 답

04 ③ 05 ① 06 ④

07 다음 설명 중 틀린 것은?

① 유동하는 유체의 교란되지 않은 정압은 피에조메타를 이용하여 측정한다.
② 포소화설비에 사용되는 라인프로포셔너는 벤츄리효과를 이용한 것이다.
③ 토리첼리의 정리를 이용하여 이론적으로 구한 유량은 실제유량보다 작다.
④ 타원형 단면의 금속관이 팽창하는 원리를 이용하는 압력측정장치는 부르돈 압력계이다.

풀이 이론적으로 구한 유량은 관마찰을 무시한 경우이므로 실제 유량보다는 크게 산정된다.

08 안지름이 5cm이고 길이가 100m인 직선 원형관이 있다. 이 관을 이용하여 $4000\mathrm{cm}^3/\mathrm{s}$의 물을 수송할 때 관에서 생기는 마찰 손실수두는 몇 m인가? (단, 관의 마찰 계수는 0.03이다.)

① 12.7　　② 127
③ 20.3　　④ 203

풀이 손실수두 $h_L = f\dfrac{l}{d}\dfrac{v^2}{2g}$

$V = Q/A = \dfrac{4000}{10^6} \div \dfrac{\pi(0.05)^2}{4} = 2.037\mathrm{m/s}$

따라서, $h_L = 0.03\dfrac{100}{0.05}\dfrac{2.037^2}{19.6} = 12.7\mathrm{m}$

09 액체와 고체가 접촉하면 상호부착 하려는 성질을 갖는데 이 부착력과 액체 응집력의 상대적 크기에 의해 일어나는 현상은 무엇인가?

① 압축성 유동　　② 모세관 현상
③ 점성　　④ 뉴톤의 마찰법칙

풀이 모세관 현상 : 유리관의 부착력과 액체의 응집력의 상대적 크기에 의해 유리관내 물이 상승 또는 하강하는 현상

10 기름으로 가득찬 용기에서 수면에서 연직 하 방향으로 3m지점의 게이지 압력은? (단, 기름의 비중은 0.81이다.)

① 23.8 kPa　　② 29.4 kPa
③ 36.3 kPa　　④ 42.8 kPa

풀이 $p = \gamma h = 0.81 \times 3 = 2.43\mathrm{t/m^2} = 2.43 \times 9.8\mathrm{kPa} = 23.8\mathrm{kPa}$

해 답

07 ③　08 ①　09 ②　10 ①

11 펌프란 필요한 양의 액체를 요구하는 높이까지 송출 시키는 기계이다. "요구하는 높이"라는 말에서 펌프로 부터의 수직거리만을 나타내는 용어는?

① 전양정
② 실양정
③ 토출양정
④ 흡입양정

풀이 토출양정 : 펌프에서 요구하는 높이까지의 양정을 말함

12 안지름 100mm인 파이프를 통해 5m/s의 속도로 흐르는 물의 유량은 몇 m^3/min인가?

① 23.55
② 2.36
③ 0.52
④ 5.17

풀이 $Q = AV = \frac{\pi(0.1)^2}{4} \times 5 \times 60(\text{min}) = 2.356\text{m}^3/\text{min}$

해 답

11 ③ 12 ②

4 2006년 제1회 소방설비 산업기사

01 펌프의 양정 가운데 실양정을 설명한 것은?

① 펌프의 중심에서 하부쪽 으로 흡입수면(Foot Valve)까지의 수직높이를 말한다.
② 흡입측(Foot Valve)에서 최상층의 송출수면까지의 수직높이를 말한다.
③ 펌프의 중심에서 최상층 송출수면까지의 수직높이를 말한다.
④ 펌프의 흡입측(Foot Valve)에서 송출수면까지의 양정과 마찰 손실수두를 말한다.

풀이 실양정 : 흡입수면에서 최상층 송출수면까지의 수직높이

02 우유의 비중을 0.96이라 할 때 구경 3mm인 빨대로 연직방향으로 150mm 빨아올리려면 몇 Pa이 필요한가?

① −1411 ② −141 ③ 14.1 ④ −0.141

풀이 $p=(-)\gamma h=0.96\times1000\times0.15=-144\text{kg/m}^2=-1411.2\text{N/m}^2$

03 유량의 측정과 가장 거리가 먼 것은?

① 벤츄리 미터(venturi meter) ② 로타 미터(rota meter)
③ 피에조 미터(piezo meter) ④ 오리피스 미터(orifice meter)

풀이 피에죠미터 : 유체의 정압을 측정하는 기기

04 그림과 같은 상태에서 손싱을 무시하고 물의 분출 속도를 구하면 약 몇 m/s인가?

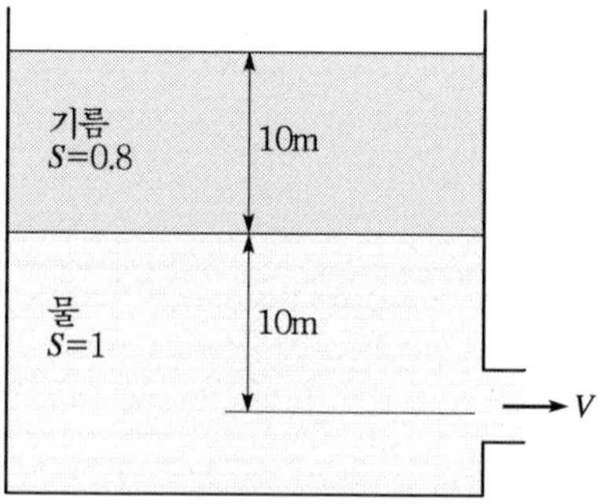

① 18.8 ② 22.8
③ 16 ④ 25.8

풀이 기름층 높이를 물의 높이로 환산하면
$h=10\cdot0.8=8\text{m}$
전체 물의 높이 $H=10+8=18\text{m}$
유속 $V=\sqrt{2gh}=\sqrt{2\cdot9.8\cdot18}=18.8\text{m/s}$

해 답

01 ② 02 ① 03 ③ 04 ①

05 펌프에서 공동현상(cavitation)이 생길 수 있는 이유 중 옳지 않은 것은?

① 펌프가 물탱크 보다 부적당하게 높게 설치되어 있을 때
② 펌프 회전수가 지나치게 클 때
③ 펌프 회전수가 지나치게 높은 때
④ 관내를 흐르는 물의 정압이 그 물의 온도에 해당하는 증기압 보다 높을 때

풀이 공동현상은 물의 정압 < 물의 증기압인 경우 발생함

06 다음 설명 중 맞는 것은?

① 레이놀즈수는 정상류와 비정상류를 구별하는 척도가 된다.
② 곧은 원관속에서 층류흐름일 때 원관의 중심에서 전단응력은 0이다.
③ 수평원관속의 층류흐름일 때 유량은 점성계수에 비례한다.
④ 수평원관의 층류흐름일 때 유량은 압력강하에 반비례한다.

풀이 레이놀드수는 층류와 난류를 구분하는 기준이 됨
하젠-포아젤 법칙 $Q = \pi d^4 \dfrac{\gamma_w h_L}{128 \mu l}$ 에 의하면
층류흐름에서 유량은 점성계수에 반비례함
층류흐름에서 유량은 압력강하에 비례함

07 다음 설명 중 틀린 것은?

① 층류에서 관마찰계수는 레이놀즈수에 반비례 한다.
② 소화전 노즐에서 방사유량은 압력의 제곱근에 비례한다.
③ 로타미터는 유체속도를 측정하여 유량을 구하는 기구이다.
④ 낙구식 점도계는 스토크스 법칙을 이용하여 점성계수를 측정하는 것이다.

풀이 $f = \dfrac{64}{Re}$
$Q = AV = A \cdot 14\sqrt{p}$
로라미터 : 부자의 오르내림에 의한 관내의 유속, 유량 측정기구
낙구식 점도계 : 스토크 법칙을 이용한 점성계수 측정

해 답

05 ④ 06 ② 07 ③

08 안지름 150mm인 소화수 공급관로의 길이가 100m인 경우, 유량을 시간당 $180m^3$으로 송출할 때 압력손실 수두는 몇 m인가?(단, Darcy-Weisbach식 기준, 관마찰계수는 0.064이다.)

① 14.5m　　② 17.4m
③ 20.5m　　④ 24.2m

풀이 손실수두는 $h_L = f\dfrac{l}{d}\dfrac{v^2}{2g}$ 이므로

$f = 0.064$

$V = \dfrac{Q}{A} = \dfrac{180}{3600} \div \dfrac{\pi(0.15)^2}{4} = 2.83\text{m/s}$

$h_L = f\dfrac{l}{d}\dfrac{v^2}{2g} = 0.064 \times \dfrac{100}{0.15} \times \dfrac{2.83^2}{19.6} = 17.42\text{m}$

09 수력구배선(HGL)을 옳게 설명한 것은?

① 관로 중심에서의 압력수두에 속도수두를 더한 높이 점을 맺은 선
② 관로 중심에서의 압력수두에 속도와 위치수두를 더한 높이 점을 맺은 선
③ 관로 중심에서의 위치수두에 속도수두를 더한 높이 점을 맺은 선
④ 관로 중심에서의 위치수두에 압력수두를 더한 높이 점을 맺은 선

풀이 수력구배선 = 동수경사선으로
기준면에서 위치수두와 압력수두를 더한 높이를 연결한 선

10 기체의 온도가 상승할 때 점성계수를 가장 올바르게 표현한 것은?

① 분자운동량의 증가로 증가한다.
② 분자운동량의 감소로 감소한다.
③ 분자응집력의 증가로 증가한다.
④ 분자응집력의 감소로 감소한다.

풀이 기체는 물과 반대로 온도가 상승하게 되면 분자 운동량이 증가하여 점성계수가 커진다

해 답

08 ②　09 ④　10 ①

5 2006년 제2회 소방설비 산업기사

01 다음 측정계기 중 유량 측정에 사용되는 것은?

① rotameter
② viscometer
③ interferometer
④ potentiometer

풀이 로라미터 : 부자의 오르내림에 의한 관내 유속, 유량 측정기기

02 다음 중 일에 대한 차원(dimensions)은 어느 것인가? (단, M : 질량, L : 길이, T : 시간)

① ML^2T^{-2}　② MLT^{-1}　③ $ML^{-2}T^{-2}$　④ ML^2T^2

풀이 일 = 힘 × 거리 = FL = $MLT^{-2}L = ML^2T^{-2}$

03 옥외소화전 설비의 노즐 선단에서 유량계를 사용하여 방수량을 측정한 결과 800L/min이였다. 노즐 구경이 23mm이라면 노즐 선단의 방수압력은 약 몇 kPa인가? (단, 물의 밀도는 $1000kg/m^3$이다.)

① 346　② 437　③ 515　④ 764

풀이 $Q = AV = \pi\frac{2.3^2}{4}V = 800 \times \frac{1000}{60}cm^3/sec$

$V = 3209.2cm/s = 32.092m/s$

$V = 14\sqrt{p} = 32.092m/s$

$p = 5.25kg/cm^2 = 51.45N/cm^2 = 51.45 \times 10000N/m^2 = 514.5kPa$

04 물이 담긴 탱크의 밑바닥 옆면에 지름 5mm의 구멍이 뚫렸다. 탱크는 오리피스의 단면에 비하여 무한히 크다. 오리피스 중심으로부터 물이 몇 m 높이로 탱크에 담겨 있을 때 10m/s로 물이 분출되겠는가? (단, 오리피스의 속도계수는 $Cv = 0.9$ 이다.)

① 5.1　② 6.3　③ 7.5　④ 8.7

풀이 $V = C_v\sqrt{2gh} = 10m/s$

$= 0.9\sqrt{19.8H} = 10m/2$

$H = 6.3m$

해 답

01 ①　02 ①　03 ③　04 ②

05 원관 유동에서 레이놀즈수가 1500이면 관 마찰계수는?

① 0.0316　② 0.0427
③ 0.0646　④ 0.4276

풀이 $f = \frac{64}{Re} = \frac{64}{1500} = 0.0427$

06 수평 배관 내를 흐르는 물의 유속이 7m/s 이다. 이것을 속도수두로 환산하면 얼마인가?

① 2.5m　② 5.0m
③ 12.5m　④ 15.0m

풀이 속도수두 : $\frac{V^2}{2g} = \frac{7^2}{19.6} = 2.5\text{m}$

07 배관내의 흐르는 물의 수격작용(water hammer)을 방지대책으로 잘못된 것은?

① 조압수조(surge tank)를 설치한다.
② 밸브를 펌프 송출구에서 멀게 설치한다.
③ 밸브를 서서히 조작한다.
④ 관경을 크게 하고 유속을 낮게 한다.

풀이 밸브를 펌프 송출구에서 가까이 설치해야 수격작용을 최소화 할 수 있음

08 배관내의 유량 및 유속의 측정에 속하지 않는 것은?

① 피토관에 의한 방법
② 오피피스에 의한 방법
③ 벤츄리관에 의한 방법
④ 위어에 의한 방법

풀이 위어는 개수로의 유량 및 유속 측정장치임

해 답

05 ②　06 ①　07 ②　08 ④

6 2006년 제4회 소방설비 산업기사

01 안지름이 30cm이고, 길이가 800m인 관로를 통하여 300L/s의 물을 50m 높이까지 양수하는데 있어 펌프에 필요한 동력은 몇 kW인가?
(단, 관마찰계수는 0.030이고 펌프의 효율은 85%이다.)

① 402 ② 409
③ 415 ④ 428

풀이 동력 $P=\dfrac{\gamma QH}{102\eta}=\dfrac{1000\cdot 300\cdot 10^{-3}\cdot 123.4}{102\cdot 0.85}=426.99\text{kW}$

여기서, $H=50\text{m}+h_L$

$V=\dfrac{Q}{A}=\dfrac{300\times 1000\text{cm}^3/\text{s}}{\dfrac{\pi(30)^2}{4}}=4.24\text{m/s}$

$h_L=f\dfrac{l}{d}\dfrac{V^2}{2g}=0.03\cdot\dfrac{800}{0.3}\cdot\dfrac{4.24^2}{19.6}=73.4\text{m}$

02 파이프 속을 흐르는 유체의 압력을 측정하기 위한 계기가 아닌 것은?

① 버르던(Bourdon) 압력계 ② 마노미터(manometer)
③ 위어(wier) ④ 피에조미터(piezometer)

풀이 위어 : 개수로의 유량 및 유속을 측정하는 계기

03 비중이 0.88인 벤젠에 내경 1mm의 유리관을 세웠더니 벤젠이 유리관을 따라 9.8mm를 올라갔다. 유리와의 접촉각이 0°라 하면 벤젠의 표면장력은 몇 N/m인가?

① 0.021 ② 0.042
③ 0.084 ④ 0.128

풀이 모관상승고 $h_c=\dfrac{4T\cos\theta}{\gamma_w D}$

$h_c=\dfrac{4T\cos\theta}{\gamma_w D}=\dfrac{4T\cos 0^o}{0.88\cdot 0.001}=0.0098$

따라서, 표면장력 $T=2.156\times 10^{-6}\text{t/m}=2.156\times 10^{-3}\text{kg/m}=0.021\text{N/m}$

해 답

01 ④ 02 ③ 03 ①

04 유체의 점성에 관한 법칙으로 Newton의 점성법칙과 관계가 없는 것은?

① 점성계수　② 유체밀도
③ 전단응력　④ 속도구배

풀이 뉴톤의 점성법칙 : $\tau = \mu \frac{dv}{dy}$

여기서, μ : 점성계수, $\frac{dv}{dy}$: 속도구배

05 수격작용(water hanmering)의 방지법이 아닌 것은?

① 관의 유속을 낮게 한다.
② 조압 수조(surge tank)를 관선에 설치한다.
③ 밸브는 펌프 송출구 가까이 설치한다.
④ 관의 직경을 작게 한다.

풀이 관의 직경이 작을수록 수격현상이 발생되기 쉽다.

06 그림에서 각 높이는 $h_1 = 60\text{cm}$, $h_2 = 30\text{cm}$, $h_3 = 120\text{cm}$이고, 각각의 비중은 $S_1 = 1$, $S_2 = 0.65$, $S_3 = 0.8$일 때 $P_B - P_A$의 압력차를 물의 수두로 표시하면 몇 m인가?

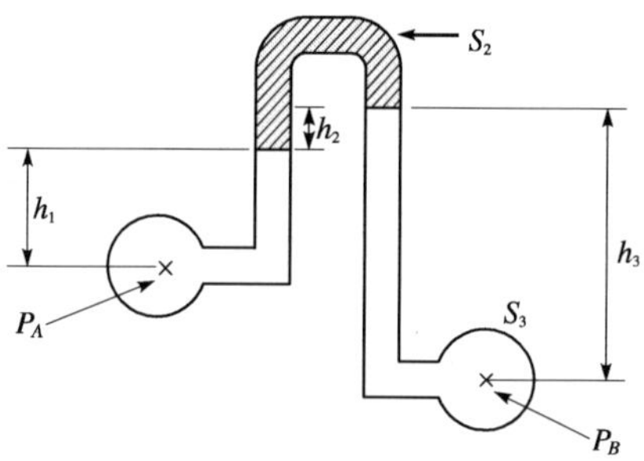

① 0.555
② 0.750
③ 0.165
④ 1.65

풀이 동일 유체이며 높이가 같은 경우 작용하는 압력은 같으므로

$p_c = p_D$

$p_c = \gamma_1 h_1 + \gamma_2 h_2 + p_A = (1 \times 0.6) + (0.65 \times 0.3) + p_A$

$p_D = \gamma_3 h_3 + p_B = (0.8 \times 1.2) + p_B$

$p_B - p_A = 0.165\text{t/m}^2$

$h = \frac{p}{\gamma_w} = \frac{0.165}{1} = 0.165\text{m}$

해 답

04 ②　05 ④　06 ③

07 길이 L인 곧은 원관에서 유량 Q와 마찰계수 f의 값이 일정하면 마찰에 의한 손실 수두는 관의 안지름 d와는 어떤 관계에 있는가?

① 2승에 비례한다. ② 3승에 반비례한다.
③ 5승에 비례한다. ④ 5승에 반비례한다.

풀이 $h_L = f\frac{l}{d}\frac{V^2}{2g}$

$Q = AV,\ V = \frac{Q}{A}$

$h_L = f\frac{l}{d}\frac{V^2}{2g} = f\frac{l}{d}\frac{\left(\frac{Q}{A}\right)^2}{2g} = f\frac{l}{d}\frac{\left(\frac{Q}{\pi d^2/4}\right)^2}{2g} = f\frac{l}{d^5}\frac{16Q^2}{2g\pi^2}$

따라서, $h_L \propto \frac{1}{d^5}$

08 점도계 중 스토크스의 법칙을 기초로 한 점도계는?

① 세이볼트 점도계 ② 오스트발트 점도계
③ 낙구식 점도계 ④ 회전식 점도계

풀이 낙구식 점도계는 스토크법칙(stoke's law)을 기초로 한 유체의 점성계수 측정
* 참조 : 스토크 법칙 : 입자의 침강속도는 입자 직경의 제곱에 비례한다.

09 지름이 20mm인 원관에 어떤 액체가 흐르고 있다. 이 때 레이놀즈수가 1800이고 수두손실이 200m당 10m이었다. 유량은 몇 cm^3/s인가?

① 232 ② 328
③ 442 ④ 531

풀이 $h_L = f\frac{l}{d}\frac{V^2}{2g}$

$10 = \frac{64}{1800}\times\frac{200}{0.02}\times\frac{V^2}{19.6}$

$V = 0.74\text{m/s}$

$Q = AV = \frac{\pi\times 0.02^2}{4}\times 0.74 = 2.32\times 10^{-4}\text{m}^3/\text{sec} = 232\text{cm}^3/\text{s}$

해 답

07 ④ 08 ③ 09 ①

10 다음에서 레이놀즈수를 표현한 것 중 옳은 것은?

① 관성력/점성력
② 중력/탄성력
③ 관성력/중력
④ 관성력/인장력

풀이 레이놀드 수 $Re = \frac{vD}{\nu}$

여기서, v : 유속, D : 관의 직경, ν : 액체의 동점성계수

11 옥내소화전 설비에서 노즐구경이 같은 노즐에서 압력을 9배로 하면 방수량은 몇 배로 되는가?

① $\sqrt{3}$
② 2
③ 3
④ 9

풀이 $V_1 = 14\sqrt{p}$ $V_2 = 14\sqrt{9p} = 3\times 14\sqrt{p} = 3V_1$

$Q_1 = AV_1$, $Q_2 = AV_2 = A3V_1 = 3AV_1 = 3Q_1$

12 직경 65mm의 관내를 유량 240l/min로 물이 흘러간다면 평균 유속은 몇 m/s인가?

① 1.2
② 2.4
③ 3.6
④ 4.8

풀이 $Q = AV$

$$V = \frac{Q}{A} = \frac{240\times 10^{-3}/60}{\pi\frac{(0.065)^2}{4}} = 1.205\text{m/s}$$

13 흐르는 유체에 대한 연속 방정식이란 어떤 이론과 관련된 법칙인가?

① 질량보존의 법칙
② 에너지보존의 법칙
③ 관성의 법칙
④ 뉴턴의 운동 제2법칙

풀이 $Q = A_1V_1 = A_2V_2$

해 답

10 ① 11 ③ 12 ① 13 ①

7 2007년 제1회 소방설비 산업기사

01 다음 중 뉴톤의 점성법칙을 기초로 한 점도계는?

① 낙구식점도계　② Ostwald점도계
③ Saybolt점도계　④ Stomer점도계

풀이 뉴톤의 점성법칙 : $\tau = \mu \dfrac{dv}{dy}$

여기서, μ : 점성계수, $\dfrac{dv}{dy}$: 속도구배

스토머 점도계는 뉴톤의 점성법칙을 근거로 함

*참고 : 점성계수를 측정하는 점도계로는 스토크스법칙을 기초로 한 '낙구식 점도계', 하겐-포아젤의 법칙을 기초로 한 'Ostwald 점도계'와 '세이볼트 점도계', 뉴턴의 점성법칙을 기초로 한 'MacMichael 점도계'와 'Stomer 점도계' 등이 있다.

02 밑면의 가로, 세로가 각각 20m이고 높이가 3m인 직육면체 바지선을 소방정으로 만들고 그 위에 49kN의 소화약제를 실었다. 이 때 바지선을 만든 재료의 비중이 0.8이라면 바닷물 속에 잠긴 바지선의 부피는 약 몇 m^3인가? (단, 바닷물의 비중은 1.025로 한다)

① 975　② 960
③ 941.5　④ 930.5

풀이 바지선의 총 무게(W)는

$W = \gamma V = 0.8 \times 20 \times 20 \times 3(\text{ton}) + 49\text{kN} = 960 + 49 \cdot \dfrac{1}{9.8} = 965(\text{ton})$

부력 (F_B)는 $F_B = \gamma V' = 1.025V'$

물위에 떠 있으므로 물체의 공기중 무게=부력

따라서, $W = F_B$이므로

$965 = 1.025V'$

$V' = 941.5\text{m}^3$

해 답

01 ④　02 ③

03 질량유량 900kg/s로 물(밀도 1000kg/m^3)이 그림과 같이 관내를 흐르고 있다. ⓑ점에서의 평균유속은 약 몇 m/s인가?

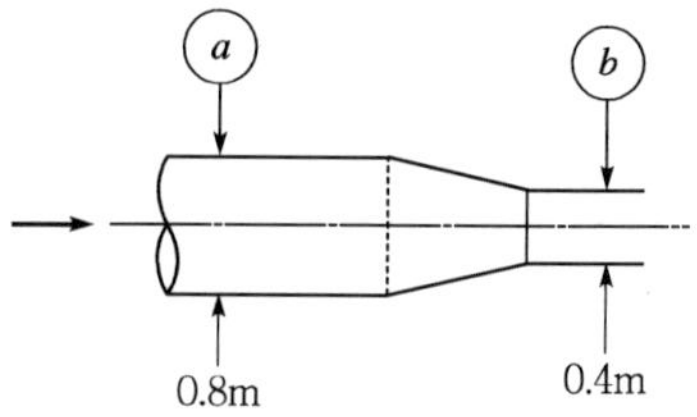

① 1.79 ② 3.58
③ 7.16 ④ 14.3

풀이 중량유량 $G=\gamma AV=900\text{kg/s}$

$$=1000\cdot\frac{\pi(0.4)^2}{4}\cdot V_b=900\text{kg/s}$$

따라서, B점의 유속 $V_b=7.16\text{m/s}$

04 국소대기압이 0.08MPa이고 절대압력이 0.5MPa인 경우 게이지 압력은 얼마인가?

① 0.58MPa ② 0.42MPa진공
③ 0.58MPa ④ 0.42MPa

풀이 절대압력=계기압력+대기압이므로
계기압력=절대압력−대기압

$$=0.5-0.08=0.42\text{MPa}$$

05 20℃에서 물이 지금 75mm인 관속을 1.9L/s로 흐르고 있다. 이때 레이놀드 수를 구하면? (단, 20℃일 때 물의 동점성계수는 $1.006\times10^{-6}\text{m}^2/\text{s}$이다.)

① 11284 ② 19874
③ 28294 ④ 32063

풀이 레이놀드 수 $R_e=\dfrac{\rho VD}{\mu}=\dfrac{VD}{\nu}$

유량 $Q=1.9L/s=1.9\times10^{-3}\text{m}^3/\text{s}$

유속 $V=\dfrac{Q}{A}=\dfrac{1.9\times10^{-3}}{\dfrac{\pi\cdot0.075^2}{4}}=0.43\text{m/s}$

$Re=\dfrac{0.43\times0.075}{1.006\times10^{-6}}=32063$

해 답

03 ③ 04 ④ 05 ④

06 그림과 같이 유량 $0.314m^3/s$로 분출하는 물제트가 5m/s의 속도로 이동하고 있는 평판에 충돌할 때 평판에 작용하는 힘은 몇 N인가?(단, 제트의 지름은 200mm이고, 물의 밀도는 $1000kg/m^3$이다.)

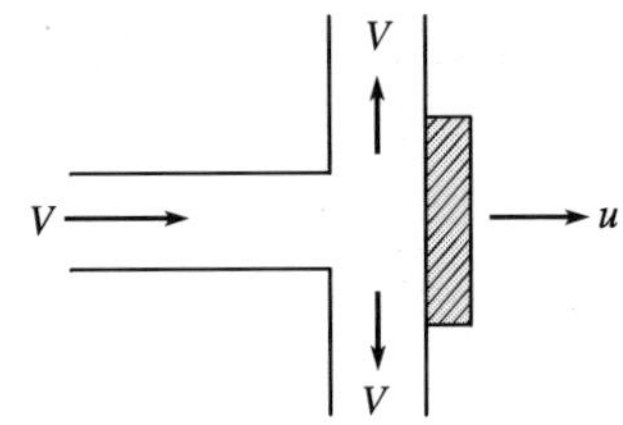

① 196.4 ② 273.3
③ 783.8 ④ 984.4

풀이 $F=\rho Q(V-u)=1000\times\frac{\pi\cdot0.2^2}{4}\times\left(\frac{0.314}{\frac{\pi\times0.2^2}{4}}-5\right)^2=783.8N$

07 물이 안지름 500mm인 파이프를 통하여 5m/sc의 속도로 흐를때 유량은 몇 m^3/s인가?

① 0.98 ② 1.25
③ 2.46 ④ 3.64

풀이 $Q=AV=\frac{\pi\times0.5^2}{4}\times5=0.98m^3/s$

08 아래 보기의 정의는 무엇을 설명한 것인가?

[보기]
유체의 유동시 주어진 순간에 모든 곳에서 속도벡터에 접하는 선이다.

① 유선 ② 유맥선
③ 유적선 ④ 시간선

풀이 유선 : 유체의 속도벡터에 접하는 선을 말한다.

09 배관속을 완전히 발달된 난류로 흐르는 유체의 손실수두에 관한 사항으로 옳은 것은?

① 마찰계수에 반비례한다. ② 관의 길이에 비례한다.
③ 유속에 반비례한다. ④ 관의 내경에 비례한다.

풀이 손실수두 $h_L=f\frac{l}{D}\frac{V^2}{2g}$

$h_L\propto\frac{1}{D}$ 즉 관의 직경에 반비례한다.

해 답

06 ③ 07 ① 08 ① 09 ②

10 다음 중 대표적인 펌프의 이상현상에 해당하지 않는 것은?

① 공동현상 ② 수격작용
③ 맥동현상 ④ 진공현상

풀이 진공현상은 펌프에 발생되는 현상이 아님

11 검사면을 통과하는 유동에 대하여 질량유량(m)을 다음과 같이 구하는 경우가 있다.

$m = \rho A V$
여기서, ρ : 유체의 밀도
A : 유동 단면적
V : 유체의 속도이다.

이 식이 성립하기 위해 필요한 조건이 아닌 것은?

① 검사면은 움직이지 않는다. ② 밀도는 일정하다.
③ 검사면이 원형이다. ④ 유동은 검사면에 수직이다.

풀이 질량유량은 검사면의 형상과는 무관하다.

해 답

10 ④ 11 ③

8 2007년 제2회 소방설비 산업기사

01 알콜 18리터(18×10^{-3}m^3)의 중량이 140N일 때 이 알콜의 비중은 약 얼마인가?

① 0.777 ② 0.793
③ 0.812 ④ 0.822

풀이 $\gamma_{alcohol} = \dfrac{W}{V} = \dfrac{\left(\dfrac{140}{9.8}\right)}{18\times10^{-3}} = 793\text{kg/m}^3$

$S = \dfrac{\gamma_{alcohol}}{\gamma_w} = \dfrac{793}{1000} = 0.793$

02 그림과 같이 관로에 U자관을 장치한 경우 A, B 두 지점간의 압력차 $P_A - P_B$를 구하는 식을 옳게 나타낸 것은?

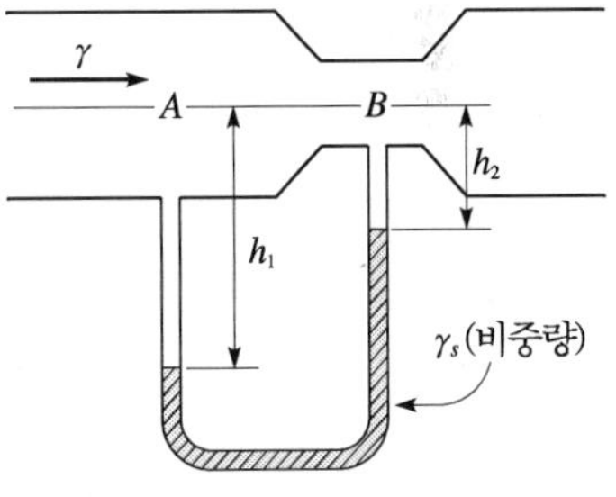

① $2(h_2-h_1)(\gamma_s-\gamma)$
② $2(h_2-h_1)(\gamma-\gamma_s)$
③ $(h_1-h_2)(\gamma_s-\gamma)$
④ $(h_1-h_2)(\gamma-\gamma_s)$

풀이 동일 액체상에서 수평면에 작용하는 압력은 같으므로 임의의 두 점(c점, D점)을 잡으면

$P_c = P_D$

$P_c = P_A + \gamma(h_1-h_2)$

$P_D = \gamma_s(h_1-h_2) + P_B$

따라서, $P_A - P_B = (h_1-h_2)(\gamma_s-\gamma)$

03 소화배관 내의 유체 유량 및 유속을 측정할 수 있는 기기가 아닌 것은?

① 마노미터 ② 벤투리미터
③ 로라미터 ④ 오리피스미터

풀이 마노미터 : 액주계의 일종으로 관내 압력을 측정

해 답

01 ② 02 ③ 03 ①

04 옥내소화전용 소방펌프 2대를 병렬로 연결하였다. 마찰손실을 무시할 때 기대할 수 있는 효과는?

① 펌프의 양정은 증가하나 유량은 감소한다.
② 펌프의 유량은 증대하나 양정은 감소한다.
③ 펌프의 양정은 증가하나 유량과는 무관하다.
④ 펌프의 유량은 증대하나 양정과는 무관하다.

풀이 병렬연결시 : 양정은 일정, 유량은 2배 증가
직렬연결시 : 양정은 두배 증가, 유량은 일정

05 배관 내에 중량유량 980N/s의 물이 흐른다. 직경이 10cm일 때 유체의 속도는 몇 m/s인가?

① 9.2 ② 10.3
③ 12.7 ④ 15.2

풀이 $G=\gamma A V=9800\times\frac{\pi\cdot 0.1^2}{4}\times V=980\text{N/m}$

$V=12.73\text{m/s}$

06 다음 그림에서 A점의 게이지 압력은 몇 kPa인가?

① 0.38 ② 38
③ 0.42 ④ 42

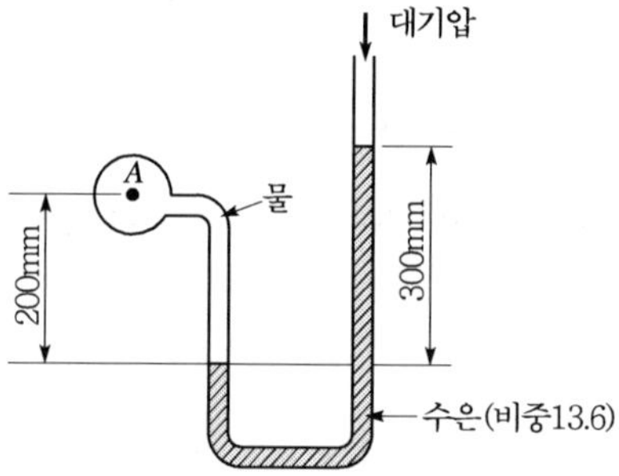

풀이 $P_c=P_D$

$P_A+1000\times0.2=13.6\times1000\times0.3$

$P_A=3800\text{kg/m}^2=38204\text{N/m}^2=38\text{kPa}$

07 다음 중 연속방정식이 아닌 것은? (단, A : 단면적, ρ : 밀도, V : 속도, γ : 비중량)

① $\frac{dA}{A}+\frac{d\rho}{\rho}+\frac{dV}{V}=0$ ② $A_1V_1=A_2V_2$
③ $\gamma_1A_1V_1=\gamma_2A_2V_2$ ④ $d(\rho AV)=constant$

풀이 $\rho AV=constant$이고, $d(\rho AV)=0$임

해 답

04 ④ 05 ③ 06 ② 07 ④

08 지름이 150cm인 원통형 물 탱크의 수면 아래 78cm인 곳의 측벽에 지름이 20mm인 노즐을 설치하였다. 10초 후에 탱크의 수면이 25cm강하 하였다고 하면 노즐(nozzle)을 통과한 10초 동안의 평균 유량은 몇 m^3/s 인가?

① 0.0342 ② 0.0442
③ 0.057 ④ 0.067

풀이 감소된 체적 $V=\dfrac{\pi D^2}{4}h=\dfrac{\pi 1.5^2}{4}0.25=0.442\mathrm{m}^3$

유량 $Q=\dfrac{V}{t}=\dfrac{0.442\mathrm{m}^3}{10\mathrm{sec}}=0.0442\mathrm{m}^3/\mathrm{s}$

09 그림과 같이 평판이 $u=10\mathrm{m/s}$ 의 속도로 움직이고 있다. 노즐에서 $V=20\mathrm{m/s}$ 의 속도로 분출된 물 분류(단면적 $0.02\mathrm{m}^2$)가 평판에 수직으로 충돌할 때 평판이 받는 힘은?

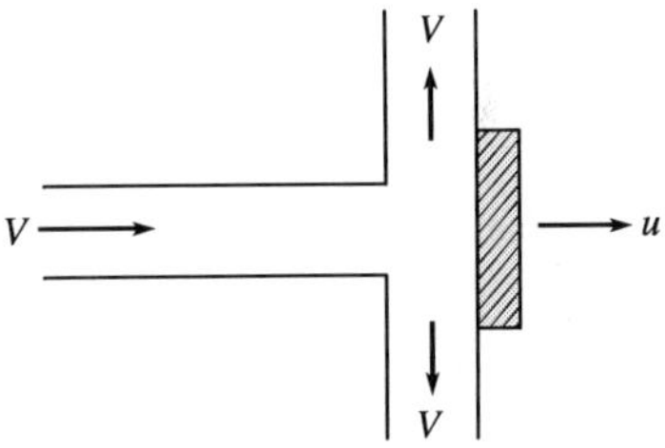

① 1kN ② 2kN
③ 3kN ④ 4kN

풀이 $F=\rho Q(V_2-V_1)=\rho Q(V_1-u)^2$

$=1000\times 0.02\times(20-10)^2=2000\mathrm{kg}\cdot\mathrm{m/s}^2=2000\mathrm{N}=2\mathrm{kN}$

10 관속을 흐르는 물의 압력 손실이 40kPa이고 유량이 $3\mathrm{m}^3/\mathrm{s}$ 이면 물의 동력 손실은 몇 kW인가?

① 120 ② 214
③ 88 ④ 157

풀이 $\Delta P=40\mathrm{kPa}$

손실수두 $h_L=\dfrac{\Delta p}{\gamma_w}=\dfrac{40\mathrm{kN/m}^2}{9.8\mathrm{kN/m}^3}=4.08\mathrm{m}$

동력 $P=\dfrac{\gamma Q h_L}{102\cdot\eta}=\dfrac{1000\times 3\times 4.08}{102\times 1}=120.05\mathrm{kW}$

해 답

08 ② 09 ② 10 ①

11 안지름이 5cm인 직원관에 기름이 속도 1.5m/s의 층류로 흐른다. 관의 길이가 10m라면 압력 손실은 몇 kPa인가? (단, 기름의 밀도는 $1264\mathrm{kg/m^3}$, 동점성계수는 $0.00118\mathrm{m^2/s}$이다.)

① 286.4　② 226.4
③ 188.6　④ 56.8

풀이 $Re=\dfrac{VD}{\nu}=\dfrac{1.5\times0.05}{0.00118}=63.56$

층류일 때, 관마찰계수 $f=\dfrac{64}{Re}=\dfrac{64}{63.56}=1.0069$

$h_L=f\dfrac{l}{D}\dfrac{V^2}{2g}=1.0069\times\dfrac{10}{0.05}\times\dfrac{1.5^2}{19.6}=23.11\mathrm{m}$

$\Delta p=\gamma h_L=1264\times23.11=29211.04\mathrm{kg/m^2}=286.4\mathrm{kN/m^2}$

12 유량 $6\times10^{-3}\mathrm{m^3/s}$로 기름(비중 = 0.9, 점성계수 = $0.06\mathrm{N\cdot s/m^2}$)이 지름 80mm인 관속을 흐르고 있다. 관의 길이가 30m라면 손실수두는 약 몇 m인가?

① 1.2　② 5.8
③ 12.2　④ 14.3

풀이 하젠-포아젤식을 이용하면

$Q=\pi d^4\dfrac{\gamma_w h_L}{128\mu l}=\pi\times0.08^4\times\dfrac{0.9\times9.8\times1000\times h_L}{128\times0.06\times30}$

따라서, $h_L=1.2\mathrm{m}$

13 유체의 일반적 성질 및 정의로 틀린 것은?

① 액체는 온도가 상승하면 점성계수가 감소한다.
② 비압축성이고 점성이 있는 유체를 이상유체라고 한다.
③ 전단력을 받았을 때 연속적으로 변형하는 물질을 유체라고 한다.
④ 뉴턴유체는 유체가 흐를 때 전단응력과 속도구배를 도시하면 원점을 지나는 직선으로 표시되는 유체이다.

풀이 이상유체 : 비점성유체이며, 비압축성유체를 의미함

해 답

11 ①　12 ①　13 ②

9 2007년 제4회 소방설비 산업기사

01 동점성계수의 차원을 기본차원인 질량(M), 길이(L), 시간(T)으로 표시하면?

① $ML^{-1}T^{-1}$　② $ML^{-2}T^{-1}$　③ MLT^{-2}　④ L^2T^{-1}

풀이 동점성계수 $\nu = m^2/s = [L^2T^{-1}]$

02 직접적인 유량 측정장치로 볼 수 없는 것은?

① 로라미터　② 벤튜리미터　③ 오리피스　④ 부르돈관

풀이 부르돈(Bourdon)압력계 : 측정되는 압력에 의해 생기는 금속의 탄성변형을 기계적으로 지시하여 압력을 측정하는 기계

03 펌프에서 공동현상이 발생할 때 나타나는 현상이 아닌 것은?

① 소음과 진동발생　② 양정곡선 저하　③ 효율곡선 증가　④ 펌프 깃의 침하

풀이 공동현상이 발생되는 경우 펌프의 효율은 감소하게 됨

04 레이놀드수의 물리적 의미로 가장 적합한 것은?

① 관성력/표면장력　② 관성력/중력　③ 압력/동압　④ 관성력/점성력

풀이 $Re = \frac{VD}{\nu} = \frac{\text{관성력}}{\text{점성력}}$

05 소화배관의 길이가 1500m, 배관의 구경(내경) 200mm 인 관을 통하여 2m/s 의 평균속도로 소화수가 흐르고 있다면 손실수두는 몇 m가 되겠는가?(단, 마찰계수는 0.03이다.)

① 43.9　② 45.9　③ 48.9　④ 50.9

풀이 손실수두는 $h_L = f\frac{l}{d}\frac{v^2}{2g}$ 이므로

$$h_L = 0.03 \times \frac{1500}{0.2} \times \frac{2^2}{19.6} = 45.9\text{m}$$

해 답

01 ④　02 ④　03 ③　04 ④　05 ②

06 원관 내 흐름에 대한 설명 중 틀린 것은?

① 층류 흐름에서 관마찰계수는 $\frac{64}{Re}$ 이다.
② 점성 유체가 층류로 흐를 때 평균속도는 최대 속도의 1/4이다.
③ 수력구배선은 임의의 위치에서의 압력수두와 위치수두의 합을 나타낸다.
④ 에너지선은 임의의 위치에서의 속도수두, 압력수두, 위치수두의 합을 나타낸다.

풀이 층류조건시 평균속도는 최대속도의 1/2이다.

07 다음 그림과 같은 탱크에 물이 들어 있다. $A-B$면 (5m×3m)에 작용하는 힘은?

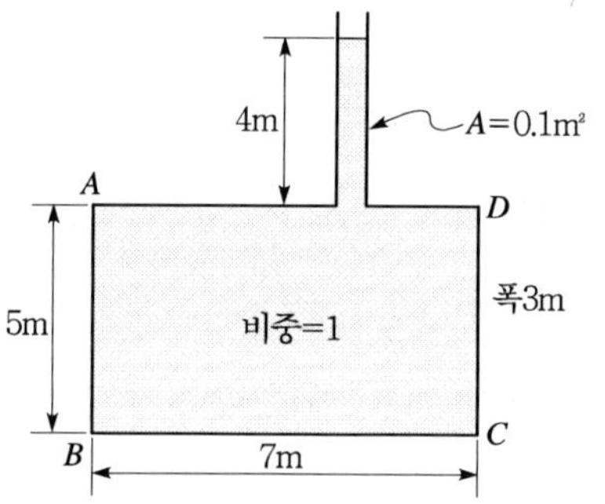

① 0.95kN ② 10kN
③ 95kN ④ 955kN

풀이 $P_A = 1 \times 4 = 4\text{t/m}^2$

$P_B = 1 \times 4 + 1 \times 5 = 9\text{t/m}^2$

$F = 4 \times 5 \times 3 + 5 \times 5 \times 3 \times \frac{1}{2} = 97.5\text{ton} = 955.5\text{kN}$

해 답

06 ② 07 ④

10 2008년 제1회 소방설비 산업기사

01 무게가 45000N이고 체적이 5.3m^3인 유체의 비중은?

① 0.623 ② 0.682
③ 0.866 ④ 0.901

풀이 유체의 단위중량 $\gamma_s = \frac{W}{V} = \frac{\left(\frac{45000}{9.8}\right)}{5.3} = 866.38 kg/m^3$

비중 $s = \frac{\gamma_s}{\gamma_w} = \frac{866.38}{1000} = 0.866$

02 소화용 펌프를 유량 1.5m^3/s, 양정 60m, 회전수 1770rpm으로 선정하였으나 공장배치가 변경되어 양정이 90m가 필요하게 되었다. 이 펌프를 몇 rpm으로 운전하면 변경된 양정과 거의 같은 효율로 운전될 수 있는가?

① 2230rpm ② 2655rpm
③ 2168rpm ④ 2073rpm

풀이 상사법칙을 적용하면

$$\frac{H_1}{H_2} = \left(\frac{D_1}{D_2}\right)^2 \left(\frac{N_1}{N_2}\right)^2$$

여기서, H : 양정고, D : 터빈직경, N : 회전수

$$\frac{60}{90} = \left(\frac{1}{1}\right)^2 \left(\frac{1770}{N_2}\right)^2$$

따라서, $N_2 = 2168 rpm$

03 열은 고온의 물체에서 저온의 물체로 옮겨가나, 반대의 현상은 일어나지 않음을 설명해 주는 열역학 법칙은?

① 열역학 0법칙 ② 열역학 1법칙
③ 열역학 2법칙 ④ 열역학 3법칙

풀이 ① 열역학 제0법칙(열평형의 법칙)
온도가 높은 물체가 낮은 물체를 접촉시키면 온도가 높은 물체에서 낮은 물체로 열이 이동하여 두 물체의 온도는 평형을 이루게 된다.

해 답

01 ③ 02 ③ 03 ③

② 열역학 제1법칙(에너지보존의 법칙)
기체의 공급에너지는 내부에너지와 외부에서 한 일의 합과 같다
③ 열역학 제2법칙
- 열은 스스로 저온에서 고온으로 절대로 흐르지 않는다.
- 자발적인 변화는 비가역적이다.
- 열을 완전히 일로 바꿀수 있는 열기관을 만들 수 없다.
④ 열역학 제3법칙
순수한 물질의 1atm하에서 결정상태이면 엔트로피는 0K에서 0이다

04 유효 흡입양정(NPSH)과 가장 관계가 있는 것은?

① 수격작용 ② 맥동현상 ③ 공동현상 ④ 체절압력

풀이 유효흡입양정이 클수록 공동현상이 발생된다.

05 지름이 3m에서 1.5m로 변하는 돌연히 축소하는 관에 $6m^3/s$의 유량으로 물이 흐르고 있다. 이 때 손실동력(에너지 손실률)은 몇 kW인가? (단, 돌연 축소에 의한 손실계수 k는 0.3이다.)

① 9.5 ② 10.4 ③ 11.7 ④ 12.3

풀이 돌연축소관 손실수두 $h_{LS}=K\dfrac{V_2^2}{2g}$

축소관내 유속 $V_2=\dfrac{Q}{A}=\dfrac{4}{\dfrac{\pi\times 1.5^2}{4}}=3.395\text{m/s}$

$h_{LS}=K\dfrac{V_2^2}{2g}=0.3\times\dfrac{3.395^2}{19.6}=0.176\text{m}$

$P=\dfrac{\gamma QH}{102\eta}=\dfrac{1000\times 6\times 0.176}{102}=10.35kW$

06 레이놀즈수의 물리적 의미는?

① 관성력/점성력 ② 중력/점성력 ③ 표면장력/관성력 ④ 중력/압력

풀이 레이놀드 수 $Re=\dfrac{vD}{\nu}$

* 참조
웨버수 : $W_b=\dfrac{\rho V^2 L}{\sigma}=\dfrac{\text{관성력}}{\text{표면장력}}$

해 답

04 ③ 05 ② 06 ①

07 오리피스 지름이 10mm 이고, 유량계수가 0.94인 살수 노즐로부터 방수량을 측정하였더니 매분 100L이었다면 방수압력(계기압력)은 몇 kPa 인가? (단, 물의 밀도는 1000kg/m^3 이다.)

① 225.2　　② 254.8
③ 268.3　　④ 295.0

풀이 $Q = CAV$ (C : 유량계수)

$$V = \frac{Q}{CA} = \frac{\dfrac{100 \times 10^{-3}}{60}(\text{m}^3/\text{s})}{0.94 \times \dfrac{\pi \times 0.01^2}{4}(\text{m}^2)} = 22.57\text{m/s}$$

$$V = 14\sqrt{p}$$

$$p = \left(\frac{V}{14}\right)^2 = \left(\frac{22.57}{14}\right)^2 = 2.6\text{kg/cm}^2 = 25.4\text{N/cm}^2$$

$$= 25.4 \times 10^4\text{N/m}^2 = 254\text{kPa}$$

08 액체의 비중을 측정하기 위하여 쇠로 만든 추(무게 5N, 체적 $1.5 \times 10^{-4}\text{m}^3$)를 액체 중에 넣고 무게를 재었더니 3.6N 이었다. 이 액체의 비중량은 몇 N/m^3인가? (단, 물의 비중량은 9800 N/m^3이다.)

① 467　　② 9333
③ 24000　　④ 33333

풀이 부력 = 공기중 무게−수중무게 이므로

부력 $F_B = 5 - 3.6 = 1.4\text{N}$

$F_B = \gamma V = 1.4N$

비중량 $\gamma = \dfrac{1.4}{1.5 \times 10^{-4}} = 9333.3\text{N/m}^3$

09 이상유체를 가장 잘 설명한 것은?

① 과열유체　　② 비점성, 압축성 유체
③ 점성, 비압축성 유체　　④ 비점성, 비압축성 유체

풀이 이상유체란 점성이 없고, 압축성이 없는 유체를 말함

해 답

07 ②　08 ②　09 ④

10 관 A에는 물이, 관 B에는 비중 0.9의 기름이 흐르고 있으며 마노미터의 액체는 비중이 13.6인 수은이다. $h_1 = 180\text{mm}$, $h_2 = 120\text{mm}$, $h_3 = 300\text{mm}$, 일 때 두 관의 압력차는 몇 Pa 인가?

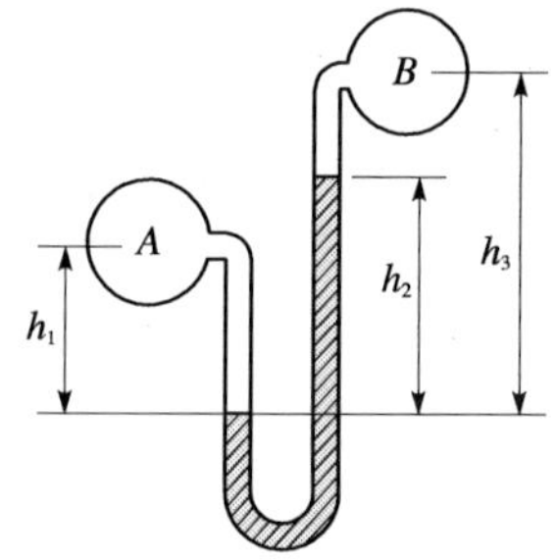

① 3.34×10^3　② 2.39×10^4
③ 2.5×10^3　④ 2.5×10^4

풀이 동일액체 내에서 가상의 임의 수평면상 두 점을 C, D라 하면

$p_c = p_D$

$p_c = p_A + \gamma h_1 = p_A + 1 \times h_1$

$p_D = p_B + 0.9(h_3 - h_2) + 13.6h_2$

$p_A + 0.12 \times 1 = p_B + 0.9(0.3 - 0.18) + 13.6 \times 0.18$

$p_A - p_B = 2.556 - 0.12 = 2.436\text{t/m}^2 = 23{,}872.8\text{N/m}^2 = 2.39 \times 10^4\text{N/m}^2$

11 노즐에서 10m/s로서 수직방향으로 물을 분사할 때 상승높이는 몇 m 인가? (단, 저항 무시)

① 5.10　② 6.34
③ 3.22　④ 2.65

풀이 $h = \dfrac{V^2}{2g} = \dfrac{10^2}{19.6} = 5.10\text{m}$

12 두 장의 종이 사이로 바람을 불면 두 종이가 서로 달라붙으려고 한다. 무슨 원리인가?

① 베르누이의 원리　② 파스칼의 원리
③ 질량보존의 원리　③ 달랑베르의 원리

풀이 베르누이 방정식에서

$$\frac{P_1}{\gamma} + \frac{V^2{}_1}{2g} + Z_1 = \frac{P_2}{\gamma} + \frac{V^2{}_2}{2g} + Z_2 = H \text{ (일정)}$$

베르누이 방정식은 에너지 보존법칙이 성립되므로
한 지점의 속도가 빠르면 상대적으로 압력이 낮아져서 전체 에너지가 항상 일정하게 됨.
따라서, 종이사이 유속이 주변보다 빨라지게 되면 상대적으로 압력이 감소하게 되어 종이가 서로 달라붙으려고 함.

해 답

10 ②　11 ①　12 ①

11 2008년 제2회 소방설비 산업기사

01 내경 20cm인 배관에 매분 $5.4m^3$의 물이 흐르고 있을 때 유속은 약 몇 m/s인가?

① 2.08
② 2.86
③ 3.52
④ 5.05

풀이 $Q = AV$

$$V = \frac{Q}{A} = \frac{\left(\frac{5.4}{60}\right)}{\frac{\pi \times 0.2^2}{4}} = 2.865\text{m/s}$$

02 안지름 10cm인 곧고 긴 수평 파이프 내를 평균유속 5m/s로 물이 흐르고 있다. 길이 10m 사이에서 나타나는 손실수두는 약 몇 m 인가? (단, 관마찰계수는 0.013이다.)

① 0.17
② 1.66
③ 1.8
④ 1.89

풀이 손실수두는 $h_L = f\frac{l}{d}\frac{v^2}{2g}$ 이므로

$$h_L = 0.013 \times \frac{10}{0.1} \times \frac{5^2}{2 \times 9.8} = 1.658\text{m}$$

03 일차원 유동에서의 연속방정식에 해당하는 것은?

① $PV = nRT$
② $\rho_1 A_1 V_1 = \rho_2 A_2 V_2$
③ $\frac{dx}{u} = \frac{dy}{v} = \frac{dz}{w}$
④ $\frac{dP}{\rho} + VdV + gdZ = 0$

풀이 ① 이상기체 상태방정식
③ 유선방정식
④ 베르누이 방정식

해 답

01 ② 02 ② 03 ②

04 다음 중 이상유체의 정의를 옳게 설명한 것은?

① 압축을 가하면 체적이 수축하고 압력을 제거하면 처음 체적으로 되돌아가는 유체
② 유체 유동시 마찰 전단응력이 발생하지 않으며 압력변화에 따른 체적변화가 없는 유체
③ 뉴턴의 점성법칙을 만족하는 유체
④ 오염되지 않은 순수한 유체

풀이 이상유체란 비압축성, 비점성 유체를 말함

05 유량계수가 0.94인 방수노즐로부터 방수압력(계기압력) 255kPa로 물을 방사할 때 방수량을 측정하였더니 매분 0.1 m^3이었다면 사용한 노즐의 구경은 약 몇 mm인가?

① 10 ② 12 ③ 14 ④ 16

풀이 $Q = CAV$ (C : 유량계수)

$V = 14\sqrt{p} = 14\sqrt{255(\mathrm{kPa})} = 14\sqrt{2.6(\mathrm{kg/cm^2})} = 22.57(\mathrm{m/s})$

$Q = 0.94 \times \dfrac{(\pi d^2)}{4} \times 22.57 = 0.1/60(\mathrm{m^3/s})$

따라서, $d = 0.01\mathrm{m} = 10\mathrm{mm}$

06 벤튜리 미터에 물이 흐르고 있다. 입구(직경 10cm)와 목부분(직경 4cm)에 수은이 채워진 U자관으로 측정하니 수은주의 높이 차이가 8cm이었다. 유량계수가 0.65일 때 유량은 몇 $\mathrm{m^3/s}$ 인가?

① 0.00077 ② 0.00093
③ 0.00127 ④ 0.00367

풀이 $V_2 = \dfrac{A_1}{\sqrt{A_1^2 - A_2^2}}\sqrt{2gh\left(\dfrac{\gamma}{\gamma_w} - 1\right)}$

$A_1 = \dfrac{\pi d^2}{4} = \dfrac{\pi 0.1^2}{4} = 0.00785\,\mathrm{m}^2$, $A_2 = \dfrac{\pi d^2}{4} = \dfrac{\pi 0.04^2}{4} = 0.00126\,\mathrm{m}^2$

$V_2 = \dfrac{A_1}{\sqrt{A_1^2 - A_2^2}}\sqrt{2gh\left(\dfrac{\gamma}{\gamma_w} - 1\right)}$

$= \dfrac{0.00785}{\sqrt{0.00785^2 - 0.00126^2}} \times \sqrt{2 \cdot 9.8 \cdot 0.08 \cdot (13.6 - 1)} = 4.5\mathrm{m/s}$

$Q = CA_2V_2 = 0.65 \times 0.00126 \times 4.5 = 0.003687\mathrm{m^3/s}$

해 답

04 ② 05 ① 06 ④

07 그림과 같은 작동 유체가 물인 수압기에서 정적 평형을 이루고자 할 때 A부분에 가해야 하는 하중의 크기는 약 몇 N인가?

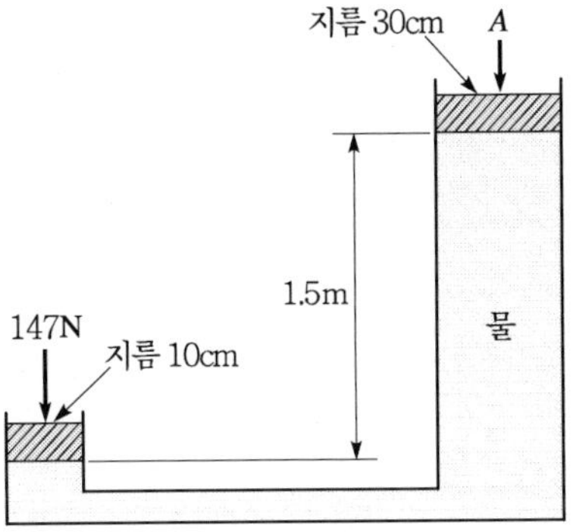

① 284　　② 314
③ 362　　④ 1323

풀이 $P_B = P_C$

$$P_B = \frac{F_B}{A_B} = \frac{147N}{\frac{\pi \times 0.1^2}{4}} = 18{,}716.6\text{N/m}^2$$

$$P_C = \frac{F_A}{A_A} = \frac{F_A}{\frac{\pi \times 0.3^2}{4}} + 9800\text{N/m}^3 \times 1.5\text{m}$$

$$18716.6 = \frac{F_A}{0.071} + 14{,}700\text{N/m}^2$$

따라서, $F_A = 285.18N$

08 그림에서 A점의 압력 P_A와 B점의 압력 P_B와의 압력 차 $P_A - P_B$는 약 몇 kPa인가?

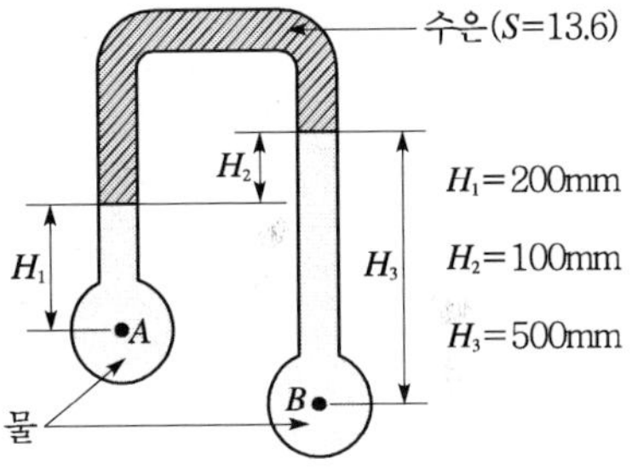

① 9.4　　② 10.4
③ 11.4　　④ 12.4

풀이 동일 유체이며 높이가 같은 경우 작용하는 압력은 같으므로

$p_c = p_D$에서

$p_c = p_A + 1 \times 0.2 + 13.6 \times 0.1 = p_A + 1.56$

$p_D = p_B + 1 \times 0.5 = p_B + 0.5$

따라서 $p_A - p_B = 1.06\text{t/m}^2 = 10.388\text{kPa}$

09 동점성계수가 $6 \times 10^{-5}\text{m}^2/\text{s}$ 인 유체가 $0.4\text{m}^3/\text{s}$ 의 유량으로 원관에 흐르고 있다. 하임계 레이놀즈수가 2100일 때 층류로 흐를 수 있는 관의 최소 지름은 몇 m인가?

① 1.01　　② 2.02
③ 4.05　　④ 6.06

해 답

07 ①　08 ②　09 ③

풀이 $Re=\dfrac{VD}{\nu}=\dfrac{\left(\dfrac{Q}{A}\right)\cdot D}{\nu}=\dfrac{\left(\dfrac{Q}{\dfrac{\pi d^2}{4}}\right)\cdot D}{\nu}=\dfrac{\left(\dfrac{4Q}{\pi D}\right)}{\nu}=2100$

$\pi D=\dfrac{4Q}{2100\nu}$

$D=\dfrac{4Q}{2100\cdot\pi\cdot\nu}=4.04\text{m}$

10 펌프의 흡입 이론에서 볼 때 대기압이 100kPa인 곳에서 펌프의 흡입 배관으로 물을 흡수 할 수 있는 이론 최대 높이는 약 몇 m인가?

① 5 ② 10
③ 14 ④ 98

풀이 대기압 = 100kPa, 이것을 수두로 환산하면 $h=\dfrac{100}{101.3}\times 10.336\text{m}=10.2\text{m}$

즉 대기압의 수두만큼 이론상 흡입배관으로 물을 끌어 올릴 수 있다.

11 관속을 물이 유속 10m/s로 유동한다. 관경의 변화로 유속이 5m/s로 변화되었다면 압력 수두는? (단, 유동 마찰손실은 무시하고 위치에너지는 동일한 것으로 한다.)

① 약 3.82m 증가 ② 약 3.44m 증가
③ 약 2.78m증가 ④ 약 2.38m 증가

풀이 두 지점에 베르누이 방정식을 세우면

$\dfrac{p_1}{\gamma}+\dfrac{v_1^2}{2g}=\dfrac{p_2}{\gamma}+\dfrac{v_2^2}{2g}$

$\dfrac{p_1}{\gamma}+\dfrac{10^2}{2g}=\dfrac{p_2}{\gamma}+\dfrac{5^2}{2g}$

따라서, $\dfrac{p_1-p_2}{\gamma}=3.83\text{m}$

12 계기압력이 1.2MPa이고, 대기압이 96kPa일 때 절대압력은 몇 kPa 인가?

① 1104 ② 1200
③ 1296 ④ 108

해 답

10 ② 11 ① 12 ③

풀이 절대압＝대기압+계기압

$$= 96 + 1.2 \times 10^3 \text{kPa} = 1296 \text{kPa}$$

13 캐비테이션(공동현상)의 발생원인과 관계가 먼 것은?

① 펌프의 설치위치가 물 탱크보다 높을 때
② 관내의 유체가 고온일 때
③ 펌프의 임펠러 속도가 클 때
④ 펌프의 흡입측 수두가 작을 때

풀이 펌프의 흡입측 수두가 작은 경우 공동현상이 발생되지 않는다.

해 답

13 ④

12 2008년 제4회 소방설비 산업기사

01 이상 유체에 대한 설명으로 가장 적합한 것은?

① 비압축성이며 점성이 없는 유체
② 압축성이며 정상류인 유체
③ 비압축성이며 점성이 있는 유체
④ 압축성이며 비정상류인 유체

풀이 이상유체 : 비압축성, 비점성유체

02 펌프의 양정 가운데 실양정을 가장 적합하게 설명한 것은?

① 펌프의 중심선으로부터 흡입 액면까지의 수직 높이
② 펌프를 중심으로 하여 흡입 액면에서 송출 액면까지의 수직 높이
③ 펌프의 중심선으로부터 송출 액면까지의 수직 높이
④ 펌프를 중심으로 하여 흡입 액면에서 송출 액면까지의 마찰손실수두

풀이 실양정 : 흡입수면에서 최상층 송출수면까지의 수직높이

03 대기압 101kPa인 곳에서 측정된 진공 압력이 7kPa일 때, 절대압력은 몇 kPa인가?

① −7 ② 7
③ 94 ④ 108

풀이 절대압력 = 대기압 + 계기압
= 대기압 − 진공압 = 101kPa − 7kPa = 94kPa

04 체적 유량에 대한 설명으로 틀린 것은?

① 단면적이 일정할 때 속도에 비례한다.
② 단위 면적당 질량 유량을 나타낸다.
③ 체적 유량의 차원은 L^3T^{-1}(L : 길이, T : 시간)이다.
④ 체적 유량의 단위는 m^3/s 이다.

풀이 체적유량 $Q = AV$이고, 단위가 m^3/s 로 단위시간당 질량유량을 의미함

해 답

01 ① 02 ② 03 ③ 04 ②

05 베르누이 방정식을 유도하기 위한 가정으로 틀린 것은?

① 정상유동이다.
② 마찰이 없는 유동이다.
③ 같은 유선 위의 두 점에 적용한다.
④ 점성유동이다.

풀이 베르누이 방정식 가정조건
1)정상유동
2)마찰이 없는 비점성유동
3)동일 유선상의 두 점을 기준으로 적용

06 웨버수의 물리적 의미를 옳게 나타낸 것은?

① $\frac{관성력}{표면장력}$ ② $\frac{관성력}{중력}$
③ $\frac{표면장력}{관성력}$ ④ $\frac{중력}{관성력}$

풀이 웨버수(Weber's number)

$$W_b = \frac{\rho V^2 L}{\sigma} = \frac{관성력}{표면장력}$$

07 수면으로부터 3m 깊이에 단면적이 $0.01\,\mathrm{m}^2$인 오리피스를 설치하여 $4\mathrm{m}^3/\mathrm{min}$의 물을 유출시킬 때 오리피스의 유량계수는 얼마 정도인가?

① 0.96 ② 0.91
③ 0.87 ④ 0.83

풀이 $V = \sqrt{2gh} = \sqrt{2\times 9.8\times 3} = 7.67\mathrm{m/s}$
이론상 유량 $Q = AV = 0.01\times 7.67 = 0.0767\mathrm{m}^3/\mathrm{s} = 4.602\mathrm{m}^3/\mathrm{min}$
실제 유량은 $4\mathrm{m}^3/\mathrm{min}$
따라서 유량계수 $C = \frac{실제유량}{이론유량} = \frac{4}{4.602} = 0.869$

해 답

05 ④ 06 ① 07 ③

08 물속에 지름 4mm의 유리관을 삽입할 때 모세관에 의한 상승높이는 약 몇 mm인가? (단, 물과 유리관의 접촉각은 $0°$이고, 물의 표면장력은 0.0742N/m이다.)

① 4.1 ② 5.3
③ 6.7 ④ 7.6

풀이 모관상승고 $h_c = \frac{4T}{\gamma_w d} = \frac{4 \times 0.0742}{9800 \times 0.004} = 7.6\text{mm}$

09 회전수 1000rpm, 전양정 60m에서 $0.12\text{m}^3/\text{s}$의 물을 배출하는 펌프의 축동력이 100kW이다. 이 펌프와 상사인 펌프가 크기가 3배이면서 500rpm으로 운전될 때의 축동력을 구하면 몇 kW인가?

① 2037.5 ② 203.75
③ 3037.5 ④ 4037.5

풀이 펌프의 상사법칙중 동력비를 적용하면

$$\frac{P_2}{P_1} = \left(\frac{N_2}{N_1}\right)^3 \times \left(\frac{D_2}{D_1}\right)^5 \times \left(\frac{\eta_{P2}}{\eta_{P1}}\right)$$

$$P_2 = 100 \times \left(\frac{500}{1000}\right)^3 \times \left(\frac{3}{1}\right)^5 = 3037.5kW$$

10 그림과 같이 수직으로 서 있는 U자관 액주계에서 어떤 액체 30cm의 높이와 수은 10cm의 높이가 평형을 이루고 있다. 액체의 비중은 얼마인가?(단, 수은의 비중은 13.6이다.)

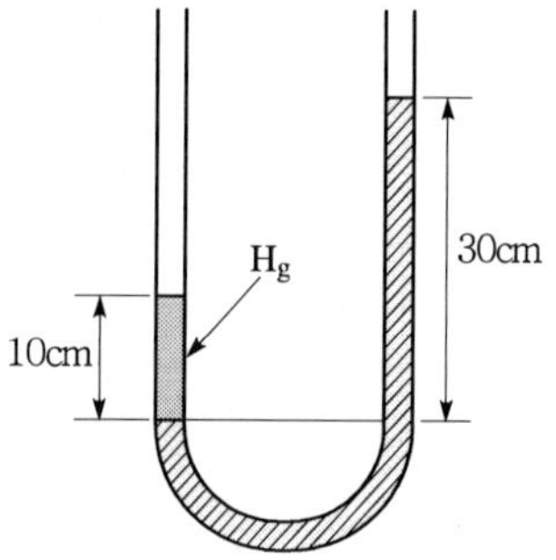

① 2.81 ② 4.53
③ 6.81 ④ 9.07

풀이 $P_B = P_C$

$P_B = 13.6 \times 0.1 = 1.36(\text{t/m}^2)$

$P_c = \gamma_s \times 0.3 = 0.3\gamma_s(\text{t/m}^2)$

따라서, $\gamma_s = \frac{1.36}{0.3} = 4.53\text{t/m}^3$

비중 $S = \frac{\gamma_s}{\gamma_w} = \frac{4.53}{1} = 4.53$

해 답

08 ④ 09 ③ 10 ②

11 레이놀즈 수가 1200인 물이 흐르는 원관에서 마찰계수(f)는 약 얼마인가?

① 0.053　　② 0.53
③ 5.33　　④ 53.3

풀이 층류조건에서 마찰계수는 레이놀즈의 함수 이므로

$$f=\frac{64}{Re}=\frac{64}{1200}=0.053$$

12 30℃의 물이 들어 있는 유리컵이 위쪽으로 9.8m/s^2로 가속되고 있는 엘리베이터에 놓여 있다. 유리컵 속의 물의 깊이는 100mm이다. 컵 바닥에서의 계기 압력은 약 몇 Pa인가?(단, 30℃의 물의 밀도는 $\rho=995\text{kg/m}^3$이다)

① 1076　　② 1950
③ 2149　　④ 3900

풀이 상승시 압력은 하강시보다 더 크게 작용하므로

$$p=\gamma h\left(1+\frac{a}{g}\right)=\rho gh\left(1+\frac{a}{g}\right)=995\times9.8\times0.1\left(1+\frac{9.8}{9.8}\right)=1950.2\text{Pa}$$

*단위유의 : $\rho\cdot g\cdot h=\text{kg/m}^3\cdot\text{m/s}^2\cdot\text{m}=\text{kg}\cdot\text{m/s}^2\cdot\frac{1}{\text{m}^2}=\text{N/m}^2=\text{Pa}$

13 어떤 물체가 공기 중에서의 무게는 1.5N이고, 물속에서의 무게는 1.1N이다. 이 물체의 비중은?

① 2.65　　② 1.65
③ 3.75　　④ 3.50

풀이 $S=\frac{\text{공기중무게}}{\text{공기중무게}-\text{수중무게}}=\frac{1.5}{1.5-1.1}=3.75$

해 답

11 ①　12 ②　13 ③

13 2009년 제1회 소방설비 산업기사

01 직경이 10mm인 노즐에서 방사압이 392kPa이라면 방수량은 약 몇 m^3/min인가?

① 0.402 ② 0.220
③ 0.132 ④ 0.002

풀이 $V = 14\sqrt{P}$

여기서, P : 노즐 방사압 (단위 : kg/cm^2)

V : 방사속도 (단위 : m/sec)

$P = 392kPa = 392 \times 1000N/m^2 = 392 \times 1000 \times \frac{1}{9.8} \times \frac{1}{10^4} = 4kg/cm^2$

$V = 14\sqrt{4} = 28m/s$

$Q = AV = \pi \times \frac{0.01^2}{4} \times 28 = 0.0022m^3/s = 0.132m^3/min$

02 물리량을 질량(M), 길이(L), 시간(T)의 기본차원으로 나타낼 때, 에너지의 차원은?

① ML^2T^{-2} ② $ML^{-1}T^{-2}$
③ $ML^{-1}T^{-1}$ ④ $ML^{-2}T^2$

풀이 에너지 또는 일 = 힘×거리 = $[F \cdot L] = [ML^2T^{-2}]$

03 수평으로 놓여진 노즐로부터 물이 대기 중으로 분출되고 있다. 이 노즐의 지름은 2cm이고 내부 계기압력은 700kPa이다. 순수한 운동량 변화로 인해 노즐에 작용하는 힘은 약 몇 N인가?

① 22.4 ② 44.9
③ 220 ④ 440

풀이 $P = 7kPa = 7000 \times 1000 \times \frac{1}{9.8} \times \frac{1}{10^4} = 7.14kg/cm^2$

$V = 14\sqrt{P} = 37.41m/s$

$Q = AV = \pi \times \frac{0.02^2}{4} \times 37.41 = 0.0117m^3/s$

$F = \rho QV = 1000 \times 0.0117 \times 37.4 = 440N$

해 답

01 ③ 02 ① 03 ④

04 $0.01539\text{m}^3/\text{s}$ 의 유량으로 지름 30cm인 주철관속을 비중 0.85, 점성계수 $\mu = 0.103\text{N} \cdot \text{s}/\text{m}^2$ 의 유체가 흐르고 있다. 길이 3000m에 대한 손실수두는 약 몇 m인가?

① 2.25
② 2.46
③ 2.62
④ 2.87

풀이 하젠-포아젤식을 이용하면

$$Q = \pi d^4 \frac{\gamma_w h_L}{128 \mu l} = \pi \times 0.3^4 \left[\frac{0.85 \times 1000 \times 9.8 \times h_L}{128 \times 0.103 \times 3000} \right] = 0.01539\text{m}^3/\text{s}$$

$h_L = 2.87\text{m}$

05 비중 0.86, 점성계수 $\mu = 0.027\text{N} \cdot \text{s}/\text{m}^2$인 기름이 안지름 45cm의 파이프를 통하여 0.3 m^3/s 의 유량으로 흐를 때 레이놀즈수는 얼마 정도인가?

① 1.9×10^4
② 2.11×10^4
③ 2.3×10^4
④ 2.7×10^4

풀이 $R_e = \dfrac{\rho VD}{\mu} = \dfrac{0.86 \times 1000 \times 1.89 \times 0.45}{0.027} = 27{,}090$

여기서, $V = \dfrac{Q}{A} = \dfrac{0.3}{\dfrac{\pi \cdot 0.45^2}{4}} = 1.89\text{m/s}$

$\mu = 0.027\text{N} \cdot \text{s}/\text{m}^2 = 0.027\text{kg/m} \cdot \text{s}$ $(\because 1N = 1\text{kg} \cdot \text{m/s}^2)$

06 수직으로 세워진 노즐에서 물이 20m/s의 속도로 쏘아 올려질 때 모든 손실이 무시된다면 물이 올라갈 수 있는 높이는 약 몇 m인가?

① 17.4
② 18.6
③ 19.7
④ 20.3

풀이 $V = 14\sqrt{P} = 20\text{m/s}$

$P = 2.04\text{kg/cm}^2$

$$h = \frac{P}{\gamma_w} = \frac{2.04 \times 10^4}{10^3} = 20.4\text{m}$$

해 답

04 ④ 05 ④ 06 ④

07 펌프로부터 1.5m 아래에 있는 물을 펌프 위 20m의 송출액면에 유량 $0.6\mathrm{m^3/min}$로 양수하고자 할 때 펌프에 공급하여야 할 동력은 약 몇 kW인가?(단, 관로의 손실수두는 3m이다.)

① 2.41 ② 3.31
③ 4.31 ④ 5.31

풀이 $P=\dfrac{\gamma QH}{102\eta}$

여기서, H는 전양정으로 $H=1.5+20+3=24.5\mathrm{m}$

따라서, 동력 $P=\dfrac{\gamma QH}{102\eta}=\dfrac{1000\times0.6\times24.5}{102\times60}=2.41kW$

08 비중 S인 액체의 액면으로부터 $h\mathrm{cm}$ 깊이에 있는 점의 계기압력은 수은주의 높이로 환산하면 약 몇 mm인가? (단, 수은의 비중은 13.6이다.)

① $13.6\cdot S\cdot h$ ② $\dfrac{1000\cdot S\cdot h}{13.6}$
③ $\dfrac{S\cdot h}{13.6}$ ④ $\dfrac{10\cdot S\cdot h}{13.6}$

풀이 $P=\gamma\cdot h=S\cdot\gamma_w\cdot h=13.6\cdot\gamma_w\cdot h_{수은}$

$h_{수은}=\dfrac{\mathrm{S\cdot h\cdot 10(mm)}}{13.6}$

09 그림과 같은 액주계에서 A점의 압력은 계기압력으로 약 몇 Pa인가?

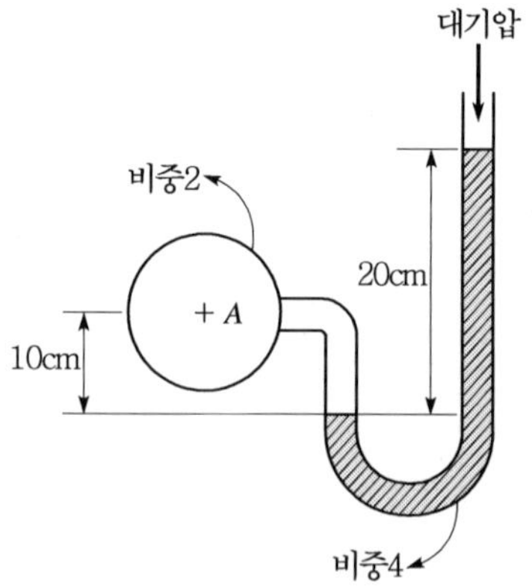

① 3900 ② 5880
③ 7850 ④ 9800

풀이 $P_B=P_A+2\times0.1$

$P_C=4\times0.2=0.8\mathrm{t/m^2}$

$P_B=P_C$이므로

$P_A=0.8-0.2=0.6\mathrm{t/m^2}$

$=0.6\times1000\times9.8\mathrm{N/m^2}=5880\mathrm{Pa}$

해 답

07 ① 08 ④ 09 ②

10 수력기울기선(HGL)을 올바르게 설명한 것은?

① 관로 중심에서의 압력수두에 속도수두를 더한 높이 점을 연결한 선
② 관로 중심에서의 압력수두, 속도수두, 위치수두를 모두 더한 높이 점을 연결한 선
③ 관로 중심에서의 위치수두에 속도수두를 더한 높이 점을 연결한 선
④ 관로 중심에서의 위치수두에 압력수두를 더한 높이 점을 연결한 선

풀이 에너지선 = 위치수두 + 압력수두 + 속도수두를 연결한 선
수력구배선 = 압력수두 + 속도수두를 연결한 선

11 임펠러의 직경이 같은 원심식 송풍기에서 회전수만 변화시킬 때 동력변화를 구하는 식으로 맞는 것은?(단, 변화 전후의 회전수를 N_1, N_2, 동력을 L_1, L_2로 표시한다.)

① $L_2 = L_1\left(\frac{N_2}{N_1}\right)^3$　　② $L_2 = L_1\left(\frac{N_1}{N_2}\right)^2$
③ $L_2 = L_1\left(\frac{N_1}{N_2}\right)^3$　　④ $L_2 = L_1\left(\frac{N_2}{N_1}\right)^2$

풀이 펌프 동력관련 상사법칙 $\frac{L_1}{L_2} = \left(\frac{D_1}{D_2}\right)^5 \frac{\gamma_1}{\gamma_2}\left(\frac{N_1}{N_2}\right)^3$에서 직경과 물의 단위중량은 동일하므로
$L_2 = L_1\left(\frac{N_2}{N_1}\right)^3$가 됨

12 어떤 유체의 비중량이 $A[\mathrm{N/m^2}]$이고 점성계수가 $B[\mathrm{N \cdot s/m^2}]$]이다. 동점성계수는 몇 $\mathrm{m^2/s}$인가?(단, g는 중력가속도이다.)

① $\frac{\mathrm{Bg}}{\mathrm{A}}$　　② $\frac{\mathrm{B}}{\mathrm{Ag}}$
③ $\frac{\mathrm{Ag}}{\mathrm{B}}$　　④ $\frac{\mathrm{A}}{\mathrm{Bg}}$

풀이 $\gamma = A(\mathrm{N/m^3})$
$\mu = B(\mathrm{N \cdot s/m^2})$
동점성계수 $\nu = \frac{\mu}{\rho} = \frac{\mu}{\left(\frac{\gamma}{g}\right)} = \mu\frac{g}{\gamma} = \frac{B\,g}{A}$

해 답

10 ④　11 ①　12 ①

14 2009년 제2회 소방설비 산업기사

01 공기 중에서 무게가 150N인 돌의 무게가 물속에서 70N이었다면 이 돌의 비중은 약 얼마인가?

① 1.67　　② 1.88　　③ 1.95　　④ 2.11

풀이 $비중 = \dfrac{공기중무게}{공기중무게 - 수중무게}$

$= \dfrac{150}{150-70} = 1.875 = 1.88$

02 지름 0.5m의 관속을 물이 평균속도 5m/s로 흐르고 있을 때 관의 길이 100m에 대한 마찰손실수두는 약 몇 m인가?(단, 관 마찰계수는 0.02이다)

① 5.1　　② 6.4　　③ 7.3　　④ 8.9

풀이 마찰손실수두 : $h_L = f\dfrac{l}{d}\dfrac{V^2}{2g}$

$h_L = 0.02 \cdot \dfrac{100}{0.5} \cdot \dfrac{5^2}{19.6} = 5.1\text{m}$

03 펌프의 입구에서 진공계의 압력은 −160mmHg, 출구에서 압력계의 계기압력은 300kPa, 송출유량은 $10\text{m}^3/\text{min}$일 때 펌프의 수동력은 약 몇 kW인가? (단, 진공계와 압력계사이의 수직거리는 2m이고, 흡입관과 송출관의 직경은 같으며, 손실은 무시한다.)

① 5.7　　② 56.8　　③ 557　　④ 3400

풀이 수동력 : 펌프내의 회전차의 회전에 의하여 펌프를 통과하는 액체에 주어지는 동력(펌프의 효율을 고려하지 않음)

진공압 $= \dfrac{160}{760} \times 101.3\text{kPa} = 21.33\text{kPa}$

계기압 $= 300\text{kPa}$

전체압력 $= 300 + 21.33 = 321.33\text{kPa}$

전체압력을 양정고(h)로 환산하면

$\text{h} = \dfrac{321.33\text{kPa}}{101.3\text{kPa}} \times 10.336\text{m} = 32.79\text{m}$

진공계와 압력계 사이의 거리가 2m이므로

전체 양정고 $\text{H} = 32.79\text{m} + 2\text{m} = 34.79\text{m}$

$\text{P}_\text{w}[\text{kW}] = \dfrac{\gamma \text{HQ}}{102 \times 60} = \dfrac{1000 \cdot 10 \cdot 34.79}{102 \cdot 60} = 56.8\text{kW}$

해 답

01 ②　　02 ①　　03 ②

04 피토관으로 측정된 동압이 두 배가 되면 유속은 몇 배인가?

① 2배 ② $\sqrt{2}$ 배 ③ 4배 ④ $\frac{1}{\sqrt{2}}$ 배

풀이 피토관내 유속 $V_1 = \sqrt{2gh}$

여기서, h : 동압에 의해 발생된 높이(수두차)

동압이 두 배이므로 높이(수두차)가 두배로 발생된다고 하면 $h = 2h$가 되므로

$V_2 = \sqrt{2g(2h)} = \sqrt{2}\sqrt{2gh} = \sqrt{2}\, V_1$

즉, $\sqrt{2}$ 배가 된다.

05 물리량을 질량(M), 길이(L), 시간(T)의 기본 차원으로 나타냈을 때 틀린 것은?

① 에너지 : ML^2T^{-2}
② 응력 : $ML^{-1}T^{-2}$
③ 운동량 : MLT^{-2}
④ 표면장력 : MT^{-2}

풀이 에너지 = 일 = $N \cdot m[FL] = [MLT^{-2}L] = [ML^2T^{-2}]$

응 력 = 힘/면적 = $F/A = [FL^{-2}] = [MLT^{-2}L^{-2}] = [ML^{-1}T^{-2}]$

운동량 = $(\Sigma F)dt = m(V_2 - V_1) = [MLT^{-1}]$

표면장력 = $N/m = [FL^{-1}] = [MLT^{-2}L^{-1}] = [MT^{-2}]$

06 유량측정 장치 중에서 단면이 점차로 축소 및 확대하는 관을 사용하여 축소부분에서 유체를 가속하여 압력 강하를 일으킴으로써 유량을 측정하는 것은?

① 오리피스 미터
② 벤츄리 미터
③ 로터미터
④ 위어

풀이 벤츄리미터 : 관내 유속, 유량을 결정하기 위해 베르누이 식을 응용한 유체계기로서 정확한 계측을 위하여 관직경의 약 30배가 되는 직선관을 상류부에 가져야 한다.

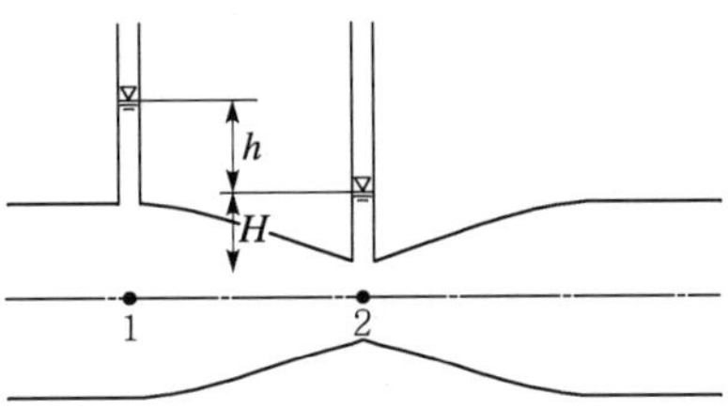

해 답

04 ④ 05 ③ 06 ②

07 그림과 같이 탱크에 비중이 0.8인 기름과 물이 들어있다. 벽면 AB에 작용하는 유체(기름과 물)에 의한 힘은 약 몇 kN인가? (단, 벽면 AB의 폭(Y방향)은 1m이다.)

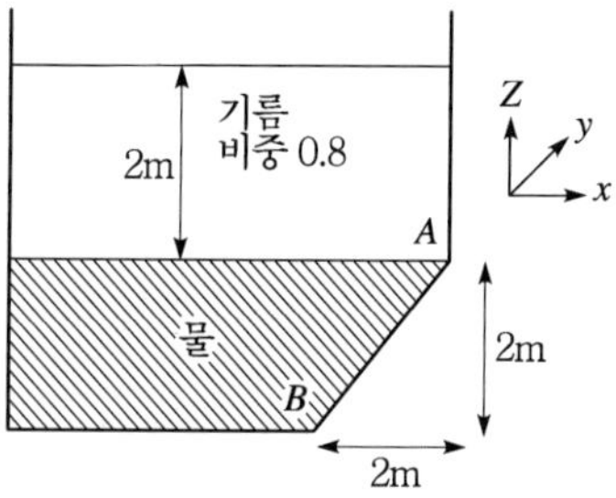

① 50 ② 72

③ 82 ④ 96

풀이 $P_1 = \gamma \cdot h = S \cdot \gamma_w \cdot h = 0.8 \cdot 1 \cdot 2 = 1.6t/m^2$

$P_2 = \gamma \cdot h = 0.8 \cdot 1 \cdot 2 + 1 \cdot 2 = 3.6t/m^2$

벽면에 작용하는 전체 힘 (F)

$F = 1.6 \times 2.83 \times 1 + \frac{1}{2} \times 2 \times 2.83 \times 1 = 7.358ton = 72.1kN$

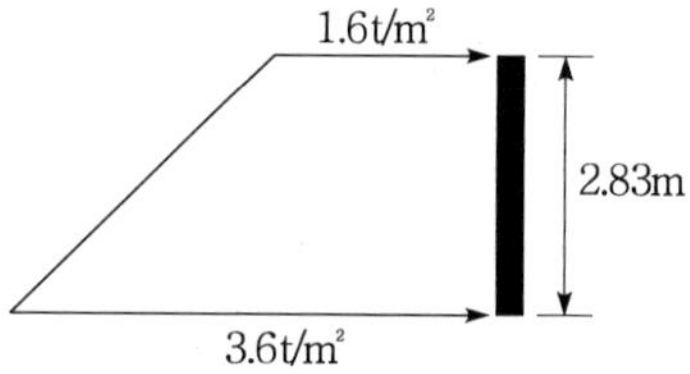

08 점성계수 0.2 $N \cdot s/m^2$, 밀도 800kg/m^3인 유체의 동점성계수는 몇 m^2/s 인가?

① 2.5×10^{-4} ② 2.5

③ 2.5×10^2 ④ 2.5×10^4

풀이 동점성계수 $\nu = \frac{\mu}{\rho}$ 에서

$$\nu = \frac{0.2N \cdot s/m^2}{800kg/m^3} = \frac{0.2(kg \cdot m/s^2) \cdot s/m^2}{800kg/m^3} = \frac{0.2kg/m \cdot s}{800kg/m^3}$$

$= 0.00025m^2/sec$

$= 2.5 \times 10^{-4}m^2/sec$

09 유체의 흐름에 적용되는 다음과 같은 베르누이 방정식에 관한 설명으로 옳은 것은?

(단, γ : 비중량, P : 압력, V : 속도, Z : 높이) $\frac{P}{\gamma} + \frac{V^2}{2g} + Z = C$ (일정)

① 비정상상태의 흐름에 대해 적용된다.

② 동일한 유선상이 아니더라도 흐름 유체의 임의점에 대해 항상 적용된다.

해 답

07 ② 08 ① 09 ④

③ 흐름 유체의 마찰효과가 충분히 고려된다.

④ 압력수두, 속도수두, 위치수두의 합이 일정함을 표시한다.

풀이 전수두(H) = 위치수두 + 압력수두 + 속도수두 = 일정

*베르누이방정식 가정조건

1) 정상유동일 것

2) 동일 유선상의 두 점일 것

3) 마찰이 없는 이상유체일 것

10 수격현상에 대한 다음 설명 중 틀린 것은?

① 수격현상은 유체의 유속변화로 인한 압력변화에 의해 발생한다.

② 밸브의 급개방 혹은 급폐쇄시 발생한다.

③ 서지 탱크를 설치함으로써 수격현상을 방지할 수 있다.

④ 관 내 유속이 느린 경우에 잘 발생한다.

풀이 – 수격현상

1) 정의 : 배관내를 흐르는 유체의 유속을 급격하게 변화시킬 때 압력이 상승 또는 하강하여 관로의 벽면을 치는 현상

2) 발생원인

① 펌프가 갑자기 정지할 때

② 급히 밸브를 개폐할 때

③ 정상운전시 유체의 압력변동이 생길 때

3) 방지 대책

① 관경을 크게 한다.

② 관내의 유속을 낮게 한다.

③ 조압수조를 관선에 설치한다.

④ 플라이휠을 설치한다.

⑤ 펌프송출구(토출구) 가까이에 밸브를 설치한다.

⑥ 에어챔버를 설치한다.

– 관내 유속이 빠를수록 수격현상이 발생될 가능성이 큼

해 답

10 ④

11 다음 그림은 단면적이 A와 2A인 U자형 관에 밀도 d인 기름을 담은 모양이다. 지금 그 한쪽관에 관벽과는 마찰이 없는 물체를 기름 위에 놓았더니 두 관의 액면차가 h_1으로 되어 평형을 이루었다. 이 때 이 물체의 질량은?

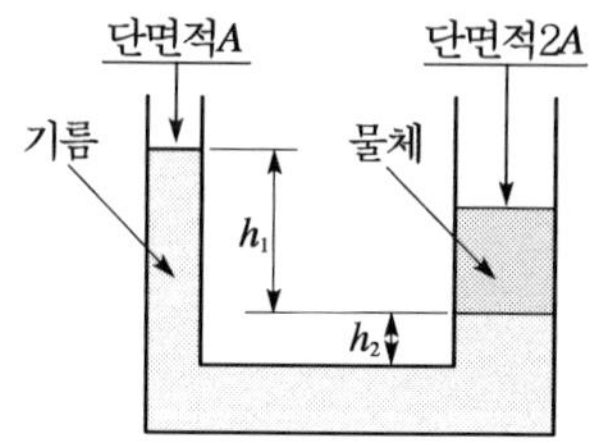

① Ah_1d
② $2Ah_1d$
③ Ah_1d+Ah_2d
④ $2(Ah_1d+Ah_2d)$

풀이 동일 액체경계면에서의 압력은 동일하므로
동일 액체 경계면상 두 점을 B, C라 하면

$P_B=P_C$

$P_B=\dfrac{F_B}{A}=\dfrac{dh_1\cdot A}{A}$, $P_C=\dfrac{F_C}{2A}=\dfrac{W}{2A}$

$\dfrac{dh_1\cdot A}{A}=\dfrac{W}{2A}$

따라서, $W=2Ah_1d$

해 답

11 ②

15 2009년 제4회 소방설비 산업기사

01 다음과 그림과 같이 단면 1, 2에서 수은의 높이 차가 h(m)이다. 압력차 $P_1 - P_2$는 몇 Pa인가? (단, 축소관에서 부차적 손실은 무시하고 수은의 비중은 13.5, 물의 비중량은 $9800 N/m^3$이다.)

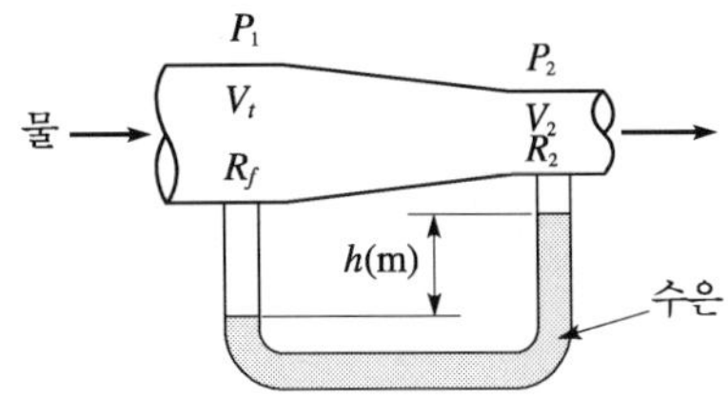

① 122500h　　② 12.25h
③ 132500h　　④ 13.25h

풀이 동일 액체의 수평면상 두 점을 B, C라 하면

$$P_B = P_1 + 9800h$$
$$P_C = P_2 + 13.5 \times 9800h$$
$P_B = P_C$이므로
$$P_1 + 9800h = P_2 + 132300h$$
$$P_1 - P_2 = 122500h$$

02 유체가 매끈한 원 관 속을 흐를 때 레이놀드 수가 1200이라면 관 마찰계수는 얼마인가?

① 0.0254　　② 0.00128
③ 0.0059　　④ 0.053

풀이 층류조건시 관마찰계수(f)는 레이놀드수의 함수이므로

$$f = \frac{64}{Re} = \frac{64}{1200} = 0.053$$

03 다음 설명 중 틀린 것은?

① 수중의 임의의 점이 받는 정수압의 크기는 수심이 깊어질수록 커진다.
② 정지 유체에서 한 점에 작용하는 압력은 모든 방향에서 같다.
③ 표준대기압은 그 지방의 고도에 따라 달라진다.
④ 계기압력은 절대압력에서 대기압을 뺀 값이다.

풀이 • 대기압 : 지구를 둘러싸고 있는 공기층의 무게에 의해 지구표면이 받는 압력으로 지구상의 고도, 온도, 시간에 따라 다르다.
• 표준대기압 : 평균해수면상에서 대기가 지구표면에 가하는 평균압력

해 답

01 ①　02 ④　03 ③

04 펌프의 일과 손실을 고려할 때 베르누이 수정방정식을 바르게 나타낸 것은?

(단, H_p, H_L은 펌프의 수두와 손실수두를 나타내며, 하첨자 1, 2는 각각 펌프의 전후 위치를 나타낸다.)

① $\dfrac{v_1^2}{2g}+\dfrac{P_1}{\gamma}+z_1+H_P=\dfrac{v_2^2}{2g}+\dfrac{P_2}{\gamma}+z_2+H_L$

② $\dfrac{v_1^2}{2g}+\dfrac{P_1}{\gamma}+z_1+H_P=\dfrac{v_2^2}{2g}+\dfrac{P_2}{\gamma}+H_L$

③ $\dfrac{v_1^2}{2g}+\dfrac{P_1}{\gamma}+H_P=\dfrac{v_2^2}{2g}+\dfrac{P_2}{\gamma}+z_2+H_L$

④ $\dfrac{v_1^2}{2g}+\dfrac{P_1}{\gamma}+z_1=\dfrac{v_2^2}{2g}+\dfrac{P_2}{\gamma}+H_L$

풀이 그림에서 나타난 바와 같이 좌측 수조에 담기 물의 전수두에 펌프의 수두를 합한 값에서 마찰손실수두를 뺀 값은 우측 수조의 물의 전수두와 같다.

즉, $\dfrac{v_1^2}{2g}+\dfrac{P_1}{\gamma}+z_1+H_P-H_L=\dfrac{v_2^2}{2g}+\dfrac{P_2}{\gamma}+z_2$

따라서, $\dfrac{v_1^2}{2g}+\dfrac{P_1}{\gamma}+z_1+H_P=\dfrac{v_2^2}{2g}+\dfrac{P_2}{\gamma}+z_2+H_L$

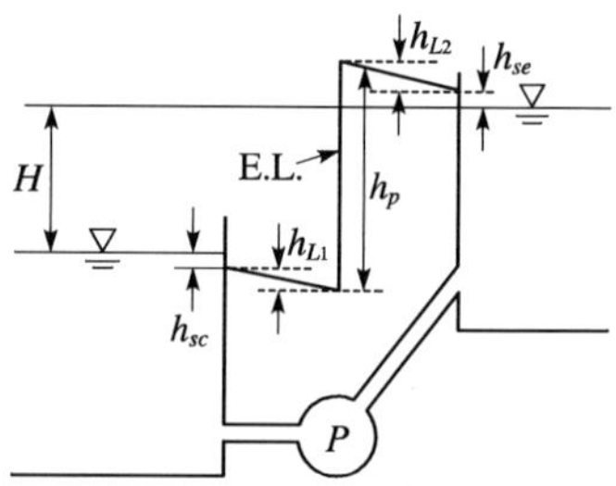

05 다음 중 절대단위계(MLT계)에서 힘의 차원을 바르게 표현한 것은?

(단, M : 질량, L : 길이, T : 시간)

① MLT^{-2}
② $ML^{-1}T^{-1}$
③ $ML^{-1}T^{-2}$
④ MLT

풀이 힘 $F=m\cdot a=kg\cdot m/s^2=[MLT^{-2}]$

따라서, $F=[MLT^{-2}]$

06 원관 속의 흐름에서 관의 직경, 유체의 속도, 유체의 밀도, 유체의 점성계수가 각각 D, V, ρ, μ로 표시될 때, 층류흐름의 마찰계수 f는 어떻게 표현될 수 있는가?

① $f=\dfrac{64\mu}{DV\rho}$
② $f=\dfrac{64\mu}{DV\mu}$

해 답

04 ① 05 ① 06 ①

③ $f=\dfrac{64D}{V\rho\mu}$ ④ $f=\dfrac{64}{DV\rho\mu}$

풀이 마찰손실수두 : $h_L=f\dfrac{l}{d}\dfrac{V^2}{2g}$

$f(\text{마찰계수})=\dfrac{64}{Re}=\dfrac{64}{\left(\dfrac{V\cdot D}{\nu}\right)}=\dfrac{64}{\left(\dfrac{V\cdot D}{\dfrac{\mu}{\rho}}\right)}=\dfrac{64}{\dfrac{\rho\cdot V\cdot D}{\mu}}=\dfrac{64\mu}{\rho VD}$

07 그림에서 1m×3m의 평판이 수면과 45° 기울어져 물에 잠겨 있다. 한쪽 면에 작용하는 유체력의 크기(F)와 작용점의 위치(y_f)는 각각 얼마인가?

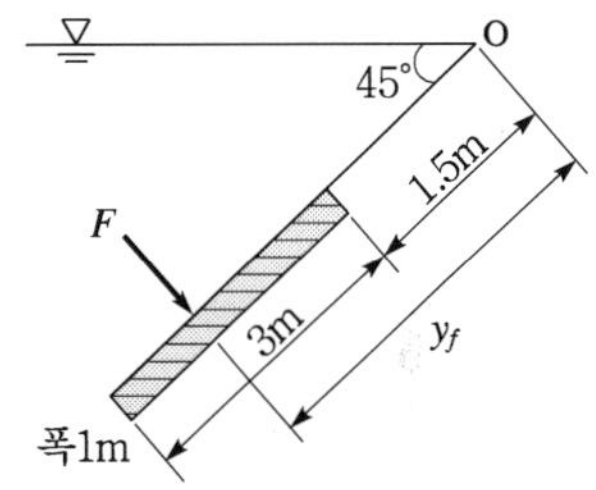

① F=62.4kN, yf=2.389m ② F=62.4kN, yf=3.25m
③ F=88.2kN, yf=3.25m ④ F=132.3kN, yf=4.67m

풀이 평판에 작용하는 압력(P)

$P1=\gamma h_1$
$=1.0\times1.5\sin45°$
$=1.06\text{t/m}^2$

$P2=\gamma h_2$
$=1.0\times4.5\sin45°$
$=3.18\text{t/m}^2$

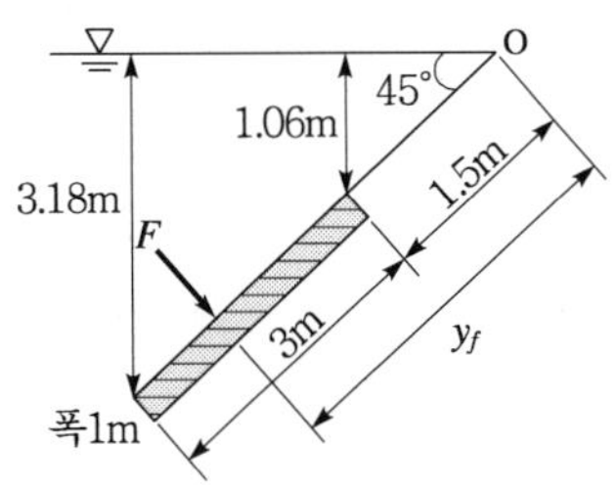

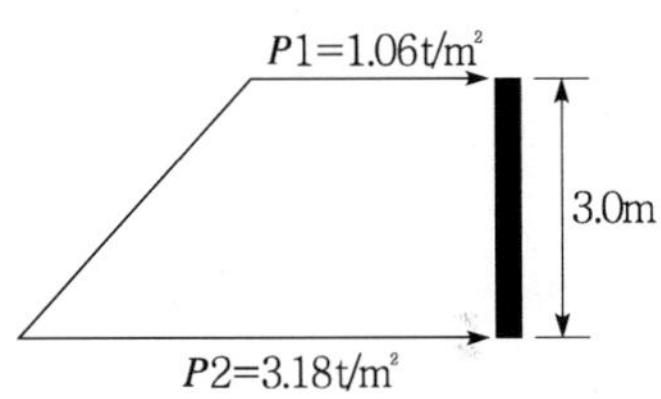

평판에 작용하는 힘(F)
$F=P\times A$이므로

$$F=(1.06+3.18)\times\frac{3}{2}\times1(\text{폭})=6.36\text{tonf}=6.36\times9.81=62.4\text{kN}$$

작용점의 위치(yf)

$$yf=\frac{I_x}{\bar{y}A}+\bar{y}$$

여기서, I_x : 도심에 관한 단면2차모멘트, $\bar{y}$: 면적에 대한 도심, A : 물체의 단면적

$$I_x=\frac{bh^3}{12}=\frac{1\times3^3}{12}=2.25\text{m}^4,\ \bar{y}=1.5+\frac{3}{2}=3.0\text{m}$$

따라서, $yf=\dfrac{I_x}{\bar{y}A}+\bar{y}=\dfrac{2.25}{3\times3}+3=3.25\text{m}$

해 답

07 ②

08 펌프의 캐비테이션을 방지하기 위한 방법으로 틀린 것은?

① 흡입양정을 짧게 한다.
② 흡입 손실 수두를 줄인다.
③ 펌프의 회전속도를 높여 흡입 속도를 크게 한다.
④ 2대 이상의 펌프를 사용한다.

풀이 펌프의 회전속도를 낮추어야 캐비테이션 현상을 방지할 수 있음

09 주사기로부터 연직 상방향으로 주사액이 분출될 때 주사기내, 주사기 바늘 끝, 주사액의 최고높이에서 주력 에너지를 표시한 것은?

① 운동에너지-압력에너지-포텐셜에너지
② 압력에너지-포텐셜에너지-운동에너지
③ 압력에너지-운동에너지-포텐셜에너지
④ 운동에너지-운동에너지-포텐셜에너지

풀이 주사기내 : 압력에너지
주사기 바늘 : 운동에너지
주사액의 최고 높이 : 포텐셜에너지(위치에너지)

10 토출량이 0.65$\mathrm{m^3/min}$인 펌프를 사용하는 경우 펌프의 축동력은 약 몇 kW인가?(단, 전양정은 40m이고, 펌프의 효율은 50%이다.)

① 4.25　　② 8.49　　③ 17.0　　④ 509

풀이 축동력$=\dfrac{\gamma \cdot Q \cdot H}{102 \cdot 60 \cdot \eta}(\mathrm{kW})=\dfrac{1000 \cdot 0.65 \cdot 40}{102 \cdot 60 \cdot 0.5}=8.49\mathrm{kW}$

11 낙구식 점도계에서 측정되는 점성계수(μ)와 낙구의 속도(V)의 관계는?

① $\mu \propto V$　　② $\mu \propto V^2$　　③ $\mu \propto \dfrac{1}{V}$　　④ $\mu \propto \dfrac{1}{\sqrt{V}}$

풀이 낙구식 점도계 : 스토크 법칙을 이용한 점성계수 측정
낙구의 속도는 유체의 점성계수와 반비례관계임
즉, $\mu \propto \dfrac{1}{V}$

해 답

08 ③　09 ③　10 ②　11 ③

16 2010년 제1회 소방설비 산업기사

01 비중이 0.89인 유체 35N의 체적은 약 몇 m^3인가?

① 0.13×10^{-3}　　② 2.43×10^{-3}
③ 3.03×10^{-3}　　④ 4.01×10^{-3}

풀이 비중과 밀도와의 관계에서

$$S=\frac{W/V}{W_w/V_w}=\frac{mg/V}{m_wg/V_w}=\frac{\gamma}{\gamma_w}=\frac{\rho}{\rho_w}$$

밀도 $\rho=0.89\times\rho_w=0.89\times1=0.89\text{g/cm}^3=890\text{kg/m}^3$

밀도 $\rho=\frac{W}{V}$ 이므로 $V=\frac{W}{\rho}=\frac{\frac{35\text{N}}{9.8(\text{kg}_\text{f})}}{890\text{kg/m}^3}=0.00401=4.01\times10^{-3}\text{m}^3$

02 간격이 5mm인 두 개의 평행평판 사이에 비중이 0.8, 동점성계수 $1.25\times10^{-4}\text{m}^2/\text{s}$ 인 유체가 채워져 있다. 한쪽 평판은 4m/s로 움직이고, 다른 쪽은 고정되어 있을 때, 판에 발생하는 평균 전단응력은 몇 Pa인가?

① 40　　② 60
③ 80　　④ 160

풀이 $\tau=\mu\frac{dv}{dy}$ 에서 τ는 전단응력이고, $\frac{dv}{dy}$가 속도경사임

동점성계수 $\nu=\frac{\mu}{\rho}$, 점성계수 $\mu=\rho\nu$ 이므로

$\tau=\rho\cdot\nu\cdot\frac{v}{y}$

$\tau=1.25\times10^{-4}\text{m}^2/\text{s}\times800\text{kg/m}^3\times\frac{4\text{m/s}}{0.005\text{m}}=80\text{kg/m}\cdot\text{s}^2=80\text{Pa}$

03 어느 일정 길이의 배관 속을 매분 200L의 물이 흐르고 있을 때의 마찰손실압력이 20kPa이었다면 동일 관에 물 흐름이 매분 300L로 증가할 경우 마찰손실압력은 약 몇 kPa인가?(단, 마찰손실 계산은 하젠-윌리엄스 공식을 따른다고 한다.)

① 32.35　　② 37.35
③ 42.34　　④ 47.35

해 답

01 ④　02 ③　03 ③

풀이 하젠-윌리엄스 방정식

$$\Delta P = 6.174 \times 10^4 \times \frac{Q^{1.85}}{C^{1.85} \times d^{4.87}}$$

ΔP : 배관 1m당 압력손실(Mpa · m)

Q : 관의 유량(l/min)

C : 조도

d : 관의 직경

관의 압력손실은 유량에 비례하므로 관계식을 이용해 풀이하면

20kPa : $(200L)^{1.85}$ = x : $(300L)^{1.85}$

$x = 42.34$kPa

04 액체 속에 경사지게 잠겨있는 평판의 윗면에 작용하는 압력 힘의 작용점에 대한 설명 중 맞는 것은?

① 경사진 평판의 도심에 있다.

② 경사진 평판의 도심보다 아래에 있다.

③ 경사진 평판의 도심보다 위에 있다.

④ 경사진 평판의 도심과는 관계가 없다.

풀이 평판에 작용하는 압력의 작용점 y_d

$$y_d = \frac{I_c}{\bar{y}A} + \bar{y}$$

여기서, I_c : 도심에 대한 단면 2차 모멘트

$\bar{y}$: 평판 면적의 도심

따라서 경사진 평판에 작용하는 압력의 중심은 평판의 도심보다 항상 아래에 위치하게 됨.

05 그림과 같은 U자관 차압마노미터가 있다. 비중 S1=0.9, S2=13.6, S3=1.2이고 h1=10cm, h2=30cm, h3=20cm일 때 $P_A - P_B$는 얼마인가?

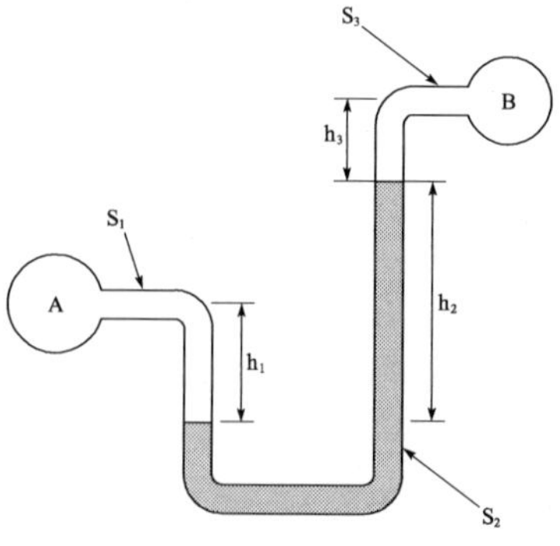

① 41.5kPa ② 28.8kPa

③ 41.5Pa ④ 28.8Pa

풀이 동일액체 내에서 가상의 임의 수평면상 두점을 C, D라 하면

$p_c = p_D$

$p_c = p_A + \gamma_1 h_1 = p_A + 0.9 \times h_1$

$p_D = p_B + \gamma_3 h_3 + \gamma_2 h_2$

해 답

04 ② 05 ①

$$P_A - P_B = \gamma_2 h_2 + \gamma_3 h_3 - \gamma_1 h_1$$
$$= 13.6 \times 0.3 + 1.2 \times 0.2 - 0.9 \times 0.1 (\mathrm{t/m^2})$$
$$= 4.23 \mathrm{t/m^2}$$

이것을 단위환산하면

$$\frac{4.23\mathrm{t/m^3}}{10.332\mathrm{t/m^2}} \times 101.325\mathrm{kPa} = 41.48\mathrm{kPa}$$

06 관 속의 부속품을 통한 유체 흐름에서 관의 등가길이(상당길이)를 표현하는 식은?(단, 부차 손실계수 K, 관지름 d, 관마찰계수 f)

① Kfd
② $\frac{fd}{K}$
③ $\frac{Kd}{f}$
④ $\frac{Kf}{d}$

풀이 등가길이 $\leq = \frac{Kd}{f}$

여기서, K : 부차적 손실계수
d : 관지름
f : 관마찰계수
(참조 : 등가길이란 덕트, 관 등에 대해서 밸브나 굴곡부의 마찰저항을 고려한 직선관으로 대치했을 때의 관의 길이로 이론상의 관 길이임)

07 지름 250mm 관속을 평균속도 1.2m/s로 유체가 흐르고 있다. 이 유동이 층류라면 관 속에서의 최대속도는 몇 m/s가 되겠는가?

① 0.6
② 1.2
③ 2.4
④ 3.0

풀이 관속의 물의 흐름이 층류일 경우 평균속도는 최대속도의 1/2이 됨

즉, $v = \frac{1}{2} v_{\max}$

$v_{\max} = 2 \times v = 2 \times 1.2 = 2.4\mathrm{m/s}$

해 답

06 ③ 07 ③

08 높이 40m의 저수조에서 15m의 저수조로 직경 45cm, 길이 600m의 주철관을 통해 물이 흐르고 있다. 유량은 $0.25\text{m}^3/\text{sec}$이며 관로 중의 터빈에서 29.4kW의 동력을 얻는다면 관로의 손실수두는 약 몇 m인가?(단, 터빈의 효율은 100%이다)

① 12　　② 13
③ 14　　④ 15

풀이 터빈의 동력을 kW단위로 나타내면

$$p = \frac{\gamma Q h_s}{102\eta} = \frac{1000 \cdot 0.25 \cdot h_s}{102 \cdot 1} = 29.4\text{kW}$$

$h_s = 12.0\text{m}$

저수조 내 물의 깊이는 동일하다고 보면

$P_1 = P_2,\ Z_1 = 40\text{m},\ Z_2 = 15\text{m}$

저수조 내 물의 속도는 매우 작기 때문에 $V_1 = V_2 = 0$로 가정한다.

두 저수조에 대해 베르누이 방정식을 적용하면

$$\frac{P_1}{\gamma} + \frac{V^2_1}{2g} + Z_1 = \frac{P_2}{\gamma} + \frac{V^2_2}{2g} + Z_2 + h_L + h_s$$

여기서 h_L : 관로에 발생된 손실두두

h_s : 터빈에 발생된 에너지수두

$$\frac{P_1}{\gamma} + 0 + 40 = \frac{P_2}{\gamma} + 0 + 15 + h_L + 12$$

관로손실 $h_L = 40 - 12 - 15 = 13\text{m}$

09 글라우지우스 부등식이 기술하는 열역학법칙은?

① 제0법칙　　② 제1법칙
③ 제2법칙　　④ 제3법칙

풀이 열역학 제2법칙 : 엔트로피는 항상 증가하는 방향으로 변하며, 결국에는 엔트로피가 극대값을 가지는 평형상태에 도달한다.
글라우지우스(독일의 물리학자)가 처음 수학적으로 표현하였고 그 후 켈빈-플랑크가 설명하였음.

해 답

08 ②　　09 ③

10 유체의 부력을 설명한 것으로 옳은 것은?

① 물체에 의해 배제된 액체의 밀도와 같다.
② 물체에 의해 배제된 액체의 비체적과 같다.
③ 물체에 의해 배제된 액체의 비중량과 같다.
④ 물체에 의해 배제된 액체의 무게와 같다.

풀이 - 부력 : 수중에 잠겨있는 부분의 체적만큼 배제된 물의 무게와 같은 상향력을 말한다.
- 아르키메데스의 원리 : 수중에 잠겨있는 물체의 무게는 그 물체가 배제한 물의 무게만큼 가벼워진다는 것을 말하며 부력의 원리를 설명한다.

11 그림과 같이 수평면에서 60° 경사진 직경 10cm의 원관에서 물이 출구속도 7m/s로 분출될 때 물의 최고높이(H)에서 물기둥의 직경은 약 몇 cm인가? (단, 유동단면에서의 물의 속도는 균일하고, 공기저항은 무시한다.)

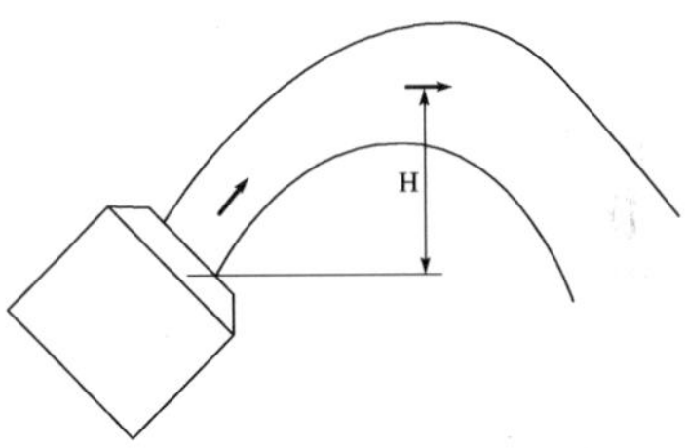

① 12.1　　② 14.1
③ 16.2　　④ 18.2

풀이 포물선 운동에서 최고 높이에서 유속은 x방향만 존재하므로

$V_x = V\cos\theta$, $V_y = 0$

$V_x = 7\cos 60 = 3.5\text{m/s}$

$Q = A_1 V_1 = A_2 V_2 = \frac{\pi}{4} \times d_1^2 \times V_1 = \frac{\pi}{4} \times d_2^2 \times V_2$

$d_2 = d_1 \times \sqrt{\frac{V_1}{V_2}} = 10 \times \sqrt{\frac{7}{3.5}} = 14.14\text{cm}$

12 이상기체에 대한 다음의 설명 중 틀린 것은?

① 엔탈피는 온도만의 함수이다.
② 정압비열은 온도와 압력의 함수로 볼 수 있다.
③ 내부에너지는 온도만의 함수이다.
④ 엔트로피는 온도와 압력의 함수로 볼 수 있다.

풀이 이상기체의 정의
- 이상기체 법칙을 따른다.(PV=nRT)
- 분자들은 뉴턴의 운동법칙을 따른다.
- 엔트로피, 내부에너지는 온도만의 함수이다.
- 엔트로피는 온도와 압력의 함수로 볼 수 있다.

해 답

10 ②　　11 ③　　12 ②

13 지름 75mm인 원관 속을 평균속도 2m/s로 물이 흐르고 있을 때 질량 유량은 약 몇 kg/s인가?

① 10.2 ② 9.6 ③ 9.2 ④ 8.8

풀이 질량유량 = 밀도(ρ)×면적(A)×유속(v) 이므로

질량유량(m) = $\rho A v = \frac{\pi}{4}0.075^2(\mathrm{m}^2)\times 2(\mathrm{m/s})\times 1000(\mathrm{kg/m}^3) = 8.83\mathrm{kg/s}$

14 어떤 펌프가 1000rpm으로 회전하여 전양정 10m에 $0.5\mathrm{m}^3/\mathrm{min}$의 유량을 방출한다. 이 펌프가 2000rpm으로 운전된다면 유량은 몇 $\mathrm{m}^3/\mathrm{min}$이 되겠는가?

① 1.0 ② 0.75 ③ 0.5 ④ 1.25

풀이 상사법칙 $\frac{Q_2}{Q_1} = \frac{N_2}{N_1}$

유량 $Q_2 = Q_1 \times \frac{N_2}{N_1}$

$= 0.5 \times \frac{2000}{1000} = 1.0\mathrm{m}^3/\mathrm{min}$

15 유효낙차가 65m이고, 유량이 $20\mathrm{m}^3/\mathrm{s}$인 수력발전소에서 수차의 이론 출력은 약 몇 kW인가?

① 12,740 ② 1,300 ③ 12.74 ④ 1.3

풀이 $\mathrm{P_w[HP]} = \frac{\gamma \mathrm{HQ}}{75\times\eta}$, $\mathrm{P_w[kW]} = \frac{\gamma \mathrm{HQ}}{102\times\eta}$

$\mathrm{P_w[kW]} = \frac{\gamma \mathrm{HQ}}{102\times\eta} = \frac{1000\times 20\times 65}{102} = 12{,}745\mathrm{kW}$

16 펌프에서 공동현상이 발생할 때 나타나는 현상이 아닌 것은?

① 소음과 진동 ② 양정곡선 저하
③ 효율곡선 증가 ④ 펌프의 침식

풀이 공동현상으로 인해 발생되는 현상
- 공동현상이 발생하면 기포는 펌프의 토출부위에서 급격히 파괴되면서 주위에 충격을 줌
- Cavitation에 의한 피해는 고온, 고압의 충격파를 발생시켜 소음, 진동, 재료의 피로현상, 부식 등의 원인을 제공.
- 펌프의 성능저하(양정, 토출량, 효율감소)

해 답

13 ④ 14 ① 15 ① 16 ③

17 2010년 제2회 소방설비 산업기사

01 단단한 탱크 속에 300kPa, 0℃의 이상기체가 들어 있다. 이것을 100℃까지 가열하였을 때, 압력상승은 약 몇 kPa인가?

① 110 ② 210
③ 410 ④ 710

풀이 보일-샤를의 법칙에서 $\frac{P_1V_1}{T_1}=\frac{P_2V_2}{T_2}$

체적이 일정하므로 $\frac{P_1}{T_1}=\frac{P_2}{T_2}$

가열 후의 압력을 P_2라 하면

$P_2=300\times\frac{273+100(K)}{273+0(K)}=409.9\text{kPa}$

압력의 변화(상승)

$\Delta P=P_2-P_1=409.9-300=109.9\text{kPa}$

02 펌프의 공동현상에 관한 설명으로 틀린 것은?

① 소음과 진동이 생긴다.
② 펌프의 효율이 상승된다.
③ 깃에 부식이 생긴다.
④ 양정과 동력이 급격히 저하한다.

풀이 공동현상으로 인해 발생되는 현상

- 공동현상이 발생하면 기포는 펌프의 토출부위에서 급격히 파괴되면서 주위에 충격을 줌
- Cavitation에 의한 피해는 고온, 고압의 충격파를 발생시켜 소음, 진동, 재료의 피로현상, 부식 등의 원인을 제공.
- 펌프의 성능저하(양정, 토출량, 효율감소)

해 답

01 ① 02 ②

03 다음 그림에서 A점의 절대압력은 약 몇 kPa인가?

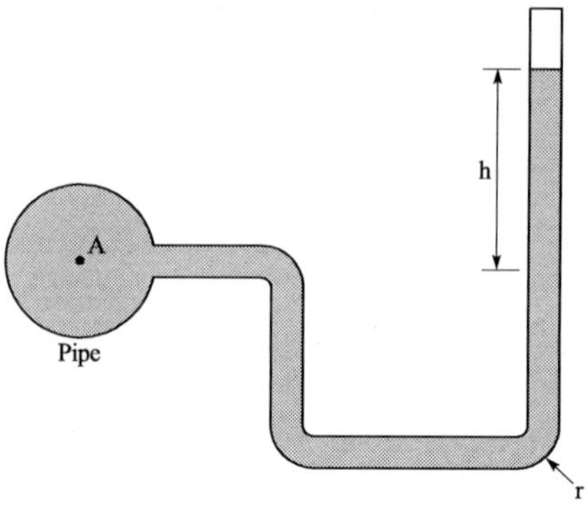

① 101.3
② 103.2
③ 110.3
④ 114.6

풀이 절대압력 = 대기압 + 계기압
대기압 = 101.3 kPa
계기압(p) = γh

$$= \frac{13.6\text{g/cm}^3 \times 10\text{cm} \times 10^{-3}\text{kg}}{1.0332\text{kg/cm}^2} = 13.3\text{kPa}$$

따라서, 절대압력 = 101.3 + 13.3 = 114.6kPa

04 지름 2cm인 소방노즐에서 물이 50m/s로 화재가 난 자동차에 분사된다. 이 때 자동차가 10m/s로 움직이고 있다면 분사되는 물이 자동차에 가하는 힘은 약 몇 N인가?

① 784
② 78.4
③ 502
④ 50.2

풀이 속도 u로 움직이는 물체에 속도 V의 분류가 충돌할 때 물체에 가해지는 상대속도 $V-u$이다.

$V_1 = V-u$

$V_2 = 0$

$$F = \rho Q(V-u) = 1000 \times \pi \times \frac{0.02^2}{4} \times (50-10) \times 40$$

$= 502.65\text{N}$

05 유체의 밀도를 ρ, 비중량을 γ, 중력가속도를 g라 할 때, 이들 사이의 관계는?

① $\gamma = \rho \cdot g$
② $\rho = \gamma \cdot g$
③ $\rho = \dfrac{g}{\gamma}$
④ $\gamma = \dfrac{\rho}{2g}$

풀이 비중량 $\gamma = \rho \cdot g$

해 답

03 ④ 04 ③ 05 ①

06 그림에서 모든 손실과 표면 장력의 영향을 무시할 때 분류에서 반지름 r의 값은? (단, H는 일정하게 유지된다.)

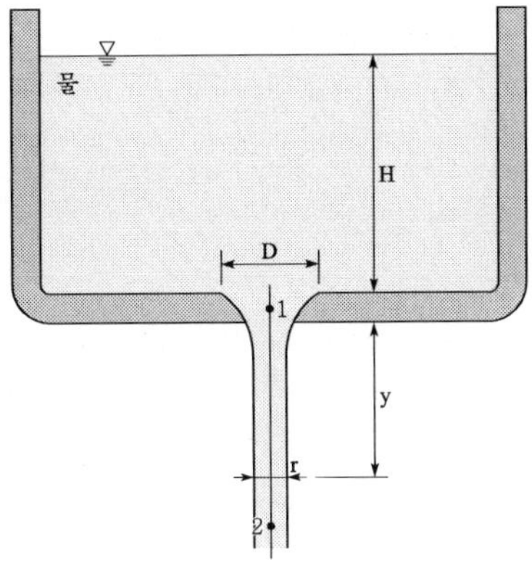

① $r=\dfrac{\pi D^2}{4}\left(\dfrac{H+y}{H}\right)^{1/2}$　② $r=\dfrac{D}{2}\left(\dfrac{H}{H+y}\right)^{1/4}$

③ $r=\dfrac{D}{4}\left(\dfrac{H+y}{H}\right)^{1/4}$　④ $r=\dfrac{D}{2}\left(\dfrac{H+y}{H}\right)^{1/2}$

풀이 유속 $V_1=\sqrt{2gH}$, $V_2=\sqrt{2g(H+y)}$

연속방정식에 의해 $Q=A_1V_1=A_2V_2$ 이므로

$$\frac{\pi}{4}\times D^2\times\sqrt{2gH}=\pi r^2\sqrt{2g(H+y)}$$

$$r^2=\frac{D^2}{4}\sqrt{\frac{H}{H+y}}$$

$$r=\frac{D}{2}\left(\frac{H}{H+y}\right)^{1/4}$$

07 U자관에 수은이 채워져 있다. 여기서 어떤 액체를 넣었을 때 이 액체 24cm 수은 10cm가 평형을 이루었다면 이 액체의 비중은 얼마인가? (단, 수은의 비중은 13.6이다)

① 5.7　② 5.8　③ 5.9　④ 6.0

풀이 $\gamma_1 h_1=\gamma_2 h_2$ 이므로

$$\gamma_2=\frac{\gamma_1 H_1}{h_2}=\frac{13.6\times10}{24}=5.67$$

08 비원형인 관내의 수두손실을 계산할 때, 원형관의 직경으로 환산하기 위해 비원형관의 수력직경을 $D_k=\dfrac{4A}{P}$(A : 단면적의 크기, P : 접수길이)로 정의하여 사용한다. 가로, 세로의 길이가 각각 W와 H인 직사각형 덕트의 수력직경은?

① $\dfrac{WH}{W+H}$　② $\dfrac{2WH}{W+H}$　③ $\dfrac{W+H}{WH}$　④ $\dfrac{W+H}{2WH}$

풀이 수력반경(R_h)

$$R_h=\frac{D_k}{4}\text{ 이므로 } D_k=4R_h$$

$$D_k=4R_h=\frac{4A}{P}=\frac{4WH}{2(W+H)}=\frac{2WH}{W+H}$$

해 답

06 ②　07 ①　08 ②

09 온도 60℃, 압력 100kPa인 산소가 지름 10mm인 관속을 흐르고 있다. 임계 레이놀드수가 2100일 때 층류로 흐를 수 있는 최대 평균속도는 몇 m/s인가?(단, 점성계수는 $\mu = 23\times10^{-6}\text{kg/m}\cdot\text{s}$ 이고 기체상수 $R = 260\text{N}\cdot\text{m/kg}\cdot\text{K}$ 이다.)

① 4.18　② 5.72　③ 7.12　④ 8.73

풀이 압력 $P=\rho RT$이므로

밀도 $\rho = \dfrac{P}{RT} = \dfrac{100\times1000(\text{N/m}^2)}{260(N\cdot\text{m/kg}\cdot\text{K})\times(273+60)(\text{K})} = 1.155\text{kg/m}^3$

임계레이놀드수가 2100이므로

$Re = \dfrac{\rho vd}{\mu} = 2100$

$2100 = \dfrac{0.01\text{m}\times\text{v}\times1.155(\text{kg/m}^3)}{23\times10^{-6}\text{kg/m}\cdot\text{s}}$

따라서 $v = 4.18\text{m/s}$

10 안지름 15cm인 원관 내를 흐르는 유량을 알기 위해서 그림과 같이 피토관을 중심축에 설치하였더니 정압관과 동압관의 수면차가 15cm였다. 관의 평균유속이 중심측 속도의 0.8배라면 이 관을 통해 흐르는 유량은 약 몇 m^3/s 인가?

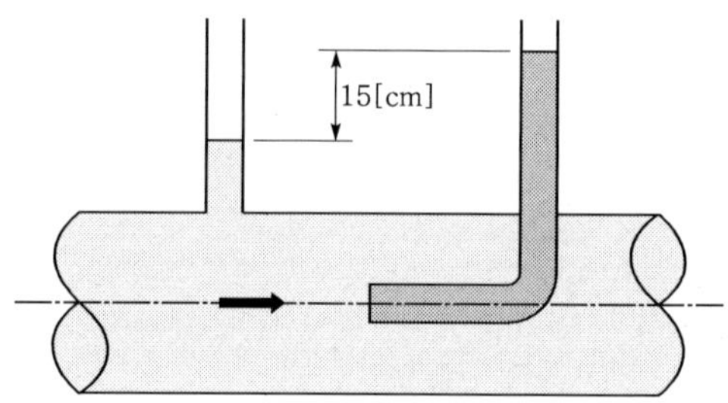

① 0.0242　② 0.0122

③ 0.0363　④ 0.0498

풀이 유속 $v = \sqrt{2gh}$ 이므로

$v = \sqrt{2\times9.8\times0.15} = 1.7146\text{m/s}$

평균유속 = 중심유속 × 0.8

평균유속 = 1.7146 × 0.8 = 1.3717m/s

유량 $Q = Av = \dfrac{\pi\cdot0.15^2}{4}\times1.3717 = 0.0242\text{m}^3/\text{s}$

11 매분 1400 회전하는 펌프가 12.6m의 양정에 대하여 $0.7\text{m}^3/\text{s}$ 의 유량을 방출한다. 상사법칙을 만족하면서 매분 1450 회전할 경우 양정은 약 몇 m인가?

① 10.6　② 12.6

③ 13.5　④ 14.8

해 답

09 ①　10 ①　11 ③

풀이 펌프의 상사법칙을 이용하여 풀면

전양정비 $\frac{H_2}{H_1}=\left(\frac{N_2}{N_1}\right)^2\times\left(\frac{D_2}{D_1}\right)^2$

여기서, N : 펌프 회전수

D : 회전차 내경

$$H_2=H_1\times\left(\frac{N_2}{N_1}\right)^2=12.6\times\left(\frac{1450}{1400}\right)^2=13.51\text{m}$$

12 구형기구의 반지름이 5m이고 내부압력이 100kPa, 온도가 20℃일 때 기구 내의 공기의 질량은 몇 kg인가?(단, 공기의 기체상수는 287j/kg · K이다.)

① 10.6　② 12.6
③ 13.5　④ 14.8

풀이 구의 체적 $V=\frac{\pi d^3}{6}=\frac{\pi 10^3}{6}=523.6\text{m}^3$

질량 $G=\frac{PV}{RT}=\frac{100\times10^3\times523.6}{287\times(273+20)}=622.66\text{kg}$

13 효율 80%의 펌프가 물을 전양정 20m, 중량유량 0.7kN/s로 송출하는 데 필요한 축동력은 몇 kW인가?

① 12.5　② 14.0
③ 16.0　④ 17.5

풀이 축동력 $L=\frac{20\text{m}\times0.7\text{kN/s}}{0.8}=17.5\text{kW}$

14 체적유량에 대한 설명으로 틀린 것은?

① 단면적이 일정할 때 속도에 비례한다.
② 단위면적당 질량유량을 나타낸다.
③ 체적유량의 차원은 L^3T^{-1}(L : 길이, T : 차원)이다.
④ 체적유량의 단위에는 m^3/s 이 있다.

풀이 체적(용량)유량

$Q=AV$이므로 단면적이 일정할 때 속도에 비례함

단위 : m^3/s, 차원 : $[L^3T^{-1}]$

해 답

12 ③　13 ④　14 ②

15 너비 2m, 높이 4m인 직사각형 수문이 수면과 수직으로 놓여있다. 수문 위 끝이 수면아래 2m 지점에 있다면 이 수문에 가해지는 압력중심은 수면으로부터 약 몇 m 지점인가? (단, 대기압은 무시한다.)

① 3.67 ② 4.0

③ 4.33 ④ 5.55

풀이 평판에 작용하는 압력의 작용점 y_d

$$y_d = \frac{I_c}{\bar{y}A} + \bar{y}$$

여기서, I_c : 도심에 대한 단면 2차 모멘트

$\bar{y}$: 평판 면적의 도심

$$y_d = \frac{\frac{2\times 4^3}{12}}{1\times(2\times 4)} + 1 = 2.33\text{m}$$

수면과 수면의 높이는 2m이므로 수면으로부터 수면에 가해지는

압력의 중심= 2+2.33 = 4.33m

해 답

15 ③

18 2010년 제4회 소방설비 산업기사

01 37.5℃인 원유가 $30\text{m}^3/\text{min}$로 원관을 흐르고 있다. 층류로 흐를 수 있는 관의 최소 직경은 몇 m인가? (단, 37.5℃에서 원유의 동점성계수는 $6\times10^{-5}\text{m}^2/\text{s}$이고, 하임계 레이놀드수는 2,100이다.)

① 6.43 ② 5.05 ③ 2.53 ④ 1.26

풀이 $Re = \dfrac{vD}{\nu} = \dfrac{Q/A\times D}{\nu} = \dfrac{4Q}{\pi D\nu}$

$$D = \frac{4Q}{Re\pi\nu} = \frac{4\times(30/60\text{sec})}{2100\times\pi\times6\times10^{-5}} = 5.05\text{m}$$

02 직경 150mm의 실린더 내를 피스톤이 150mm움직여서 질량 50g의 작동 유체를 흡입할 때 작동 유체의 비체적은 약 몇 m^3/kg인가?

① 0.039 ② 0.045 ③ 0.048 ④ 0.053

풀이 비체적 $V_s = \dfrac{1}{\rho} = \dfrac{1}{\text{kg/m}^3} = \text{m}^3/\text{kg} = \dfrac{\text{A}\times\text{L}}{\text{kg}}$

$$= \frac{\frac{\pi}{4}\times0.15^2\times0.15}{0.05} = 0.053\text{m}^3/\text{kg}$$

03 단면적이 변하는 수평 원관 내부를 밀도가 1000kg/m^3인 유체가 흐르고 있다. 안지름이 300mm인 곳과 100mm인 곳의 압력차가 14.7kPa일 때 유량은 몇 m^3/s인가?(단, 유량계수 $C_v = 0.7$이고, 손실은 무시한다)

① 0.03 ② 0.3 ③ 3 ④ 30

풀이 유량 $Q = C_v A V$

$$V = \sqrt{2gh} = \sqrt{2g(\Delta P/\gamma)}$$

$$\Delta P = 14.7\text{kPa} = \frac{14.7}{101.3}\times10{,}332\text{kg/m}^2 = 1499.3\text{kg/m}^3$$

$$Q = C_v A V = 0.7\times\frac{\pi}{4}\times0.1\times\sqrt{2\times9.8\times\frac{1499.3}{1000}} = 0.0269\text{m}^3/\text{s}$$

해 답

01 ② 02 ④ 03 ①

04 노즐에서 10m/s로서 수직방향으로 물을 분사할 때 최대 상승높이는 약 몇 m인가? (단, 저항무시)

① 5.10　② 6.34　③ 3.22　④ 2.65

풀이 유속 $V=\sqrt{2gh}$ 이므로

$$h=\frac{V^2}{2g}=\frac{10^2}{2\times 9.8}=5.102\text{m}$$

05 다음과 같이 유체의 정의를 설명할 때 괄호 속에 가장 알맞은 용어는?

> 유체란 아무리 작은 (　　)에도 저항할 수 없어 연속적으로 변형되는 물질이다.

① 수직응력　② 전단응력
③ 압력　④ 중력

풀이 유체란 아무리 작은 전단응력에도 저항할 수 없어 연속적으로 변형되는 물질을 말한다.

06 용기에 기울기가 30도인 경사진 마노미터가 연결되어 있고 물기둥의 높이가 수직으로 8mm 올라갔다면 용기 내의 계기압은 약 몇 Pa인가?

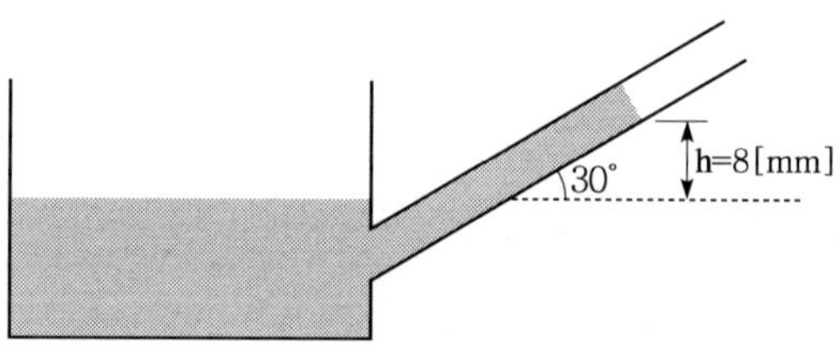

① 1.96　② 19.6
③ 39.2　④ 78.4

풀이 계기압 $P=\gamma h=1000\text{kg/m}^3\times 0.008=8\text{kg/m}^2$

$$=8\times 9.8\text{N/m}^2=78.4\text{N/m}^2=78.4\text{Pa}$$

(참조 : 마노미터의 경사거리에 관계없이 수직높이만 고려하면 됨)

07 노즐구경이 같은 소방차가 방수압력이 2배가 되도록 방수하면 방수량은 약 몇 배로 늘어나는가?

① 1.4배　② 2배
③ 4배　④ 8배

풀이 방수량 $Q=0.653D^2\sqrt{P}$ 의 식에서
방수량은 압력의 제곱근에 비례한다.
따라서 $Q=\sqrt{2}=1.414$배

해 답

04 ①　05 ②　06 ④　07 ①

08 안지름 25cm인 원관으로 1500mm 떨어진 곳(수평거리)에 하루 10,000m^3의 물을 보내는 경우의 압력강하는 몇 $\mathrm{kN/m^2}$인가?

① 58.4 ② 584
③ 84.8 ④ 848

풀이 관마찰손실수두 $h=\dfrac{\Delta P}{\gamma}=f\dfrac{l}{d}\dfrac{v^2}{2g}$

$Q=AV$에서 $V=\dfrac{Q}{A}=\dfrac{10000\times24\times3600}{\dfrac{\pi\times0.25^2}{4}}=2.359\mathrm{m/s}$

$\Delta P=\gamma h=\gamma f\dfrac{l}{d}\dfrac{v^2}{2g}$

$=1000\mathrm{kg/m^3}\times0.035\times\dfrac{1500}{0.25}\times\dfrac{2.359^2}{2\times9.8}$

$=59623.72\mathrm{kg/m^2}=59623.72\times9.8\mathrm{N/m^2}=584312\mathrm{N/m^2}=584.3\mathrm{kN/m^2}$

09 수문이 열리지 않도록 하기 위해 수문의 하단에 받쳐 주어야 할 최소 힘 P는 약 몇 N인가? (단, 수문의 폭은 1m이다.)

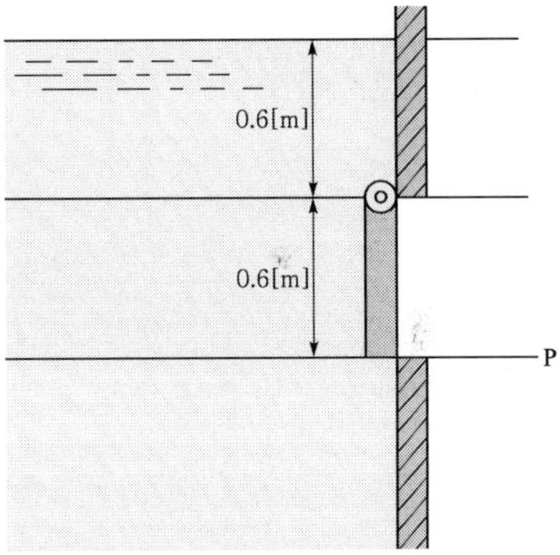

① 2,600 ② 3,000
③ 3,500 ④ 5,300

풀이 수문에 작용하는 힘 F는

$F=\gamma h_G A$

$=9800\mathrm{N/m^3}\times(0.6+0.3)\times(1\times0.6)$

$=5292\mathrm{N}$

힘의 작용위치

$h_c=h_G+\dfrac{I_G}{h_G A}=0.9+\dfrac{\dfrac{1\times0.6^3}{12}}{0.9\times0.6}=0.933\mathrm{m}$

수문이 열리지 않도록 P점에서 작용해야 하는 힘은 수문의 힌지부분에 대한 모멘트 평형법을 이용하여

$F\times(0.933-0.6)-F_P\times0.6=0$이므로

$5292\times(0.933-0.6)=F_P\times0.6$

따라서, $F_p=2937.06\mathrm{N}$

해 답

08 ② 09 ②

10 물체의 온도가 100℃에서 200℃로 상승하였을 때 물체에서 방출되는 복사에너지는 약 몇 배가 되겠는가?

① 1.41 ② 2
③ 2.59 ④ 16

풀이 복사에너지(T)는 절대온도(K)의 4제곱에 비례하므로

$T_1 = (100+273)^4 = 1.936 \times 10^{10}(K)$

$T_2 = (200+273)^4 = 5.005 \times 10^{10}(K)$

따라서 $\dfrac{T_2}{T_1} = 2.59$ 배

11 레이놀드수가 106이고 상대조도가 0.0008인 원관의 마찰계수 f는 0.0190이다. 이 원관에 부차손실계수가 6.46인 글로브밸브를 설치하였을 때, 이 밸브의 등가길이(또는 상당길이)는 관의 지름의 몇 배인가?

① 6.46배 ② 34배
③ 340배 ④ 8,075배

풀이 층류조건이므로 등가길이 $L_e = K\dfrac{d}{f} = 6.46 \times \dfrac{d}{0.019} = 340d$

따라서 등가길이(L_e)는 관직경(d)의 340배가 된다.

12 축동력이 80kW인 원심펌프의 회전수가 1750rpm이라면 축토크는 약 몇 J인가?

① 218 ② 437
③ 873 ④ 2,740

풀이 토크(Torque) $T = \dfrac{102 \times 9.8 \times 60 \times L_{kw}}{2\pi \mathrm{N}}$

$= \dfrac{102 \times 9.8 \times 60 \times 80}{2\pi \times 1750}$

$= 436.6\mathrm{J}$

해 답

10 ③ 11 ③ 12 ②

13 노즐에서 물의 유속이 20m/s로 벽에 수직으로 분사될 때 벽이 받는 힘은 약 몇 N인가? (단, 노즐의 구경은 2cm이다.)

① 981 ② 102
③ 1151.1 ④ 125.6

풀이 $F = \rho QV = \rho AV^2 = \frac{\gamma}{g}AV^2$에서

$$F = 1000 \times \frac{\pi \times 0.02^2}{4} \times 20^2 = 125.6\text{kg} \cdot \text{m/s}^2 = 125.6\text{N}$$

14 흐르는 유체에 대한 연속방정식이란 어떤 이론과 관련된 법칙인가?

① 질량보존의 법칙 ② 에너지보존의 법칙
③ 관성의 법칙 ④ 뉴턴의 운동 제2법칙

풀이 연속방정식은 "질량은 창조되지도 않고 소멸되지도 않는다"는 질량보존의 법칙을 정상류로 흐르고 있는 유관에 적용시킴으로서 얻게 되는 방정식

15 온도상승에 따른 액체의 점성계수의 변화를 바르게 설명한 것은?

① 분자 운동량의 증가로 점성계수는 증가한다.
② 분자 운동량의 감소로 점성계수는 감소한다.
③ 분자간의 응집력이 약해지므로 점성계수가 증가한다.
④ 분자간의 응집력이 약해지므로 점성계수가 감소한다.

풀이 액체의 점성은 분자 응집력이 지배하고, 기체의 점성은 운동량 교환이 지배한다. 즉 액체는 온도의 증가에 의해서 응집력이 와해되어 점성력이 감소된다. 기체의 경우는 액체와는 반대로 분자의 응집력보다는 분자의 운동량 교환이 점성을 지배하므로 온도가 증가하면 기체분자의 운동량 교환이 활발해져서 점성이 증가하게 된다.

해 답

13 ④ 14 ① 15 ④

16 회전차의 직경이 42cm인 모형터빈의 양정이 5.64m, 회전수가 374rpm이다. 이것과 역학적 상사를 이루는 원형터빈의 회전차 직경이 409cm, 양정이 55m일 때, 원형터빈의 회전수는 약 몇 rpm인가?

① 110 ② 115
③ 120 ④ 125

풀이 펌프의 상사법칙

$$\frac{H_2}{H_1} = \left(\frac{N_2}{N_1}\right)^2 \times \left(\frac{D_2}{D_1}\right)^2$$

$$\frac{55}{5.64} = \left(\frac{N_2}{374}\right)^2 \times \left(\frac{409}{42}\right)^2$$

$N_2 = 120\text{rpm}$

17 밀폐된 용기 속에 비중이 0.8인 기름이 들어 있고, 위 공간에 공기가 들어있다. 공기의 압력이 9800Pa로서 기름 표면에 미치고 있다. 기름 표면부터 1m깊이에 있는 점의 압력을 물의 수두로 환산하면 몇 m인가?

① 0.8 ② 1.8
③ 100 ④ 800

풀이 1m 지점에 작용하는 압력(P)= 공기압(Pa) + 유체압(Pw)

$P = 9800\text{N/m}^2 + 0.8 \times 9800 \times 1\text{N/m}^2 = 17{,}640\text{N/m}^2 = 17{,}640\text{Pa}$

표준대기압 1atm = 101.3kPa=101,300Pa=10.336mH_2O이므로

따라서 수두 H = $\frac{17{,}640}{101{,}300} \times 10.33 = 1.8\text{m}$

18 이상기체의 정압변화를 나타내는 것은? (단, P : 압력, V : 부피, T : 온도, K : 비열비)

① PV^k = 일정 ② PV=일정
③ $\frac{P}{T}$ = 일정 ④ $\frac{V}{T}$ = 일정

풀이 이상기체의 정압변화 $\frac{V}{T}$= 일정

해 답

16 ③ 17 ③ 18 ④

19 2011년 제1회 소방설비 산업기사

01 수평노즐입구에서 계기압력이 $P_1(Pa)$, 면적이 $A_1(m^2)$이고 출구에서의 면적은 $A_2(m^2)$이다. 물이 노즐을 통해 $V_2(m/s)$의 속도로 대기 중으로 방출될 때 노즐을 고정시키는데 필요한 힘의 크기는 몇 N인가?(단, 물의 밀도는 $\rho(kg/m^3)$이다)

① 6.43 ② 5.05 ③ 2.53 ④ 1.26

풀이 노즐의 입출구부에 운동량 방정식을 적용하면

$$P_1A_1 - P_2A_2 - F_x = \rho Q(V_2 - V_1)$$

노즐 출구부에서의 압력P_2는 대기압으로 0이 되며, 연속방정식에 의해

$Q = Q_1 = Q_2$, 즉 $A_1V_1 = A_2V_2$이므로 $V_1 = V_2 \times \dfrac{A_2}{A_1}$

$$F_x = P_1A_1 - \rho Q(V_2 - V_1) = P_1A_1 - \rho A_2V_2\left(V_2 - V_2\frac{A_2}{A_1}\right)$$
$$= P_1A_1 - \rho A_2V_2^2\left(1 - \frac{A_2}{A_1}\right)$$

02 직경 6cm이고 관마찰계수가 0.02인 원관에 부차적 손실계수가 5인 밸브가 장치되어 있을 때 이 밸브의 등가길이(상당길이)는 몇 m인가?

① 3 ② 6 ③ 10 ④ 15

풀이 등가길이 $= \dfrac{kd}{f} = \dfrac{5\times0.06}{0.02} = 15m$

03 직각으로 굽힌 유리관의 한쪽을 수면 바로 밑에 넣고 다른 쪽은 연직으로 수면 위로 세워 수평 방향으로 40cm/s의 속도로 관을 움직이면 물은 관 속에서 수면보다 몇 mm 상승하는가?

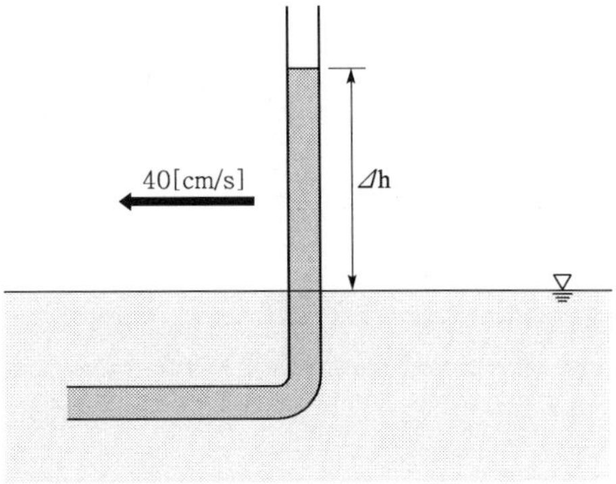

① 8.59 ② 8.47
③ 8.31 ④ 8.16

풀이 $V = \sqrt{2gh}$ 이므로

$$h = \frac{v^2}{2g} = \frac{0.4^2}{2\times9.8} = 0.00816m = 8.16mm$$

해 답

01 ③ 02 ④ 03 ④

04 그림과 같은 역 U자관에서 A점과 B점의 압력차는 약 몇 Pa인가?

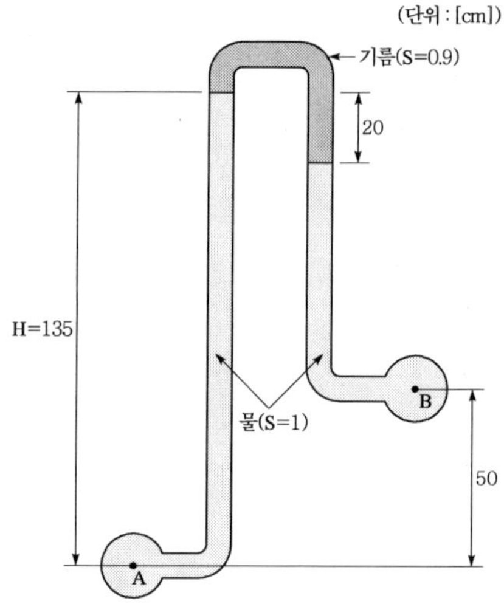

① 5.096 ② 50.96
③ 509.6 ④ 5096

풀이 U자관의 압력차 $\Delta P = P_A - P_B$

$$P_A - P_B = 9800 \times 1.35 - 9800 \times (1.35 - 0.5 - 0.2) - 0.9 \times 9800 \times 0.2 = 5{,}096\text{N/m}^3 = 5{,}096\text{Pa}$$

05 관 속을 흐르는 물의 압력손실이 40kPa이고 유량이 $3\text{m}^3/\text{s}$ 일 때 이것을 동력손실로 환산하면 몇 kW인가?

① 88 ② 120
③ 157 ④ 214

풀이 동력 $P(kW) = \dfrac{\gamma QH}{102\eta}$

$$= \frac{1000 \times 3 \times \left(\dfrac{40}{101.3} \times 10.332\right)}{102 \times 1} = 120\text{kW}$$

참조 : 압력손실 40kPa을 손실수두로 환산하면
1기압 = 101.3kPa= 10.332mH_2O이므로
따라서 $\dfrac{40}{101.3} \times 10.332\text{m} = 4.08\text{m}$ 가 된다.

06 배관에 설치하는 유량, 유속 측정기구와 관련이 적은 것은?

① 벤투리미터 ② 피토관
③ 마노미터 ④ 로라미터

풀이 마노미터는 압력을 측정하는 유압계의 일종임

해 답

04 ④ 05 ② 06 ③

07 정상류(Steady Flow)가 되기 위한 조건들에 해당되지 않는 것은?(단, ρ : 밀도, P : 압력, V : 속도, T : 온도, t : 시간, S : 임의 방향의 좌표)

① $\frac{\partial \rho}{\partial t}=0$　② $\frac{\partial p}{\partial t}=0$　③ $\frac{\partial V}{\partial S}=0$　④ $\frac{\partial T}{\partial t}=0$

풀이 정상류란 시간에 따라 밀도, 압력, 속도, 온도 등의 변화가 없는 흐름을 말함.

08 Newton의 점성법칙을 기초로 한 회전 원룸식 점도계는?

① 낙구식 점도계　② Ostwald 점도계
③ Saybolt 점도계　④ Stomer 점도계

풀이 Stomer점도계 : 뉴턴의 점성법칙
Ostwald 점도계 : 하젠-포아젤의 법칙
낙구식 점도계 : 스토크(Stoke)법칙

09 그림과 같이 한쪽은 힌지로 연결된 수문에서 공기압력이 균등하게 작용할 때 h=1.5m, H=3m 라면 수문이 열리지 않을 공기의 최소 계기압력은 몇 Pa인가? (단, 수문의 폭은 1m임.)

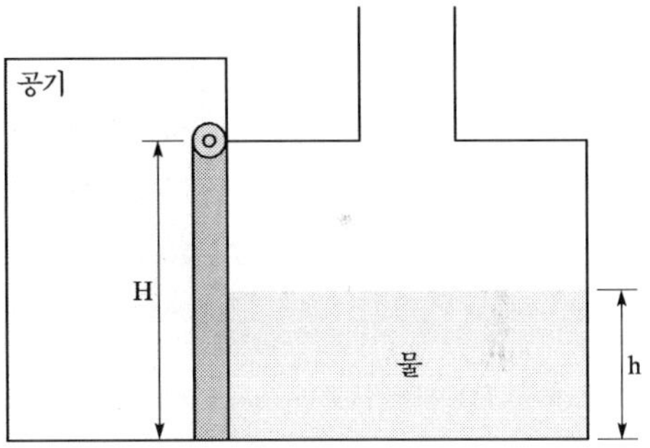

① 4,564　② 3,452
③ 5,324　④ 6,125

풀이 수문에 작용하는 물의 힘
$F=\gamma h_G A=9800\text{N/m}^3\times\frac{1.5}{2}\times(1.5\times1)$
$=11{,}025\text{N}$
수문에 작용하는 공기의 힘
$F_A=PA=P(3\times1)=3P$
수문이 열리지 않도록 하기 위한 최소의 공기압력을 구하려면 수문의 힌지부분에 대한 모멘트 평형법을 이용하여 모멘트의 합력이 0 이 되는 값을 구하면 된다. 즉,
$3P\times1.5-\left(1.5+1.5\times\frac{2}{3}\right)\times11{,}025=0$
따라서, $P=6{,}125\text{N}$

해 답

07 ③　08 ④　09 ④

10 직경 300mm인 수평원관 속을 물이 흐르고 있다. 관의 길이 50m에 대해 압력강하가 100kPa이라면 관벽에서 평균 전단응력은 몇 Pa인가?

① 100　② 150
③ 200　④ 250

풀이 $\tau = \dfrac{\gamma h_L}{2l} \times R = \dfrac{P_1 - P_2}{2l} \times R$

여기서, h_L : 손실수두,
l : 관의 길이
R : 관경
$P_1 - P_2$: 압력차

따라서 전단응력 $\tau = \dfrac{100 \times 1000\text{Pa}}{50\text{m}} \cdot \dfrac{0.15\text{m}}{2} = 150\text{N/m}^2 = 150\text{Pa}$

11 동일한 사양의 소방펌프를 1대로 운전하다가 2대로 병렬 연결하여 동시에 운전할 경우 나타나는 유체특성현상 중 옳게 설명된 것은?(단, 펌프형식은 원심펌프이고, 배관 마찰손실 및 낙차 등은 고려하지 않는다.)

① 체절 운전시의 최고양정은 1대 운전시의 최고 양정보다 높다.
② 동일한 양정에서 유량은 1대 용량의 2배로 송출된다.
③ 동일한 유량에서 양정은 1대 운전시의 양정보다 항상 2배로 높게 나타난다.
④ 유량과 양정이 모두 2배로 크게 나타난다.

풀이 (1) 직렬연결
① 양수량 : Q=Q
② 양정 : H=2H(토출압 : 2P)
(2) 병렬연결
① 양수량 : Q=2Q
② 양정 : H=H(토출압 : P)

12 안지름 50mm인 관에 기름이 2.5m/s의 속도로 흐를 때 관마찰계수는 얼마인가?(단, 기름의 동점성계수는 $1.31 \times 10^{-4}\text{m}^2/\text{s}$ 이다.)

① 0.0013　② 0.067
③ 0.125　④ 0.954

해 답

10 ②　11 ②　12 ②

풀이 $Re = \frac{vD}{\nu} = \frac{2.5 \times 0.05}{1.31 \times 10^{-4}} = 954.19$(층류)

층류인 경우 관마찰계수 f는

$f = \frac{64}{Re}$ 이므로

$f = \frac{64}{954.19} = 0.0671$

13 유체에 대한 일반적인 설명으로 틀린 것은?

① 유체 유동시 비점성 유체는 마찰저항이 존재하지 않는다.
② 실제 유체에서는 마찰저항이 존재한다.
③ 뉴턴(Newton)의 점성법칙은 전단응력, 압력, 유체의 변형율에 관한 함수 관계를 나타내는 법칙이다.
④ 전단응력이 가해지면 정지상태로 있을 수 없는 물질을 유체라 한다.

풀이 $\tau = \mu \frac{dv}{dy}$ (뉴턴의 마찰법칙)

여기서, τ : 전단응력

μ : 점성계수

$\frac{dv}{dy}$: 속도경사

뉴턴의 점성법칙(마찰법칙)은 전단응력, 점성, 유속에 관한 함수 관계를 나타냄.

14 지름의 비가 1:2:3이 되는 3개의 모세관을 물속에 수직으로 세웠을 때 모세관현상으로 물이 관속으로 올라가는 높이의 비는?

① 3:2:1 ② 32:22:12
③ 1:2:3 ④ 6:3:2

풀이 모관상승 높이는 모세관(가는 유리관) 직경에 반비례하므로

$h_1 : h_2 : h_3 = \frac{1}{d_1} : \frac{1}{d_2} : \frac{1}{d_3}$

$h_1 : h_2 : h_3 = \frac{1}{1} : \frac{1}{2} : \frac{1}{3} = 6 : 3 : 2$

해 답

13 ③ 14 ④

15 부력에 대한 다음 설명 중 틀린 것은?

① 유체 내에 잠긴 물체는 물체가 배제하는 유체의 무게가 동일한 수직부력을 받는다.
② 떠 있는 물체는 물체의 무게와 동일한 무게의 유체를 배제한다.
③ 유체 내에 잠긴 물체의 부력은 유체의 비중량×물체의 체적과 같다.
④ 떠 있는 물체의 부력은 물체의 비중량×배제된 체적으로 계산할 수 있다.

풀이 부력 : 수중에 잠겨있는 부분의 체적만큼 배제된 물의 무게와 같은 상향력
따라서 떠 있는 물체의 부력은 유체의 비중량×배제된 체적으로 계산할 수 있다.

16 다음 중 캐비테이션 방지법이 아닌 것은?

① 펌프의 설치 높이를 낮추어 흡입양정을 짧게 한다.
② 밸브를 송출구 가까이 설치한다.
③ 회전차를 수중에 완전히 잠기게 한다.
④ 펌프의 회전수를 작게 한다.

풀이 캐비테이션 방지대책
- 펌프의 유효 흡입측 수두(실양정)을 짧게 한다
- 펌프의 회전수를 작게 한다.
- 흡입배관의 관경을 크게 한다.
- 설치위치를 수원보다 낮게 한다.
- 밸브를 송출구에서 멀리 설치한다.

17 체적이 0.5m^3인 용기에 1MPa, 25℃의 공기가 들어 있다. 탱크의 밸브를 열고 2kg의 공기를 빼고 온도를 0℃로 낮추면 탱크 내의 압력은 약 몇 kPa로 되겠는가? (단, 공기의 기체상수는 287 J/kg · K이다.)

① 503 ② 603
③ 703 ④ 803

풀이 $PV = WRT$에서

$$W = \frac{PV}{RT} = \frac{1 \times 10^6 \times 0.5}{287 \times (273 + 25)} = 5{,}846\text{kg}$$

$$P = \frac{WRT}{V} = \frac{(5{,}846 - 2) \times 287 \times 273}{0.5} = 602{,}675.9\text{N/m}^2 = 602.7\text{kPa}$$

해 답

15 ④ 16 ② 17 ③

20 2011년 제2회 소방설비 산업기사

01 수조에서 지름 80mm인 배관으로 20℃, 물이 $0.95\text{m}^3/\text{min}$의 유량으로 유입될 때 5m의 부차 손실이 발생하였다. 이때의 부차적 손실계수는? (단, 중력가속도 $g=9.8\text{m/s}^2$이다.)

① 9.0 ② 9.4 ③ 9.9 ④ 10.2

풀이 부차적 손실계수

$$h=K\frac{v^2}{2g}$$

여기서, h : 부차손실수두(미소손실수두)

K : 부차손실계수

v : 유속

$$v=\frac{Q}{A}=\frac{0.95/60}{\frac{\pi\times 0.08^2}{4}}=3.15\text{m/s}$$

$$K=\frac{h\times 2g}{v^2}=\frac{5\times 2\times 9.8}{3.15^2}=9.88$$

02 다음 중 펌프의 이상현상인 공동현상(Cavitation)의 발생원인과 거리가 먼 것은?

① 펌프의 흡입측 손실이 클 경우
② 펌프의 마찰손실이 클 경우
③ 펌프의 토출측 배관에 수조나 공기저장기가 있는 경우
④ 펌프의 흡입측 배관경이 너무 작을 경우

풀이 토출부에 수조나 공기저장기를 설치하는 목적은 공동현상을 방지하기 위함이다.

03 관속에 물이 흐르고 있다. 피토-정압관을 수은이든 U자관에 연결하여 전압과 정압을 측정하였더니 20mm의 액면차가 생겼다. 피토-정압관의 위치에서의 유속은 약 몇 m/s 인가? (단, 속도계수는 0.95이다.)

① 2.11 ② 3.65 ③ 11.11 ④ 12.35

풀이 $V=c\sqrt{2gh(S_o/S-1)}$ 이므로

c=0.95, h=0.02m, S_o=13.6(수은), S=1(물)을 식에 대입하여 풀면

$$V=0.95\sqrt{2\times 9.8\times 0.02\left(\frac{13.6}{1}-1\right)}=2.11\text{m/s}$$

해 답

01 ③ 02 ④ 03 ①

04 측정되는 압력에 의하여 생기는 금속의 탄성변형을 기계적으로 확대지시하여 유체의 압력을 재는 계기는?

① 마노미터　　② 시차액주계
③ 부르돈관 압력계　　④ 기압계

풀이 부르돈관 압력계 : 측정되는 압력에 의해 생기는 금속의 탄성 변형량을 기계적으로 확대 지시하여 유체의 압력을 측정

05 펌프의 양정 가운데 실양정(Actual Head)을 가장 적합하게 설명한 것은?

① 펌프의 중심선으로부터 흡입 액면까지의 수직높이
② 흡입 액면에서 송출 액면까지의 수직높이
③ 펌프의 중심선으로부터 송출 액면까지의 수직높이
④ 흡입액면에서 송출 액면까지의 마찰손실수두

풀이 실양정 : 펌프를 중심으로 흡입액면(수면)에서 송출액면까지의 수직높이

06 50kg의 액화 할론1301이 21℃에서 대기 중으로 방출 할 경우 부피는 몇 m^3가 되는가? (단, 할론 1301의 분자량은 149이고, 대기압은 101kPa, 일반기체 상수는 8,314 $J/kmol \cdot K$이다.)

① 7.51　　② 8.12
③ 0.16　　④ 8.98

풀이 이상기체 상태방정식에서

$PV = \frac{W}{M}RT$이므로 $V = \frac{WRT}{PM}$

여기서, P : 압력
V : 부피
W : 무게
M : 분자량
R : 기체상수
T : 절대온도

$$V = \frac{WRT}{PM} = \frac{50 \times 8314 \times 294}{(101 \times 1000) \times 149} = 8.12\text{m}^3$$

해 답

04 ③　05 ②　06 ②

07 다음 중 베르누이 방정식이 유도되기 위한 조건이 아닌 것은?

① 유동은 압축성 유동이다.
② 유체 입자는 유선을 따라 움직인다.
③ 유체는 마찰이 없다(점성력이 0이다).
④ 유동은 정상유동이다.

풀이 베르누이 방정식 가정조건
- 유체입자는 유선을 따라 움직인다.
- 유체의 점성력은 없다.(비점성유체)
- 정상유동이다.
- 비압축성 유체에 적용

08 이상유체의 정의를 옳게 설명한 것은?

① 압축을 가하면 체적이 수축하고 압력을 제거하면 처음 체적으로 되돌아가는 유체
② 유체 유동시 마찰 전단응력이 발생하지 않으며 압력변화에 따른 체적변화가 없는 유체
③ 뉴턴의 점성법칙을 만족하는 유체
④ 오염되지 않은 순수한 유체

풀이 이상유체란 점성도 없고 압축성도 없는 가상적인 유체를 말한다.

09 그림과 같이 60℃기울어진 4m×8m의 수문이 A지점에서 힌지(Hinge)로 연결되어 있을 때 이 수문을 열기 위한 최소 힘 F는 몇 kN인가?

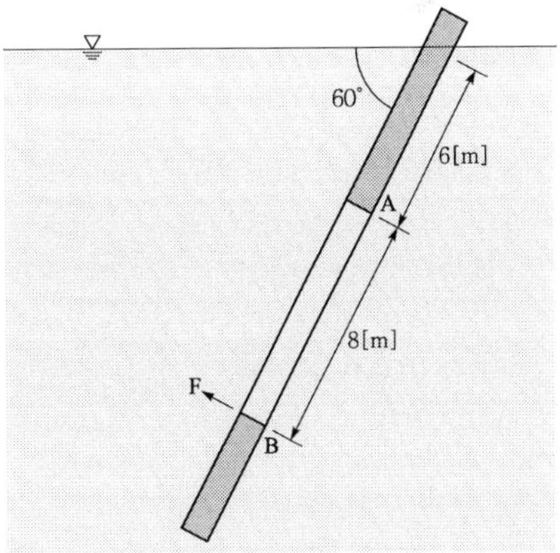

① 1,450 ② 1,540
③ 1,590 ④ 1,650

풀이 도심까지의 거리 $h_G = S_G \sin\theta$

$F = \gamma h_G A = 1000\text{kg/m}^3 \times (6+4)$
$\sin 60 \times (4 \times 8) = 277{,}128\text{kg}_f$

수면에서 수문에 작용하는 힘까지의 거리(경사거리)

$$S_c = \frac{I_G}{S_G A} + S_G = \frac{\frac{4 \times 8^3}{12}}{10 \times 32} + 10 = 10.53\text{m}$$

해 답

07 ① 08 ② 09 ②

수문이 열기 위한 최소힘을 구하기 위해서는 힌지에 대한 모멘트의 합이 0이 되도록 방정식을 세우면 된다.

즉 $\sum M_A = 0$

$F \times 8 - 277{,}128 \times (10.53 - 6) = 0$

$F = 156{,}924\text{kgf} = 1537.85\text{kN}$

10 지름 0.2cm인 모세관에서 표면장력에 의한 물의 상승높이는 몇 m인가? (단, 표면장력계수는 $7.4 \times 10^{-2}\text{N/m}$이고, 접촉각은 30°이다.)

① 0.013
② 0.0012
③ 0.0027
④ 0.031

풀이 모관상승고 $h_c = \dfrac{4\sigma\cos\theta}{\gamma_w d}$

여기서, σ : 표면장력(N/m)

θ : 접촉각

d : 관의 지름

γ_w : 액체의 단위중량

$$h_c = \frac{4\sigma\cos\theta}{\gamma_w d} = \frac{4 \times 0.074 \times \cos 30}{9800 \times 0.002} = 0.013\text{m}$$

11 소화펌프의 토출량이 $48\text{m}^3/\text{h}$, 양정 50m, 펌프효율 67%일 때 필요한 축동력은 약 몇 kW인가?

① 6.24
② 9.75
③ 10.7
④ 12.1

풀이 축동력 $P_s[\text{kW}] = \dfrac{\gamma HQ}{102 \times \eta}$

$$P_s[\text{kW}] = \frac{1000 \times 48/3600 \times 50}{102 \times 0.67} = 9.75\text{kW}$$

해 답

10 ② 11 ②

12 유체의 흐름에서 유선이란 무엇인가?

① 한 유체가 입자가 일정한 기간에 움직인 경로
② 유체 유동시 유동 단면의 중심을 연결한 선이다.
③ 공간 내의 한 점을 지나는 모든 유체입자들의 순간궤적을 말한다.
④ 유동장 내에서 속도벡터의 방향과 일치하도록 그려진 연속적인 선을 말한다.

풀이 유체가 흐르고 있는 경우 어느 한순간에 유체입자의 속도 Vector를 그릴 때 이들 벡터에 접하는 가상의 선을 유선

13 어느 이상기체 10kg의 온도를 200℃만큼 상승시키는 데 필요한 열량은압력이 일정한 경우와 체적이 일정한 경우에 375kJ의 차이가 있다. 이 이상기체의 기체상수는 약 몇 J/kg・K인가?

① 185.5 ② 187.5 ③ 191.5 ④ 194.5

풀이 압력이 일정할 경우 열량 $Q_p = mC_P\Delta t$
체적이 일정할 경우 열량 $Q_v = mC_v\Delta t$
기체상수 $R = C_P - C_V$
$Q_P - Q_V = mC_P\Delta t - mC_V\Delta t = m\Delta t(C_P - C_V)$
$$R = \frac{Q_P - Q_V}{m\Delta t} = \frac{375\times10^3}{10\times200} = 187.5\text{J/kg}\cdot\text{K}$$

14 내경 20cm인 배관 속을 매분 1.8m^3의 정상흐름을 보여주는 유체의 레이놀드수가 1.5×10^6이었다면 이 유체의 점성계수는 몇 $Pa\cdot s$인가?(단, 유체 밀도는 780kg/m^3이다)

① 4.97×10^{-5} ② 9.93×10^{-5}
③ 1.277×10^{-4} ④ 9.73×10^{-4}

풀이 $Re = \frac{\rho vD}{\mu}$
$$v = \frac{Q}{A} = \frac{1.8/60}{\frac{\pi\times0.2^2}{4}} = 0.955\text{m/s}$$
$$\mu = \frac{\rho vD}{Re} = \frac{780\times0.955\times0.2}{1.5\times10^6} = 9.93\times10^{-5}\text{kg/m}\cdot\text{s}$$
여기서 점성계수 단위를 환산하면
$$Pa\cdot s = \frac{N}{m^2}\times s = \frac{\text{kg}\cdot\text{m/s}^2\cdot\text{s}}{\text{m}^2} = \text{kg/m}\cdot\text{s}$$

해 답

12 ④ 13 ② 14 ③

15 수압기의 피스톤의 직경이 각각 60cm와 15cm이다. 작은 피스톤에 14.7N의 힘을 가하면 큰 피스톤에는 몇 N의 하중을 올릴 수 있겠는가?

① 98.5
② 168.2
③ 235.2
④ 298.3

풀이 $\dfrac{F_1}{A_1}=\dfrac{F_2}{A_2}$이므로

$$\frac{14.7}{\frac{\pi(15)^2}{4}}=\frac{F_2}{\frac{\pi(60)^2}{4}}$$

따라서, $F_2=235.2\text{N}$

16 안지름이 300mm, 길이가 301m인 주철관을 통하여 물이 유속 3m/s로 흐를 때 손실수두는 몇 m인가? (단, 관마찰계수는 0.05이다.)

① 20.1
② 23.0
③ 25.8
④ 28.9

풀이 손실수두 $h_L=f\dfrac{l}{d}\dfrac{V^2}{2g}$이므로

$$h_L=f\frac{l}{d}\frac{V^2}{2g}=0.05\times\frac{301}{0.3}\times\frac{3^2}{(2\times 9.8)}=23.03\text{m}$$

17 기체의 온도가 상승할 때 점성계수를 가장 올바르게 표현한 것은?

① 분자운동량의 증가로 증가한다.
② 분자운동량의 감소로 감소한다.
③ 분자응집력의 증가로 증가한다.
④ 분자응집력의 감소로 감소한다.

풀이 기체의 경우 온도가 상승하면 기체입자의 운동량이 활발해져 분자간 점성계수는 증가하게 된다.

해 답

15 ③ 16 ② 17 ①

18 그림과 같이 직각으로 구부러진 고정 날개에 밀도 ρ인 물 분류가 충돌하여 수직 방향으로 분출되고 있다. 분류의 속도는 V, 유량은 Q일 때 고정 날개가 받는 충격력의 크기는?

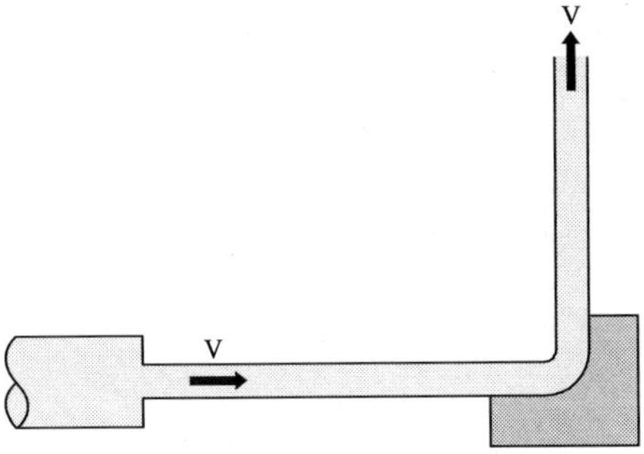

① $\frac{1}{\sqrt{2}}\rho QV$　　② $\sqrt{2}\rho QV$

③ $2\rho QV$　　④ $2\sqrt{2}\rho QV$

풀이 고정날개의 충격력은 각방향의 충격력에 대한 합력으로 계산할 수 있다.

$F=\sqrt{F_x^2+F_y^2}$

각 방향의 충격력 $F_x=F_y=\rho QV$

$F=\sqrt{(\rho QV)^2+(\rho QV)^2}=\sqrt{2(\rho QV)^2}=\sqrt{2}\rho QV$

19 멀리 떨어진 화염으로부터 직접 열기를 느끼게 하는 열전달의 원리는?

① 복사　　② 대류

③ 전도　　④ 비등

풀이 복사 : 멀리 떨어진 화염으로부터 직접 열기를 느끼게 되는 열전달의 원리

대류 : 유체가 부력에 의한 상하운동으로 열을 전달하는 원리

전도 : 고체상태의 물건에서 열이 전달되는 원리

비등 : 액체의 표면과 내부에서 기화가 일어나는 원리

해 답

18 ②　　19 ①

21 2011년 제4회 소방설비 산업기사

01 그림과 같이 고정된 노즐로부터 밀도가 ρ인 액체 제트가 속도 V로 분출하여 평판에 충돌하고 있다. 이 때 제트의 단면적이 A이고 평판이 u의 속도로 제트와 같은 방향으로 움직일 때 평판에 작용하는 힘 F는?

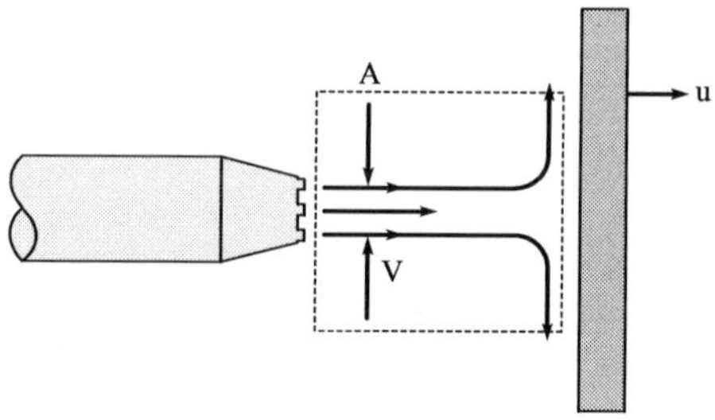

① $\rho A(V+u)$ ② $\rho A(V+u)^2$
③ $\rho A(V-u)$ ④ $\rho A(V-u)^2$

풀이 평판에 부딪히는 충돌속도는 유입속도 – 움직이는 물체속도이므로 $V-u$가 된다. 따라서 평판에 작용하는 힘

$F=\rho Q(V-u)=\rho A(V-u)(V-u)=\rho A(V-u)^2$

02 전동기에 브레이크를 설치하여 축출력 14.7kW로 30분간 운전한다. 축출력이 모두 마찰열로 변환되어 일정온도 18℃의 주위에 전달될 때 주위의 엔트로피 증가량은 약 몇 KJ/K인가?

① 90.9 ② 96.9 ③ 735 ④ 1,470

풀이 단위환산 1kW = 860 kcal

$Q=T\times \Delta s$

여기서, Q : 축출력(kW)

T : 절대온도

Δs : 엔트로피 증가량 (cal/K)

$\Delta s=\dfrac{Q}{T}=\dfrac{14.7\times 860\times 0.5}{273+18}=21.72\text{kcal/K}$

여기서 1kW = 860 kcal, 1kcal = 4.184kJ

따라서 21.72 × 4.184 = 90.88kJ/K

03 유체가 흐르는 관로에서의 부차적 손실계수 K, 관의 직경 D, 관마찰계수 f, 등가길이 L_e의 관계를 옳게 나타낸 것은?

① $L_e=\dfrac{fD}{K}$ ② $L_e=\dfrac{KD}{f}$ ③ $L_e=\dfrac{fK}{D}$ ④ $L_e=\dfrac{D}{fK}$

해 답

01 ④ 02 ① 03 ②

풀이 등가길이 $L_e = \frac{KD}{f}$

여기서, K : 부차적 손실계수

D : 관지름

f : 관마찰계수

04 완전 흑체로 가정한 흑연의 표면온도가 450℃이다. 단위면적당 방출되는 복사에너지는 몇 kW/m^2인가? (단, Stefan Boltzman 상수 $\sigma = 5.67 \times 10^{-8} W/m^2 \cdot K^4$이다.)

① 2.325
② 15.5
③ 21.4
④ 2,325

풀이 복사에너지 $E = \sigma T^4$ 이므로

$E = (5.67 \times 10^{-8}) \times 10^{-3} \times (273 + 450)^4 = 15.49 kW/m^2$

05 20℃기름 $5m^3$의 무게가 24kN일 때, 이 기름의 비중량은 몇 kN/m^3인가?

① 4.7
② 4.8
③ 4.9
④ 5.0

풀이 비중량(단위중량) = 무게/부피이므로

$\gamma = \frac{W}{V} = \frac{24}{5} = 4.8 kN/m^3$

06 관 내의 흐름에 대한 일반적인 설명으로 틀린 것은?

① 관 내에 물이 흐를 때의 속도는 관의 중심에서 가장 빠르다.
② 관의 벽면에서는 물의 속도가 0으로 된다.
③ 관 내에 물이 흐를 때 속도가 빠를수록 층류가 되기 쉽다.
④ 소방에서 다루고 있는 관 내의 흐름은 대부분 난류이다.

풀이 관 내에 물이 흐를 때 속도가 빠를수록 난류가 되기 쉽다.

해 답

04 ② 05 ② 06 ③

07 직경이 150mm인 옥내소화전 배관으로 소화용수가 유량 $3\text{m}^3/\text{min}$로 흐를 때 소화배관의 길이 30m에서 발생하는 관마찰손실수두는 약 몇 m인가?(단, 관마찰계수는 0.01이다)

① 0.51 ② 0.82 ③ 3.1 ④ 30.1

풀이 손실수두 $h_L = f\dfrac{l}{d}\dfrac{V^2}{2g}$ 에서

유속 $V = \dfrac{Q}{A} = \dfrac{(3/60)}{\dfrac{\pi(0.15^2)}{4}} = 2.83\text{m/s}$

$h_L = f\dfrac{l}{d}\dfrac{V^2}{2g} = 0.01 \times \dfrac{30}{0.15} \times \dfrac{2.83^2}{(2\times 9.8)} = 0.817\text{m}$

08 그림에서 각 높이는 $h_1 = 60\text{cm}$, $h_2 = 30\text{cm}$, $h_3 = 120\text{cm}$이고, 각각의 비중은 $S_1 = 1$, $S_2 = 0.65$, $S_3 = 0.8$일 때 $P_B - P_A$의 압력차를 물의 수두로 표시하면 몇 m인가?

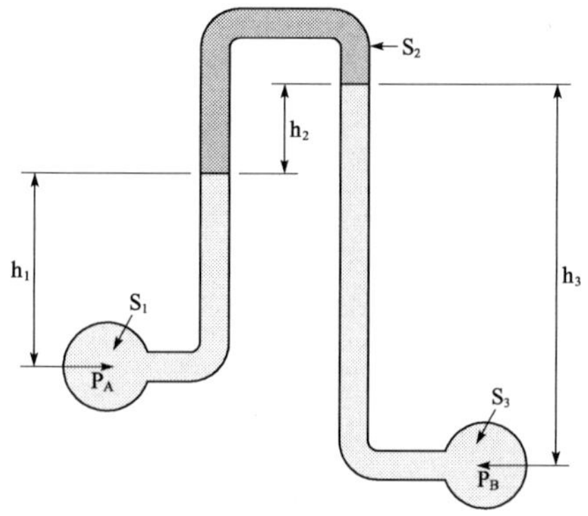

① 0.555 ② 0.750
③ 0.165 ④ 1.65

풀이 동일액체 내에서 가상의 임의 수평면상 두점을 C, D라 하면

$p_c = p_D$

$p_c = p_A + S_1h_1 + S_2h_2$

$p_D = p_B + S_3h_3$

$p_A + 1.0\times 0.6 + 0.65\times 0.3 = p_B + 0.8\times 1.2$

$p_B - p_A = 0.96 - 0.795 = 0.165\text{t/m}^2$

$H = \dfrac{\Delta P}{\gamma} = \dfrac{0.165}{1.0} = 0.165\text{m}$

09 다음 중 차원이 잘못 표시된 것은? (단, M : 질량, L : 길이, T : 시간)

① 밀도 : ML^{-3} ② 힘 : MLT^{-2}
③ 에너지 : ML^3T^{-1} ④ 동력 : ML^2T^{-3}

풀이 에너지 = 한 일 = 힘 × 거리 = $\text{Kg}\cdot\text{m/s}^2\times\text{m}$

따라서 에너지 차원은 ML^2T^{-2}

해 답

07 ② 08 ③ 09 ③

10 물이 흐르는 관로상에 피토관을 설치하고 수은이 든 U자관과 연결하였더니 전압과 정압단자에서 수은의 높이차가 85mm였다. 이 위치에서의 유속은 약 몇 m/s 인가? (단, 수은의 비중은 13.6이다.)

① 4.58 ② 4.35 ③ 3.87 ④ 3.76

풀이 $\Delta P = \gamma h$ 에서

$\Delta P = (13.6 - 1) \times 1000 \times 0.085 = 1071 \text{kg/m}^2$

압력차를 물의 높이로 환산하면

$\dfrac{1,071}{103,32} \times 10.332\text{m}(H_2O) = 1.071\text{m}$

$V = \sqrt{2gh} = \sqrt{2 \times 9.8 \times 1.071} = 4.58\text{m/s}$

11 비중이 0.4인 나무조각을 물에 띄우면 전체 체적의 몇 %가 물속에 가라앉는가?

① 30% ② 40% ③ 50% ④ 60%

풀이 나무조각의 무게 = 부력

$0.4 \times 1000 \times V = 1000\,V_1$

여기서, V : 나무조각의 전체 체적

V_1 : 물에 잠긴부분의 체적

$\dfrac{V_1}{V} = 0.4 = 40\%$

12 20℃, 2kg의 공기가 온도의 변화 없이 팽창하여 그 체적이 2배로 되었을 때 이 시스템이 외부에 한 일은 약 몇 kJ인가?(단, 공기의 기체상수는 0.287kJ/kg · K이다.)

① 85.63 ② 102.85 ③ 116.63 ④ 125.71

풀이 $W = GRT\ln\dfrac{V_2}{V_1}$

여기서 W : 일(에너지)

G : 기체중량

R : 기체상수

T : 절대온도

$V_2 = 2\,V_1$이므로

$W = GRT\ln\dfrac{V_2}{V_1} = 2 \times 0.287 \times 293 \times \ln\left(\dfrac{2\,V_1}{V_1}\right) = 116.56\text{kJ}$

해 답

10 ① 11 ② 12 ③

13 그림과 같은 단순한 피토관에서 물의 유속(V)은 몇 m/s 인가?

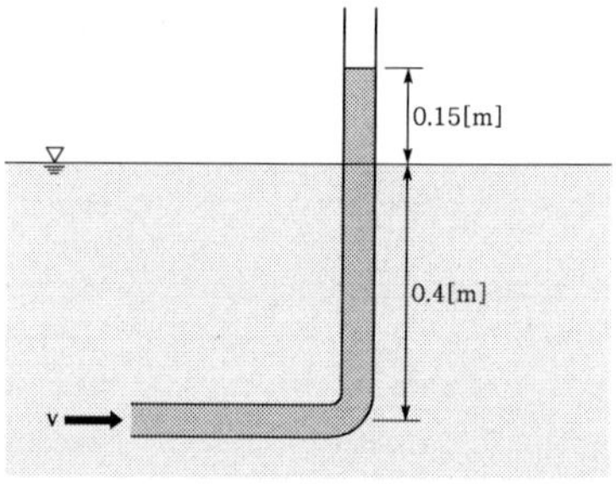

① 1.71 ② 1.98
③ 2.80 ④ 3.28

풀이 $V=\sqrt{2gh}$

여기서, h : 수면위로 올라온 피토관내 물의 높이

$V=\sqrt{2\times9.8\times0.15}=1.71\text{m/s}$

14 펌프 양수량 $0.6\text{m}^3/\text{min}$, 관로의 전손실수두 5m인 펌프가 펌프 중심으로부터 1.5m 아래에 있는 물을 19.5m의 송출액면에 양수할 때 펌프에 공급해야 할 동력은 몇 kW인가?

① 1.513 ② 1.974
③ 2.513 ④ 2.548

풀이 $P_s[\text{kW}]=\dfrac{\gamma HQ}{102\times\eta}\times K$

여기서, Q : 양수량(m^3/min)

H : 송수 펌프의 양정 (m)

η : 효율

K : 전달계수

$P_s[kW]=\dfrac{1000\times0.6/60\times(5+1.5+19.5)}{102\times1}\times1=2.549\text{kW}$

15 지름 400mm인 원형관속을 5kg/s의 공기가 흐르고 있다. 관 속 공기의 절대 압력은 200kPa, 온도가 23℃일 때 공기의 평균속도는 약 몇 m/s인가? (단, 공기의 기체상수는 287J/kg・K이다.)

① 14.3 ② 15.6
③ 16.2 ④ 16.9

풀이 $PV=WRT$에서 $P=\dfrac{W}{V}RT$이므로 $\rho=\dfrac{P}{RT}$

$\rho=\dfrac{P}{RT}$, $\rho=\dfrac{200\times1000}{287\times296}=2.35\text{kg/m}^3$

질량유량 $m=\rho AV$이므로

$V=\dfrac{m}{\rho A}=\dfrac{5}{2.35\times\dfrac{\pi\times0.4^2}{4}}=16.93\text{m/s}$

해 답

13 ① 14 ④ 15 ④

16 옥내소화전용 소방펌프 2대를 병렬로 연결하였다. 마찰손실을 무시할 때 기대할 수 있는 효과는?

① 펌프의 양정은 증가하나 유량은 감소한다.
② 펌프의 유량은 증대하나 양정은 감소한다.
③ 펌프의 양정은 증가하나 유량과는 무관하다.
④ 펌프의 유량은 증대하나 양정과는 무관하다.

풀이 병렬연결시 : 양정은 일정, 유량은 2배 증가
직렬연결시 : 양정은 두배 증가, 유량은 일정

17 옥외소화전 설비의 노즐 선단에서 유량계를 사용하여 방수량을 측정한 결과 $0.8\mathrm{m^3/min}$이었다. 노즐 구경이 23mm이라면 노즐 선단의 방수압력(계기압력)은 약 몇 kPa인가?(단, 물의 밀도는 $1{,}000\mathrm{kg/m^3}$이다)

① 346　　② 437
③ 515　　④ 764

풀이 연속방정식 $Q = AV$에서

$$V = \frac{Q}{A} = \frac{0.8/60}{\frac{\pi \times 0.023^2}{4}} = 32.09\mathrm{m/s}$$

노즐선단부에서 속도수두를 산정하면

$$h = \frac{V^2}{2g} = \frac{32.09^2}{19.6} = 52.54\mathrm{m}$$

방수압력 $P = 52.54\frac{\mathrm{m}}{10.332\mathrm{m}(H_2O)} \times 101.3\mathrm{kPa} = 515.13\mathrm{kPa}$

18 정지유체 속에 잠겨 있는 수평 평면에 대하여, 액체의 자유표면으로부터 평면까지의 깊이를 h, 평면의 면적을 A, 비중량을 γ라고 할 때 평면에 작용하는 힘의 크기 F는?

① $F = \frac{hA}{\gamma}$　　② $F = \frac{\gamma A}{h}$
③ $F = \frac{\gamma h}{A}$　　④ $F = \gamma hA$

풀이 $F = \gamma hA$

해 답

16 ④　17 ③　18 ①

19 비중과 동점성계수가 각각 1.3, 0.001 m^2/s 인 액체의 점성계수는 몇 Pa · s 인가?

① 0.0769　　② 0.769
③ 13　　④ 1.3

풀이 동점성계수 $\nu = \frac{\mu}{\rho}$ 관계식에서

$\mu = \rho\nu = 1.3 \times 1000 \times 0.001 = 1.3\text{kg/m} \cdot \text{s} = \text{Pa} \cdot \text{s}$

20 연속방정식과 관련이 없는 것은?

① $A_1 V_1 = A_2 V_2$　　② $\rho_1 A_1 V_1 = \rho_2 A_2 V_2$
③ $\frac{\partial u}{\partial x} + \frac{\partial v}{\partial y} + \frac{\partial w}{\partial z} = 0$　　④ $\tau = \mu \frac{du}{dy}$

풀이 $\tau = \mu \frac{du}{dy}$: 뉴턴의 점성법칙

해 답

19 ④　20 ④

22 2012년 제1회 소방설비 산업기사

01 소화배관을 흐르고 있는 물의 동압이 144Pa이었다면 유속은 약 몇 m/s 인가?(단, 물의 밀도는 1,000kg/m^{3}이다.)

① 0.54 ② 14.7 ③ $\frac{14.7}{9.8}$ ④ $\frac{14.7^2}{2\times 9.8}$

풀이 유속 $V=\sqrt{2gh}$ 이므로
물의 동압을 수두로 환산하면
$\frac{0.144\text{kPa}}{101.3\text{kPa}}\times 10.332\text{mH}_2\text{O}=0.01468\text{mH}_2\text{O}$
$V=\sqrt{2\times 9.8\times 0.01468}=0.536\text{m/s}$

02 27kPa의 압력은 수은주 높이로 약 몇 mm가 되겠는가? (단, 수은의 비중은 13.6이다.)

① 157 ② 203 ③ 267 ④ 557

풀이 1기압은 수은주 기둥의 높이 76cm에 해당하는 압력이므로
$\frac{27}{101.3}\times 76\text{cmHg}=20.26\text{cmHg}=202.6\text{mmHg}$
참조 : 1 기압(atm)=760mmHg=13.5951×76=1033.2276g/cm^2
=1.013×10^{5}N/m^2=1.033kg/cm^2=10.33mH_2O

03 온도가 20℃이고 100kPa 압력하의 공기를 가역 단열과정으로 압축하여 체적을 50%로 줄였을 때 압력은 몇 kPa인가?(단, 공기의 비열비는 1.4이다)

① 255.1 ② 258.2 ③ 263.9 ④ 267.3

풀이 가역단열과정
$\left(\frac{V_1}{V_2}\right)^{k-1}=\left(\frac{P_2}{P_1}\right)^{\frac{k-1}{k}}$ 에서
$\left(\frac{1}{0.5}\right)^{1.4-1}=\left(\frac{P_2}{100}\right)^{\frac{1.4-1}{1.4}}$
$P_2=263.9\text{kPa}$

해 답

01 ① 02 ① 03 ③

04 20kg의 액화 이산화탄소(분자량 44)가 20℃의 대기(표준대기압) 중으로 방출되었을 때 이산화탄소의 체적은 약 몇 m^3이 되겠는가?(단, 일반기체상수는 8,314J/k−mol·K이다)

① 2.325　② 15.5
③ 21.4　④ 2,325

풀이 $PV = nRT = \frac{W}{M}RT$ 이므로

$$V = \frac{WRT}{PM} = \frac{20 \times 8314 \times (273+20)}{101{,}300 \times 44} = 10.93\text{m}^3$$

05 다음 전단응력과 변형률 그래프에서 뉴턴 유체(Newtonian Fluid)를 나타낸 것은?

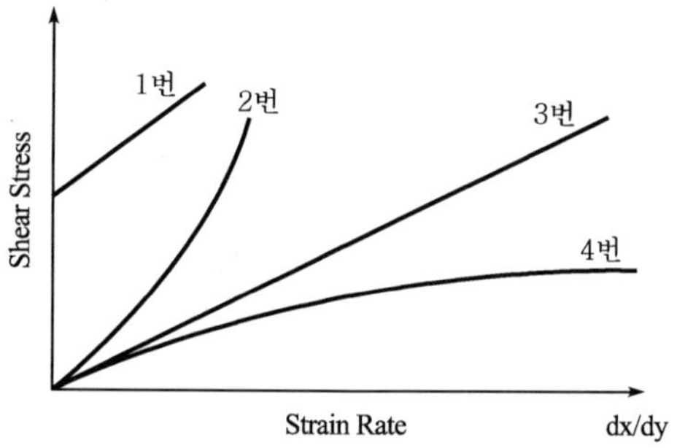

① 1번　② 2번
③ 3번　④ 4번

풀이 그림 1번 : 빙감소성 유체(하수잔사, 왁스)
그림 2번 : 의소성 유체(고무의 라텍스 고분자물, 펌프용액)
그림 3번 : 뉴턴유체(전단응력이 속도경사(변화율)에 비례하는 유체)
그림 4번 : 딜라턴트 유체(고온유리, 아스팔트)

06 직경 7.5cm인 매끈한 직원관을 통하여 물을 3m/s의 속도로 보내려 한다. 무디 선도로부터 관마찰계수는 0.03임을 알았다. 관의 길이가 100m이면 압력강하는 몇 kPa인가?

① 180　② 190
③ 200　④ 210

풀이 관마찰손실수두 $h = \frac{\Delta P}{\gamma} = f\frac{l}{d}\frac{v^2}{2g}$

$$\Delta P = \gamma f \frac{l}{d}\frac{v^2}{2g}$$

$$= 1000 \times 0.03 \times \frac{100}{0.075} \times \frac{3^2}{2 \times 9.8}$$

$$= 18{,}367.35\text{kg/m}^2 = 18{,}367.35 \times 9.8\text{N/m}^2 = 180{,}000\text{N/m}^2 = 180\text{kN/m}^2$$

해 답

04 ②　05 ③　06 ①

07 비중 S인 액체가 액면으로부터 x(m) 깊이에 있는 점의 계기 압력은 수은주로 몇 mm인가? (단, 수은의 비중은 13.6이다.)

① $1.36Sx$
② $13.6Sx$
③ $\dfrac{Sx}{13.6}$
④ $\dfrac{1000Sx}{13.6}$

풀이 압력 $P=\gamma h$에서 $P=1000S\times x(\text{kg/m}^2)$

수은주 높이 $h=\dfrac{P}{\gamma}=\dfrac{1000Sx}{13.6\times1000}=\dfrac{1Sx}{13.6}(\text{m})=\dfrac{1000Sx}{13.6}(\text{mm})$

08 다음 물성량 중 길이의 단위로 표시되지 않는 것은?

① 속도수두
② 전압
③ 수차의 유효낙차
④ 펌프 전양정

풀이 전압 P의 단위는 kg/m^2이다.

속도수두 h = $\dfrac{v^2}{2g}$(m), 유효낙차 및 펌프전양정 모두 길이단위임.

09 이상기체의 엔탈피가 변하지 않는 과정은?

① 가역단열과정
② 비가역단열과정
③ 교축과정
④ 정적과정

풀이 교축과정은 이상기체의 엔탈피(엔트로피)가 변하지 않는 과정을 말한다.

10 체적이 0.031m^3인 알코올이 51,000kPa의 압력을 받으면 체적이 0.025m^3으로 축소한다. 이때 체적탄성계수는?

① $2.335\times10^8\text{Pa}$
② $2.635\times10^8\text{Pa}$
③ $1.235\times10^7\text{Pa}$
④ $2.535\times10^6\text{Pa}$

풀이 체적탄성계수 $K=\dfrac{\Delta P}{\Delta V/V}$이므로

$\dfrac{\Delta V}{V}=\dfrac{0.031-0.025}{0.031}=0.1935$

따라서

$K=\dfrac{51{,}000{,}000Pa}{0.1935}=2.635\times10^8Pa$

해 답

07 ④ 08 ② 09 ③ 10 ②

11 다음 중 대류 열전달과 관련없는 경우는?

① 팬(Fan)을 이용해 컴퓨터를 식힌다.
② 뜨거운 커피에 바람을 불어 식힌다.
③ 에어컨은 높은 곳에 라디에이터는 낮은 곳에 설치한다.
④ 판자를 화로 앞에 놓아 열을 차단한다.

풀이 대류 : 화로에 의해 방안이 더워지는 현상

12 하나의 잘 설계된 원심펌프의 임펠러 직경이 10cm이다. 똑같은 모양의 펌프를 임펠러 직경이 20cm로 만들었을 때 같은 회전수에서 운전하면 새로운 펌프의 설계점 성능 특성 중 유량은 몇 배가 되는가? (단, 레이놀드수위 영향은 무시한다.)

① 동일하다 ② 2배 ③ 4배 ④ 8배

풀이 펌프상사법칙을 이용하면

$$\frac{Q_2}{Q_1}=\frac{N_2}{N_1}\times\left(\frac{D_2}{D_1}\right)^3 \text{에서}$$

$$Q_2=Q_1\times\frac{N_2}{N_1}\times\left(\frac{D_2}{D_1}\right)^3=1\times\left(\frac{20}{10}\right)^3=8\text{배}$$

13 배관의 관로상에 설치하는 유량측정장치로 배관의 관로를 축소하여 그 때 발생하는 차압을 이용하는 유량계로서 압력손실이 가장 큰 것은?

① 노즐 ② 벤투리미터
③ 오리피스 미터 ④ 피토관

풀이 오리피스관의 특징
- 설치가 용이하고 고압에도 적당하나 압력손실이 가장 큰 단점이 있음

14 펌프의 공동현상(Cavitaton) 방지대책은?

① 흡입 관경을 작게 한다.
② 흡입속도를 감소시킨다.
③ 펌프를 수원보다 되도록 높게 설치한다.
④ 흡입 압력을 유체의 증기압보다 낮게 한다.

해 답

11 ④ 12 ④ 13 ③ 14 ②

풀이 - 펌프의 설치 높이(흡수면에 가깝게)를 낮춘다.
- 펌프의 회전수를 작게 한다.
- 흡입배관의 유속을 줄여준다.
- 흡입배관의 마찰손실수두를 작게 한다.
- 단흡입펌프로 만족되지 않는 경우는 양흡입 펌프로 설치한다.
- 흡입배관의 관경을 크게 한다.

15 유량 $1\text{m}^3/\text{min}$, 전양정 20m로 물을 송출하는 펌프가 있다. 이 펌프를 가동하기 위한 축동력은 약 몇 kW인가?(단, 펌프의 효율은 80%이다)

① 4.1 ② 6.7 ③ 8.4 ④ 12.1

풀이 $P_s[\text{kW}] = \dfrac{\gamma HQ}{102 \times \eta}$

$P_s[\text{kW}] = \dfrac{1000 \times 1 \times 20}{102 \times 60 \times 0.8} = 4.085\text{kW}$

(여기서 유량의 단위가 m^3/min이므로 m^3/sec로 환산해야 함)

16 반경 R_o인 원형관에 유체가 흐를 때 최대속도를 U_{max}로 표시하면 반경 위치 R에서의 속도분포식은 어떻게 표시할 수 있는가? (단, 유체는 층류로 흐른다.)

① $\dfrac{U}{U_{max}} = \left(\dfrac{R}{R_o}\right)^2$ ② $\dfrac{U}{U_{max}} = 2\left(\dfrac{R}{R_o}\right)$

③ $\dfrac{U}{U_{max}} = \left(\dfrac{R}{R_o}\right) - 2$ ④ $\dfrac{U}{U_{max}} = 1 - \left(\dfrac{R}{R_o}\right)^2$

풀이 $U = U_{max} \times \left[1 - \left(\dfrac{R}{R_o}\right)^2\right]$

여기서, U_{max} : 중심부 최대유속

R_o : 중심에서 벽면까지의 거리

R : 중심에서 임의의 거리

17 부차적 손실계수가 4인 밸브를 마찰계수가 0.035이고 관지름이 3cm인 관으로 환산한다면 관의 상당길이는 약 몇 m인가?

① 2.57 ② 3.05 ③ 3.43 ④ 3.95

해 답

15 ① 16 ④ 17 ③

풀이 등가길이 $\le = \dfrac{Kd}{f}$

여기서, K : 부차적 손실계수

d : 관지름

f : 관마찰계수

$\le = \dfrac{Kd}{f} = \dfrac{4 \times 0.03}{0.035} = 3.43\text{m}$

18 반경 0.4m의 파이프에 $1\text{m}^3/\text{min}$의 유량으로 물을 수송한다고 할 때 질량유량은 약 몇 kg/s인가?

① 16.67 ② 1.67 ③ 1,000 ④ 0.001

풀이 $m = \rho A V = \rho A\left(\dfrac{Q}{A}\right) = \rho Q = 1000\text{kg/m}^3 \times 1/60(\text{m}^3/\text{s}) = 16.67\text{kg/s}$

19 15℃의 물 2kg을 소화약제로 사용하여 모두 증발시켰을 때 냉각효과를 얻을 수 있는 열량은 몇 kJ인가?

① 355 ② 1,248 ③ 2,256 ④ 5,224

풀이 열량 Q = 현열 + 잠열 = $mC_p\Delta t + \gamma \cdot m$

$= 2 \times 1 \times (100 - 15) + 539 \times 2 = 1{,}248\text{kcal}$

$1\text{kcal} = 4.184\text{kJ}$

$1248 \times 4.184 = 5221.6\text{kJ}$

20 그림과 같이 수평으로 분사된 유량 Q의 분류가 경사진 고정 평판에 충돌한 후 양쪽으로 분리되어 흐르고 있다. 윗방향의 유량 $Q_1 = 0.8Q$일 때 수평선과 판이 이루는 각 θ는 몇 도인가? (단, 이상유체의 흐름이고 중력과 압력은 무시한다.)

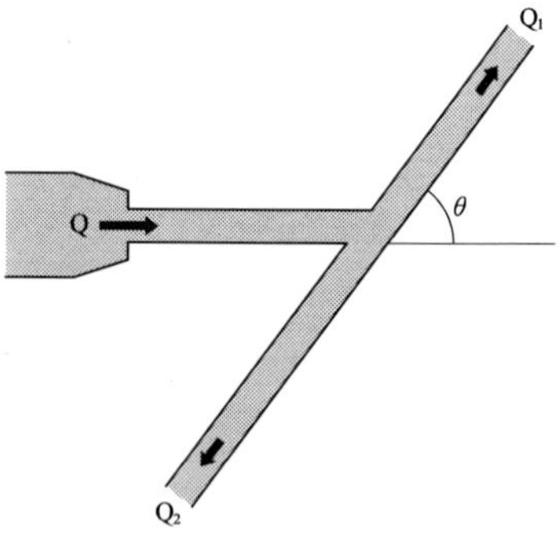

① 50.4 ② 53.1

③ 56.2 ④ 59.2

풀이 유량 $Q_1 = \dfrac{Q}{2}(1 + \cos\theta)$, 유량 $Q_2 = \dfrac{Q}{2}(1 - \cos\theta)$에서

$Q_1 = 0.8Q = \dfrac{Q}{2}(1 + \cos\theta)$

$\cos\theta = 0.8 \times 2 - 1 = 0.6$

$\theta = \cos^{-1}0.6 = 53.13^\circ$

해 답

18 ① 19 ④ 20 ②

23 2012년 제2회 소방설비 산업기사

01 다음 그림과 같은 탱크에 물이 들어 있다. A-B면 (5m×3m)에 작용하는 힘은 약 몇 kN인가?

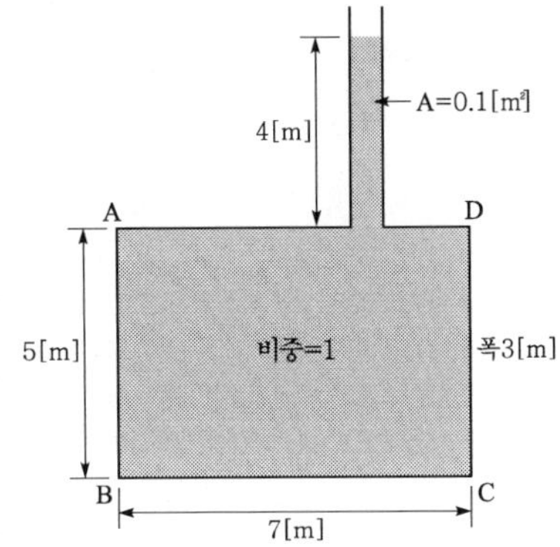

① 0.95　② 10.5
③ 95.5　④ 955

풀이 힘 $F=\gamma h_G A$에서

$$F=9800\times\left(4+\frac{5}{2}\right)\times(3\times5)$$
$$=955{,}500\text{N}=955.5\text{kN}$$

02 다음 그림에서 압력차 P_1-P_2는 약 몇 Pa인가? (단, 수은의 비중은 13.6, 물의 비중은 1, 벤투리관은 수평으로 놓여 있으며, h는 m단위이다.)

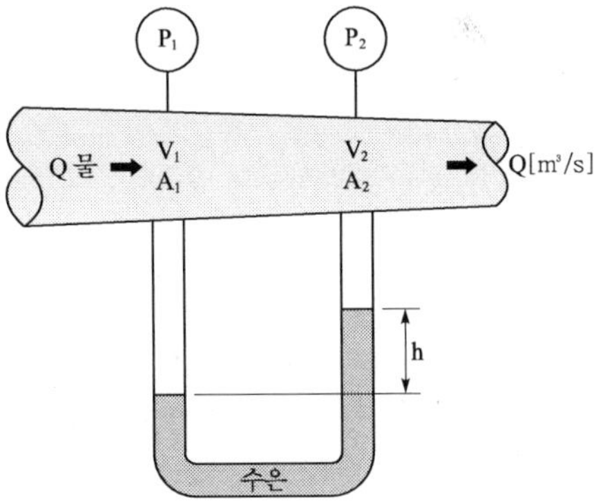

① $1.35\times10^4 h$　② $1.25\times10^4 h$
③ $13.25\times10^4 h$　④ $12.35\times10^4 h$

풀이 동일 액체상에서 수평면에 작용하는 압력은 같으므로
임의의 두 점(C점, D점)을 잡으면
$P_C=P_D$
a : 좌측 관중심에서 수은까지의 높이,
b : 우측 관중심에서 수은까지의 높이라고 가정하면

$$P_1+9800\text{N/m}^3\times a=P_2+9800\text{N/m}^3\times b+9800\text{N/m}^3\times13.6\times h$$
$$P_1-P_2=9800(b+13.6h)-9800a=9800(b+13.6h-a)$$
$$=9800(b+13.6h-(b+h))=9800\times12.6h=12.348\times10^4 h$$

03 수평 원관 내 층류 유동에서 유량은?

① 관의 길이에 비례한다.　② 점성에 비례한다.
③ 지름의 4승에 비례한다.　④ 압력강하에 반비례한다.

풀이 $Q=\pi d^4\dfrac{\gamma h_L}{128\mu l}=\pi d^4\dfrac{\Delta P}{128\mu l}$ (하젠-포아젤 방정식)
따라서 층류일 때 유량은 지름의 4승에 비례하고 관의 길이 및 점성에 반비례한다.

해 답

01 ④　02 ④　03 ③

04 물탱크에서 물의 높이가 4m일 때, 수심 2.5m에서 받는 계기압력은 약 몇 Pa인가?

① 24.5 ② 245 ③ 2,450 ④ 24,500

풀이 $P=\gamma h=9800\text{N/m}^3\times 2.5\text{m}=24{,}500\text{N/m}^2=24{,}500\text{Pa}$

05 그림과 같은 중앙 부분에 구멍이 뚫린 정지해 있는 원판에 직경 D의 원형 물제트가 대기압 상태에서 V의 속도로 충돌하여, 원판 뒤로 직경 d의 원형 물제트가 V의 속도로 흘러나가고 있을 때, 이 원판이 받는 힘의 크기는 얼마인가? (단, ρ는 물의 밀도이다.)

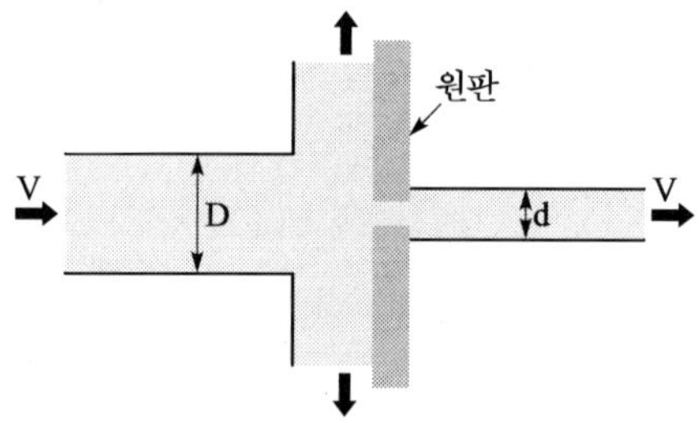

① $\dfrac{\rho\pi V(D^2-d^2)}{16}$ ② $\dfrac{\rho\pi V(D^2-d^2)}{4}$

③ $\dfrac{\rho\pi V^2(D^2-d^2)}{16}$ ④ $\dfrac{\rho\pi V^2(D^2-d^2)}{4}$

풀이 운동량 방정식과 연속방정식을 이용해 풀면

$$F=\rho QV=\rho AV^2=\frac{\rho V^2\pi(D^2-d^2)}{4}$$

06 질소가스가 정상상태, 정상 유동과정으로 가열된다. 이 때 입구의 상태는 500kPa, 35℃이고 출구의 상태는 500kPa, 1000℃이다. 운동에너지와 위치에너지의 변화를 무시할 때 질소 1kg당 요구되는 전열량은 몇 kJ인가?(단, 질소의 정압비열은 1.0416 kJ/kg · K이다)

① 1,005 ② 1,010 ③ 1,015 ④ 1,020

풀이 에너지방정식에서

$$q=m\left(h_2+\frac{V_2^2}{2}+gz_2\right)-m\left(h_1+\frac{V_1^2}{2}+gz_1\right)$$

$$q=m\left(c_pT_2+\frac{V_2^2}{2}+gz_2\right)-m\left(c_PT_1+\frac{V_1^2}{2}+gz_1\right)$$

여기서, m : 유체질량

c_p : 정압비열

T : 절대온도

운동에너지와 위치에너지를 무시하는 가정조건으로

$q=mc_p(T_2-T_1)=1\times 1.0416\times[(1000+273)-(35+273)]=1005.1\text{kJ}$

해 답

04 ④ 05 ④ 06 ①

07 그림과 같이 지름이 D_1, D_2인 두 개의 동심원 사이에 유체가 흐르고 있다. 유동 단면의 수력직경을 구하면?

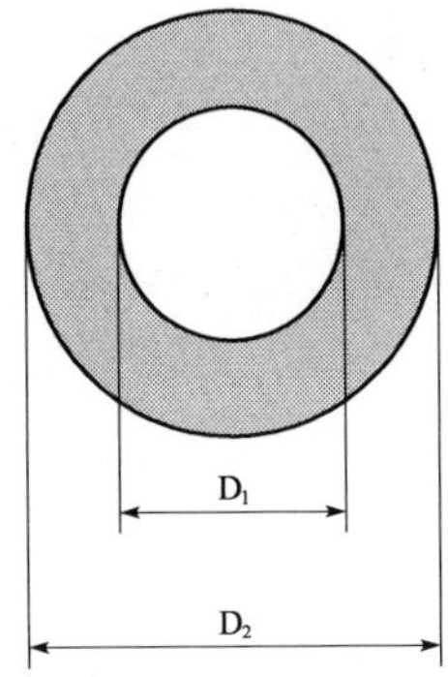

① $D_2 - D_1$　　② $\dfrac{D_1 + D_2}{4}$

③ $\dfrac{D_2 - D_1}{4}$　　④ $\dfrac{D_1 + D_2}{4}$

풀이 수력직경 $R_h = \dfrac{A}{P} = \dfrac{\frac{\pi}{4}(D_2^2 - D_1^2)}{\pi(D_2 + D_1)} = \dfrac{\frac{\pi}{4}(D_2 - D_1)(D_2 + D_1)}{\pi(D_2 + D_1)}$

$= \dfrac{\pi}{4\pi}(D_2 - D_1) = \dfrac{D_2 - D_1}{4}$

08 온도 차이 10℃, 열전도율 10W/(m · K), 두께 25cm인 벽을 통한 열유속(Heat Flux)과 온도 차이 20℃, 열전도율 kW/(m · K), 두께 10cm인 벽을 통한 열유속이 같다면 k의 값은?

① 2　　② 5

③ 10　　④ 20

풀이 열 유속 $Q = k\dfrac{dt}{dl}$ 이므로

$10 \times \dfrac{10}{0.25} = k \times \dfrac{20}{0.1}$

따라서, $k = 2$

09 다음 중 동점성계수의 차원으로 올바른 것은? (단, M, L, T는 각각 질량, 길이, 시간을 나타낸다.)

① $ML^{-1}T^{-1}$　　② $ML^{-1}T^{-2}$

③ L^2T^{-1}　　④ MLT^{-2}

풀이 $\nu = \dfrac{\mu}{\rho} = \dfrac{[ML^{-1}T^{-1}]}{[ML^{-3}]} = [L^2T^{-1}]$

해 답

07 ③　08 ①　09 ③

10 그림과 같은 상태에서 손실을 무시하고 물의 분출 속도를 구하면 약 몇 m/s인가?

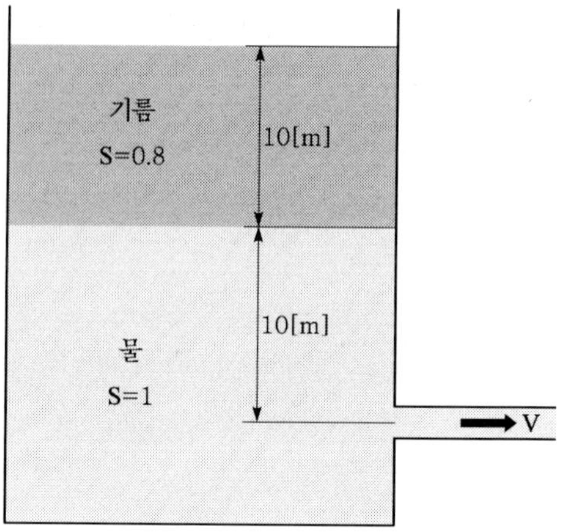

① 16.2 ② 18.8
③ 19.8 ④ 22.8

풀이 기름과 물이 섞여 있는 경우 기름의 높이를 물의 높이로 환산해야 함.
즉 $P=\gamma h$에서 $0.8\times10=1\times h$이므로 기름의 환산높이 h = 8m 임.
따라서 전체 깊이는 H = 8+10 = 18m
$V=\sqrt{2gH}=\sqrt{2\times9.8\times18}=18.78\text{m/s}$

11 펌프의 양정 중 실양정을 설명한 것은?

① 펌프의 중심에서 상부쪽으로 송출수면까지의 수직높이를 말한다.
② 펌프의 중심에서 하부쪽으로 흡입수면까지의 수직높이를 말한다.
③ 흡입수면과 송출수면 사이의 수직높이를 말한다.
④ 흡입수면과 송출수면 사이의 수직높이와 손실높이를 더한 높이를 말한다.

풀이 실양정 : 흡입수면에서 최상층 송출수면까지의 수직높이

12 오리피스 유량계에서 오리피스의 지름은 3cm, 관의 안지름은 9cm이다. 이 관로에 물을 유동시켰을 때 오리피스 전후에서 압력수두의 차가 12cm이었다. 유량계수가 0.66일 때 유량은 몇 m^3/s 인가?

① 7.2×10^{-4} ② 9.3×10^{-4}
③ 1.3×10^{-3} ④ 3.5×10^{-3}

풀이 유량 $Q=CAV$
여기서, C : 유량계수
$Q=CAV=CA\sqrt{2gh}=0.66\times\frac{\pi}{4}0.03^2\times\sqrt{2\times9.8\times0.12}$
$=7.15\times10^{-4}\text{m}^3/\text{s}$

해 답

10 ② 11 ③ 12 ①

13 관 내의 유동형태가 급격히 변화하여 물의 운동에너지가 압력파의 형태로 나타나는 현상은?

① 서징현상　　② 수격현상
③ 공동현상　　④ 수축현상

풀이 수격작용
- 배관 내를 유체가 흐를 때 펌프의 순간적인 정지 및 기동, 밸브의 급격한 개폐, 배관의 급격한 굴곡 등에 의해 유체의 속도가 급히 변화하면 유체가 가지고 있는 운동에너지가 압력에너지로 변하여 순간적으로 큰 압력변화가 발생하는 현상

14 다음 중 체적탄성계수에 대한 설명으로 옳은 것은?

① 길이의 차원을 갖는다.
② 유체의 압축성을 나타내는 물성치이다.
③ 밀도에 대한 동역학적 점성의 비율을 나타낸다.
④ 동압하의 온도에 따른 유체의 밀도 변화를 나타낸다.

풀이 체적탄성계수 K

$$K = \frac{\Delta P}{\Delta V/V} = \frac{\Delta P}{\Delta \rho/\rho} \quad (\text{단위 : N/m}^2)$$

- 압력의 차원
- 유체의 압축성을 나타낸다.

15 처음에 절대온도, 비체적이 각각 T_1, v인 이상기체 1kg을 압력 P로 일정하게 유지한 채로 가열하여 온도를 $3T_1$까지 상승시킨다. 이상기체가 한 일은 얼마인가?

① Pv_1　　② $2Pv_1$
③ $3Pv_1$　　④ $4Pv_1$

풀이 등압과정이므로 이상기체 상태방정식에서 $\frac{T_2}{T_1} = \frac{v_2}{v_1}$가 된다.

온도를 3배 증가시켰으므로 $\frac{3T_1}{T_1} = \frac{v_2}{v_1}$

온도 증가로 비체적도 3배증가 $v_2 = 3v_1$

이상기체가 한 일

$W = P(v_2 - v_1) = P(3v_1 - v_1) = 2Pv_1$

해 답

13 ②　14 ②　15 ②

16 유체의 밀도 A(kg/m^3), 점성계수 B($N \cdot s/m^2$), 동점성계수 C(m^2/s), 속도기울기 $\frac{du}{dy}$ D (s^{-1})라고 할 때, 각각이 다음과 같을 때 전단응력이 가장 큰 것은?

① A=1000, B=0.001, D=0.1
② A=1200, B=0.001, D=0.1
③ A=1000, C=5×10^{-7}, D=0.2
④ A=1200, C=1×10^{-6}, D=0.1

풀이 $\tau=\mu\frac{dv}{dy}=\rho\nu\frac{dv}{dy}$

여기서, τ : 전단응력

$\frac{dv}{dy}$: 속도경사

μ : 점성계수

ν : 동점성계수

ⓐ $\tau=\mu\frac{dv}{dy}=0.001\times0.1=0.0001$

ⓑ $\tau=\mu\frac{dv}{dy}=0.001\times0.1=0.0001$

ⓒ $\tau=\rho\nu\frac{dv}{dy}=1000\times5\times10^{-7}\times0.2=0.0001$

ⓓ $\tau=\rho\nu\frac{dv}{dy}=1200\times1\times10^{-6}\times0.1=0.00012$

17 진공 밀폐된 $18m^3$의 방호구역에 이산화탄소약제를 방사하여 27℃, 101kPa 상태가 되었다. 이때 방사된 이산화탄소량은 약 몇 kg인가?(단, 일반 기체상수는 8,314$J/kmol \cdot K$이다)

① 26.4
② 29.3
③ 32.1
④ 35.8

풀이 $PV=\frac{W}{M}RT$이므로 $W=\frac{PVM}{RT}$

여기서, P : 압력

V : 부피

W : 무게

M : 분자량

R : 기체상수

T : 절대온도

$$W=\frac{PVM}{RT}=\frac{101\times1000Pa\times18\times44}{8{,}314\times(273+27)}=32.07kg$$

해 답

16 ④ 17 ③

18 안지름이 20cm인 관 속에 평균유속 $2\mathrm{m/s}$ 인 물이 흐른다면 관의 길이 100m사이에서 압력손실수두는 약 몇 m인가?(단, 관마찰계수는 0.05이다)

① 3　　② 4
③ 5　　④ 6

풀이 손실수두 $h_L = f\dfrac{l}{d}\dfrac{v^2}{2g} = 0.05\dfrac{100}{0.2}\dfrac{2^2}{19.6} = 5.10\mathrm{m}$

19 효율이 75%인 원심 펌프가 양정 20m, 유량 $0.1\mathrm{m^3/s}$ 의 물을 송출하기 위한 축동력은 약 몇 kW 인가?

① 16　　② 20
③ 26　　④ 40

풀이 축동력 $P_s[\mathrm{kW}] = \dfrac{\gamma HQ}{102\times\eta}$

$$P_s[\mathrm{kW}] = \frac{1000\times 0.1\times 20}{102\times 0.75} = 26.14\mathrm{kW}$$

20 밀도가 $1.24\mathrm{kg/m^3}$인 공기가 직경 30cm인 관속을 3kg/s의 질량유량으로 흐르고 있다. 이 때 관 내의 유량은 몇 $\mathrm{m^3/s}$ 인가?

① 1.82　　② 2.12
③ 2.42　　④ 2.72

풀이 질량유량 $m = \rho A V$에서

$$V = \frac{m}{\rho A} = \frac{3}{1.24\times\frac{\pi}{4}0.3^2} = 34.25\mathrm{m/s}$$

유량(체적유량) $Q = AV = \frac{\pi}{4}0.3^2\times 34.25 = 2.42\mathrm{m^3/s}$

해 답

18 ③　19 ③　20 ③

24 2012년 제4회 소방설비 산업기사

01 그림과 같이 수평관에서 2개소의 압력차를 측정하기 위해 하부에 수은을 넣은 U자관을 부착시켰다. 이때 U자관에서 수은의 높이차 h=500mm 이었다면 압력차 $P_1 - P_2$는 약 몇 kPa인가?

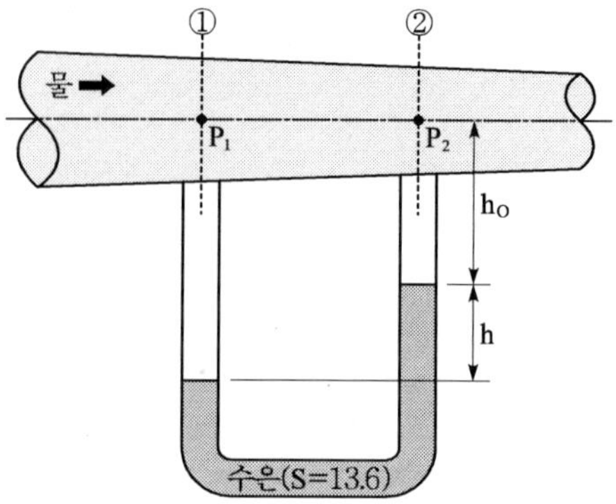

① 66.6 ② 61.7
③ 60.5 ④ 50.4

풀이 동일 액체상에서 수평면에 작용하는 압력은 같으므로 임의의 두점(C점, D점)을 잡으면

$P_1 = P_2$

$P_1 + 9800\text{N/m}^3 \times (h + h_o) = P_2 + 9800\text{N/m}^3 \times h_o + 9800\text{N/m}^3 \times 13.6 \times h$

$P_1 - P_2 = 9800(h_o + 13.6h - h - h_o) = 9800(12.6h)$

$= 9800 \times 12.6 \times 0.5 = 61740\text{N/m}^2 = 61.74\text{kPa}$

02 성능이 같은 펌프 두 대를 병렬 운전할 경우 옳은 것은?(단, 손실은 무시한다)

① 유량이 2배로 된다.
② 양정이 2배로 된다.
③ 유량과 양정 모두 2배로 된다.
④ 유량은 2배로 되지만 양정은 반으로 준다.

풀이 병렬연결시 : 양정은 일정, 유량은 2배 증가
직렬연결시 : 양정은 두배 증가, 유량은 일정

03 그림과 같이 속도 3m/s로 운동하는 평판에 속도 10m/s인 물 분류가 직각으로 충돌하고 있다. 분류의 단면적이 0.01 m^2으로 일정하다고 하면 평판이 받는 힘은 몇 N인가?

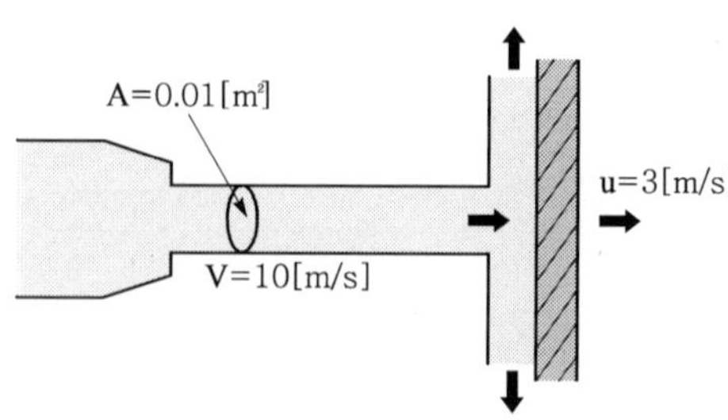

① 98 ② 490
③ 700 ④ 1,000

해 답

01 ② 02 ① 03 ②

풀이 $F = \rho Q(V_2 - V_1) = \rho A(V_1 - u)^2$

$= 1000 \times 0.01 \times (10-3)^2 = 490\text{kg} \cdot \text{m/s}^2 = 490\text{N}$

04 전양정 20m, 직경 20cm, 질량유량 150kg/s로 물을 송출할 때 소요되는 펌프의 축동력이 42kW이면 펌프의 효율은 몇 %인가?

① 70 ② 74
③ 76 ④ 80

풀이 축동력 $P_s[\text{kW}] = \dfrac{\gamma HQ}{102 \times \eta}$

질량유량 $m = \rho AV$에서

$$V = \frac{m}{\rho A} = \frac{150}{1000 \times \frac{\pi}{4} 0.2^2} = 4.78\text{m/s}$$

유량(체적유량) $Q = AV = \frac{\pi}{4} 0.2^2 \times 4.78 = 0.15\text{m}^3/\text{s}$

$$\eta = \frac{\gamma HQ}{Ps \times 102} = \frac{1000 \times 20 \times 0.15}{42 \times 102} = 0.7 = 70\%$$

05 이상유체에 대한 설명으로 옳은 것은?

① 점성이며, 압축성 유체 ② 비점성이며, 압축성 유체
③ 점성이며, 비압축성 유체 ④ 비점성이며, 비압축성 유체

풀이 이상유체란 비점성이며 비압축성인 유체

06 밑면이 8m×3m, 깊이가 4m인 철제 상자가 물 위에 떠 있다. 상자의 무게를 196kN이라 할 때 이 상자는 물속 몇 m 깊이까지 들어가 있는가?

① 0.83 ② 0.91
③ 0.98 ④ 10.4

풀이 압력 $P = \dfrac{F}{A} = \dfrac{196 \times 1000N}{24} = 8166.7\text{N/m}^2$

$$h = \frac{P}{\gamma} = \frac{8166.7}{9800} = 0.83\text{m}$$

해 답

04 ① 05 ④ 06 ①

07 질량보존의 법칙으로부터 유도된 방정식은?

① $\tau = \mu \dfrac{dv}{dy}$　　② $PV = RT$

③ $\rho_1 A_1 V_1 = \rho_2 A_2 V_2$　　④ $\dfrac{p_1}{\gamma} + \dfrac{V_1^2}{2g} + z_1 = \dfrac{p_2}{\gamma} + \dfrac{V_2^2}{2g} + z_2$

풀이 연속방정식은 질량보존의 법칙을 근거로 한다.

$Q = A_1 V_1 = A_2 V_2$

$Q = \rho_1 A_1 V_1 = \rho_2 A_2 V_2$

08 다음 중 무차원수에 대한 물리적 의미가 틀린 것은?

① 레이놀즈수 $= \dfrac{\text{관성력}}{\text{점성력}}$　　② 오일러수 $= \dfrac{\text{압력}}{\text{관성력}}$

③ 웨버수 $= \dfrac{\text{관성력}}{\text{점성력}}$　　④ 코시수 $= \dfrac{\text{관성력}}{\text{탄성력}}$

풀이
- 레이놀즈 수 $R_e = \dfrac{\rho VD}{\mu} = \dfrac{VD}{\upsilon} = \dfrac{\text{관성력}}{\text{점성력}}$
- 오일러수 $E_u = \dfrac{2P}{\rho V^2} = \dfrac{\text{압축력}}{\text{관성력}}$
- 웨버수 $W_b = \dfrac{\rho V^2 L}{\sigma} = \dfrac{\text{관성력}}{\text{표면장력}}$
- 코시수 $C_a = \dfrac{\rho V^2}{E(K)} = \dfrac{\text{관성력}}{\text{탄성력}}$

09 고체 표면의 온도가 15℃에서 25℃로 올라가면 방사되는 복사열은 약 몇 %가 증가하는가?

① 3.5　　② 7.1

③ 15　　④ 67

풀이 복사열(T)은 절대온도(K)의 4승에 비례한다.

즉 $T_1 = (273+15)^4$ =6,879,707,136

$T_2 = (273+25)^4$ =7,886,150,416

따라서 증가율은

[(7,886,150,416 − 6,879,707,136)/7,886,150,416]×100(%) = 12.8%

해 답

07 ③　08 ③　09 ③

10 그림과 같은 출구가 수직방향으로 향하는 원관에서 물이 유출되어 떨어지고 있다. 원관의 내경은 10cm, 출구에서 유속이 1.4m/s일 때 손실을 무시하면 출구보다 1.5m 아래에서 물기둥의 직경은 약 몇 cm인가?

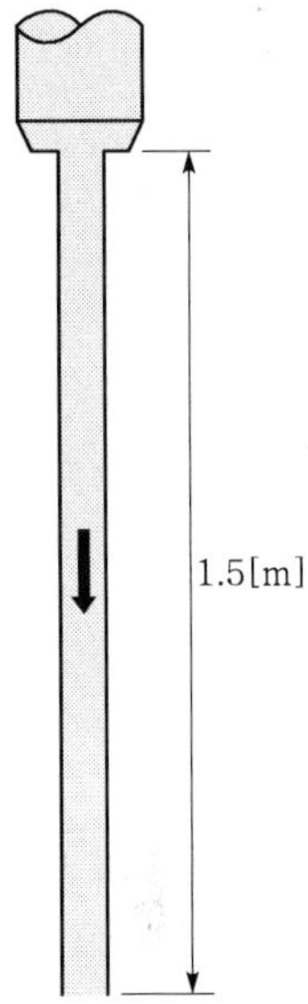

① 10　　② 9
③ 7　　④ 5

풀이 유량 $Q=\frac{\pi}{4}\times 0.1^2\times 1.4=0.011\text{m}^3/\text{s}$

출구에서의 속도는 $V=\sqrt{2gH}=\sqrt{2\times 9.8\times 1.5}=5.422\text{m/s}$

질량보존의 법칙에 근거하여

$Q=Q_{유입}=Q_{유출}$

따라서 $Q=\frac{\pi}{4}\times d_2^2\times V=0.011\text{m}^3/\text{s}$

$d_2=\sqrt{\frac{4\times 0.011}{\pi\times 5.422}}=0.051\text{m}=5.1\text{cm}$

11 체적 0.5m^3, 절대압력 1,300kPa인 탱크에 25℃의 기체 10kg이 들어있다. 이 기체의 기체상수는 약 몇 kJ/kg・K인가?

① 0.19　　② 0.22　　③ 0.26　　④ 0.29

풀이 $PV=WRT$이므로 $R=\frac{PV}{WT}$

$R=\frac{PV}{WT}=\frac{130\times 0.5}{10\times(273+25)}=0.218\text{kJ/kg}\cdot\text{K}$

12 어떤 유체의 비중량이 A(N/m^3)이고 점성계수가 B($\text{N}\cdot\text{s/m}^2$)이다. 동점성계수($\text{m}^2/\text{s}$)는?(단, g는 중력가속도이다)

① $\frac{Bg}{A}$　　② $\frac{B}{Ag}$
③ $\frac{Ag}{B}$　　④ $\frac{A}{Bg}$

풀이 $\gamma=A(\text{N/m}^3)$

$\mu=B\ (\text{N}\cdot\text{s/m}^2)$

동점성계수 $\nu=\frac{\mu}{\rho}=\frac{\mu}{\left(\frac{\gamma}{g}\right)}=\mu\frac{g}{\gamma}=\frac{B\ g}{A}$

해 답

10 ④　11 ②　12 ①

13 수조의 수면으로부터 20m 아래에 설치된 직경 4cm의 오리피스에서 1분간 분출된 유량은 약 몇 m^3인가?(단, 수심은 일정하게 유지된다고 가정하고 오리피스의 유량계수 C=0.98로 하며 다른 조건은 무시한다)

① 1.46 ② 2.46
③ 3.46 ④ 4.86

풀이 $V=c\sqrt{2gh}$ 를 이용하면

$V=0.98\sqrt{2\times9.8\times20}=19.4\text{m/s}=1{,}164\text{m/min}$

$Q=AV=\frac{\pi}{4}\times0.04^2\times1{,}164=1.46\text{m}^3/\text{min}$

14 어떤 액체의 체적이 10m^3일 때 질량이 8,800kg이었다. 이 액체의 비중은 얼마인가?

① 0.88 ② 0.45
③ 0.98 ④ 1.13

풀이 $S=\frac{W/V}{W_w/V_w}=\frac{mg/V}{m_wg/V_w}=\frac{\gamma}{\gamma_w}=\frac{\rho}{\rho_w}$ 에서

밀도 $\rho=\frac{M}{V}=\frac{8{,}800}{10}=880\text{kg/m}^3$

비중 $S=\frac{\rho}{\rho_w}=\frac{880}{1000}=0.88$

15 밑면은 한 변의 길이가 1m인 정사각형이고 높이 1.5m인 직육면체 탱크에 물을 가득 채웠다. 한쪽 측면에 작용하는 힘은 몇 kN인가?

① 14.7 ② 11.0
③ 22.1 ④ 7.4

풀이 작용력 $F=\gamma h_gA=9800\text{N/m}^3\times1.5\times(1\times1.5)=22050\text{N}=22.050\text{kN}$

해 답

13 ① 14 ① 15 ②

16 부착적 손실이 $H=K\frac{V^2}{2g}$ 인 관의 상당길이(Le)는?(단, d는 관지름, f는 관마찰계수, k는 부차손실계수)

① $\frac{K \cdot d}{f}$ ② $\frac{f}{K \cdot d}$ ③ $\frac{f \cdot K}{d}$ ④ $\frac{d}{f \cdot K}$

풀이 등가길이 $\leq = \frac{Kd}{f}$

여기서, K : 부차적 손실계수
d : 관지름
f : 관마찰계수

17 다음은 어떤 열역학적 법칙을 설명한 것인가?

> 온도가 서로 다른 물체를 접촉시키면 높은 온도를 지닌 물체의 온도가 내려가고(열을 방출), 낮은 온도의 물체는 온도가 올라가서(열을 흡수) 두 물체는 온도차가 없어지게 된다.

① 열역학 제3법칙 ② 열역학 제2법칙
③ 열역학 제1법칙 ④ 열역학 제0법칙

풀이 열역학 제 0법칙 : 온도가 높은 물체가 낮은 물체를 접촉시키면 온도가 높은 물체에서 낮은 물체로 열이 이동하여 두 물체의 온도는 평형을 이루게 된다.

18 수평으로 설치된 안지름 D, 길이 L의 곧은 원관 내에 체적유량 Q의 유체가 흐를 때 손실수두는?(단, 관마찰계수는 f이고 중력가속도는 g이다)

① $\frac{4fLQ^2}{\pi^2 gD^4}$ ② $\frac{8fLQ^2}{\pi^2 gD^4}$
③ $\frac{4fLQ^2}{\pi^2 gD^5}$ ④ $\frac{8fLQ^2}{\pi^2 gD^5}$

풀이 손실수두 $h_L = f\frac{L}{D}\frac{v^2}{2g}$ 에서

$$h_L = fL\frac{\left(\frac{4Q}{\pi D^2}\right)^2}{2gD} = \frac{8fLQ^2}{\pi^2 gD^5}$$

해 답

16 ① 17 ④ 18 ④

19 공기 1kg을 절대압력 100kPa, 체적 0.85m^3의 상태로부터 절대압력 500kPa, 온도 300℃로 변환시켰다면, 상승된 온도는 얼마인가?(단, 공기의 기체상수는 287J/kg · K이다)

① 0℃
② 277℃
③ 296℃
④ 376℃

풀이 이상기체상태방정식 $PV = WRT$에서

$$T = \frac{PV}{WR} = \frac{100 \times 10^3 \times 0.85}{1 \times 287} = 296K = 23℃$$

온도차는 300 - 23 = 277℃

20 다음 설명 중 틀린 것은?

① 흡입배관에서 마찰손실수두를 작게 하면 펌프의 공동현상을 방지할 수 있다.
② 배관의 직경을 크게 하고 유속을 낮게 하면 수격작용을 방지할 수 있다.
③ 흡수면에서 최상층 송출 수면까지의 수직거리를 전양정이라 한다.
④ 특성이 같은 원심펌프 2대를 직렬로 설치하면 양정을 높일 수 있다.

풀이 전양정 = 실양정 + 마찰손실수두
실양정 : 낮은 곳의 수면에서 최고위의 수직거리를 수주(수두압)라 한다.

해 답

19 ② 20 ③

25 2013년 제1회 소방설비산업기사

01 회전수 1000rpm, 전양정 60m에서 $0.12m^3/s$의 물을 배출하는 펌프의 축동력이 100kW이다. 이 펌프와 상사인 펌프가 크기가 3배이면서 500rpm으로 운전될 때의 축동력을 구하면 몇 kW인가? (소방설비산업기사 2013년 3월 10일 시행-1회)

① 2037.5 ② 203.75 ③ 3037.5 ④ 4037.5

풀이 본 교재 식 (7.11) 참조

$$\frac{P_1}{P_2} = \left(\frac{N_2}{N_1}\right)^3 \times \left(\frac{D_2}{D_1}\right)^5 \Rightarrow \left(\frac{P_2}{100\text{kW}}\right) = \left(\frac{500\text{rpm}}{1000\text{rpm}}\right)^3 \times \left(\frac{3}{1}\right)^5$$

$\therefore\ P_2 = 3057.5\text{kW}$

02 그림과 같이 고정된 노즐에서 균일한 유속 V=40m/s, 유량 $Q=0.2m^3/s$로 물이 분출되고 있다. 분류와 같은 방향으로 u=10m/s의 일정 속도로 운동하고 있는 평판에 분사된 물이 수직으로 충돌할 때 분류가 평판에 미치는 충격력은 몇 kN인가? (소방설비산업기사 2013년 3월 10일 시행-1회)

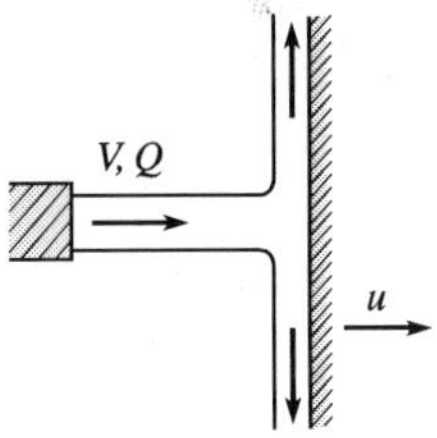

① 4.5 ② 6 ③ 44.1 ④ 58.8

풀이 본 교재 식 (3.4), (4.10) 참조

$$F = \rho A(V-u)^2 = 1000\text{N}\cdot\text{s}^2/\text{m}^4 \times 0.005\text{m}^2[(40-10)\text{m/s}]^2 = 4.5\text{kN}$$

여기서,

1) $A = \dfrac{Q}{V} = \dfrac{0.2\text{m}^3/\text{s}}{40\text{m/s}} = 0.005\text{m}^2$

03 20℃에서 물이 지름 75mm인 관 속을 $1.9\times10^{-3}m^3/s$로 흐르고 있다. 이때 레이놀즈수는 얼마 정도인가? (단, 20℃일 때 물의 동점성계수는 $1.006\times10^{-6}m^2/s$이다.) (소방설비산업기사 2013년 3월 10일 시행-1회)

① 1.13×10^4 ② 1.99×10^4 ③ 2.83×10^4 ④ 3.21×10^4

풀이 본 교재 식 (3.7), (5.1) 참조

$$Re = \frac{\rho VD}{\mu} = \frac{VD}{\nu} = \frac{0.075\text{m} \times 0.43\text{m/s}}{1.0006\times10^{-6}\text{m}^2/\text{s}} \fallingdotseq 32057.654$$

해 답

01 ③ 02 ① 03 ②

여기서,

$$V = \frac{Q}{A} = \frac{0.0019\text{m}^3/\text{S}}{\frac{\pi \times (0.075\text{m})^2}{4}} \fallingdotseq 0.43\text{m/s}$$

04 검사면을 통과하는 유동에 대하여 질량유량($\dot{m}$)을 $\dot{m}=\rho A V$로 구할 때 필요한 조건이 아닌 것은? (단, ρ는 밀도, A는 유동단면적, V는 유체의 속도이다.) (소방설비산업기사 2013년 3월 10일 시행–1회)

① 검사면은 움직이지 않는다.
② 밀도는 일정하다.
③ 검사면이 원형이다.
④ 유동은 검사면에 수직이다.

풀이 본 교재 식 (3.5) 참조
m = ρAV에서
1) 밀도는 일정.
2) 유동은 검사면에 수직이어한다.
3) 검사시 검사면은 유동하지 않는다는 조건하에서 질량유량을 구한다.
∴ 검사면의 형태와는 무관하다.

05 온도차이 $\triangle T$, 열전도율 k, 두께 x, 열전달면적 A인 벽을 통한 열전달률이 Q이다. 동일한 열전달면적인 상태에서 온도차이가 2배, 벽의 열전도율이 4배가 되고 벽의 두께가 2배가 되는 경우 열전달률은 몇 배가 되는가? (소방설비산업기사 2013년 3월 10일 시행–1회)

① 4배　　② 8배
③ 16배　　④ 32배

풀이 본 교재 식 (1.18) 참조 : 열전달량은 열전달률과 같으므로,

$$q = \frac{kA(T_2 - T_1)}{x} = \frac{4\text{배} \times 2\text{배}}{2\text{배}} = 4\text{배}$$

여기서, q = 열전달량, k = 열전도율, x = 두께, T_2-T_1 = 온도차이

해 답

04 ③　05 ①

06 그림과 같이 물이 흐르고 있는 관에 설치된 시차액주계를 보고 A, B 두 지점의 압력차를 구하면 약 몇 kPa인가? (소방설비산업기사 2013년 3월 10일 시행-1회)

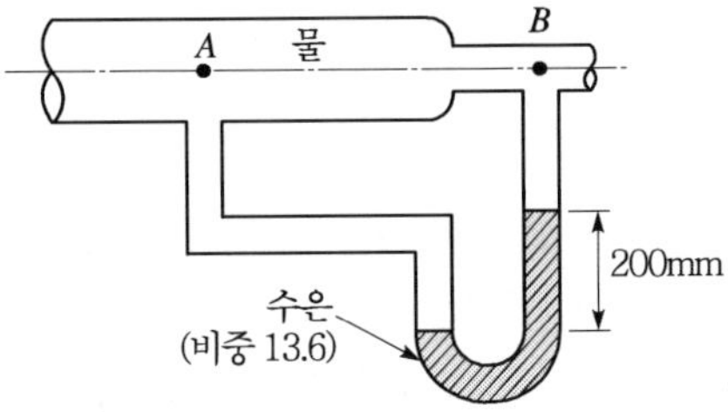

① 2.72 ② 6.73
③ 24.7 ④ 52.5

풀이 본 교재 식 (1.8) 참조

$$\Delta P = P_1 - P_2 = R(\gamma_s - \gamma) = 0.2\text{m} \times (133.28 - 9.8)\text{kN/m}^3 = 24.7\text{kPa}$$

여기서,

$S = \dfrac{\gamma}{\gamma_w}$ 에서 수은의 비중량 $\gamma = \gamma_w \times S = 9800\text{N/m}^3 \times 13.6 = 133.28\text{kN/m}^3$

07 깊이를 모르는 물속에서 생성된 직경 1cm의 공기 기포가 수면으로 부상하여 직경 2cm로 팽창하였다. 기포 내 온도가 일정하다면 물의 깊이는 몇 m인가? (단, 중력가속도는 10m/s^2, 대기압은 10^{5}N/m^2, 물의 밀도는 1000kg/m^{3}로 가정한다.) (소방설비산업기사 2013년 3월 10일 시행-1회)

① 70 ② 80
③ 9 ④ 100

풀이 본 교재 식 (1.13) 참조

$$P_1V_1 = P_2V_2 \Rightarrow 10^5\text{N/m}^2 \times 8V_2\text{m}^2 = [10^5\text{N/m}^2 + (1000\text{N} \cdot \text{S}^2/\text{m}^4 \times 10\text{m/S}^2)h] \times V_2\text{m}^2$$

$$h = \frac{(800000 - 100000)\text{N/m}^2}{10000\text{N/m}^3} = 70\text{m}$$

여기서,

1) 팽창 후 압력 ⇒ $P_2 = P_1 + \rho gh = 10^5\text{N/m}^2 + (1000\text{N} \cdot \text{s}^2/\text{m}^4 \times 10\text{m/s}^2)h$

2) 구의 부피는 $V = \dfrac{4}{3}\pi r^3 =$ 직경 2배 팽창시 부피는 8배 팽창

08 물이 담긴 탱크의 밑바닥 옆면에 지름 5mm의 구멍이 뚫렸다. 탱크는 오리피스의 단면에 비하여 무한히 크다. 오리피스 중심으로부터 물이 몇 m 높이로 탱크에 담겨 있을 때 10m/s로 물이 분출되겠는가? (단, 오리피스의 속도계수는 C_v=0.9이다.) (소방설비산업기사 2013년 3월 10일 시행-1회)

① 5.1 ② 6.3
③ 7.5 ④ 8.7

해 답

06 ③ 07 ① 08 ②

풀이 본 교재 식 (4.5) 참조

$V = C_v\sqrt{2gh}$ 에서

$$h = \frac{V^2}{C_v^2 2g} = \frac{(10\text{m/s})^2}{0.9^2 \times 2 \times 9.8\text{m/s}^2} \fallingdotseq 6.3\text{m}$$

09 무게가 45000N인 어떤 기름의 체적이 5.63m^{3}일 때 이 기름의 밀도는 몇 kg/m^{3}인가? (소방설비산업기사 2013년 3월 10일 시행-1회)

① 815.6 ② 803.1
③ 792.9 ④ 781.1

풀이 본 교재 식 (2.17), (1.6) 참조

$W = \gamma V \Rightarrow$

$\gamma = \rho g$

$$\gamma = \frac{W}{V} = \frac{45000\text{N}}{5.63\text{m}^3} \fallingdotseq 7992.895\text{N/m}^3$$

$$\rho = \frac{\gamma}{g} = \frac{7992.895\text{N/m}^3}{9.8\text{m/s}^2} \fallingdotseq 815.6155\text{N}\cdot\text{s}^2/\text{m}^4 = 815.6\text{kg/m}^3$$

10 펌프의 이상현상 중 허용흡입수두와 가장 관련이 있는 것은? (소방설비산업기사 2013년 3월 10일 시행-1회)

① 수온상승현상 ② 수격현상
③ 공동현상 ④ 서징현상

풀이 본 교재 (7.5절) 참조

1) 수격현상(Water hammer phenomenon) : 배관측 밸브를 급격히 열고 닫을 때 동압이 정압, 정압이 동압으로 급격히 전환되면서 발생하는 충격현상.
2) 서징현상(Surging phenomenon) : 압축기, 송풍기 등을 저유량에서 사용하면 압력 유량이 주기적으로 변하여 소음, 진동이 발생하며 펌프의 토출유량이 변동하는 현상.
3) 수온상승현상은 허용흡입수두와 무관.
4) 공동현상(Cavitation phenomenon) : 펌프의 흡입양정이 높거나 유속의 급변동 등으로 유체압력이 국부적으로 포화증기압이하로 내려가 증기공동을 만듦으로서 물이 흡입되지 않는 현상.

해 답

09 ① 10 ③

11 피스톤과 실린더로 구성된 밀폐된 용기 내에 일정한 질량의 이상기체가 차 있다. 초기 상태의 압력은 2bar, 체적은 $0.5m^3$이다. 이 시스템의 온도가 일정하게 유지되면서 팽창하여 압력이 1bar가 되었다. 이 과정 동안에 시스템이 한 일은 몇 kJ인가? (소방설비산업기사 2013년 3월 10일 시행–1회)

① 52.1 ② 57.2 ③ 62.7 ④ 69.3

풀이 절대일 공식 : 본 교재 식 (1.24) 참조

$${}_1W_2 = P_1V_1\ln\frac{V_2}{V_1} = P_1V_1\ln\frac{P_1}{P_2}$$

1) $\frac{V_2}{V_1} = \frac{P_1}{P_2} \Rightarrow \frac{V_2}{0.5m^3} = \frac{1bar}{2bar} \Rightarrow V_2 = \frac{1}{2}\times 0.5m^3 = 0.25m^3$

2) $2bar = \frac{2bar}{1.013bar}\times 1.01324kPa \doteqdot 200kPa = 200kJ/m^3$

$${}_1W_2 = P_1V_1\ln\frac{V_2}{V_1} = 200kJ/m^3\times 0.5m^3\times\ln\frac{0.25m^3}{0.5m^3} \doteqdot -69.30kJ$$

12 다음 물질 중 비열이 가장 큰 것은? (소방설비산업기사 2013년 3월 10일 시행–1회)

① 공기 ② 물 ③ 콘크리트 ④ 철

풀이 비열순서 : 물>공기>콘크리트>철

비열 : 어떤 물질 1g을 1>℃올리는데 필요한 열량. 비열의 단위 : 1kal/kg℃

13 전양정이 60m이고, 양수량이 $0.032m^3/s$인 원심펌프의 축동력이 22.4kW이다. 이 펌프의 효율은 얼마인가? (소방설비산업기사 2013년 3월 10일 시행–1회)

① 119% ② 84% ③ 75% ④ 8.6%

풀이 본 교재 식 (7.6) 이용하면

$$Ps[kW] = \frac{\gamma HQ}{102\times 60\times\eta} = \frac{0.163HQ}{\eta}$$

$$\eta = \frac{0.163HQ}{P} = \frac{0.163\times(0.032\times 60)m^3/min\times 60m}{22.4kW} \doteqdot 0.84$$

$\therefore 84\%$

해 답

11 ④ 12 ② 13 ②

14 급격 확대관과 급격 축소관에서 부차적 손실계수를 정의하는 기준속도는? (소방설비산업기사 2013년 3월 10일 시행-1회)

① 모두 상류속도
② 모두 하류속도
③ 급격 확대관 : 상류속도, 급격 축소관 : 하류속도
④ 급격 확대관 : 하류속도, 급격 축소관 : 상류속도

풀이 배관 마찰손실의 주원인
1) 관내 마찰 손실
-관내에서 유체와 관로벽면과의 마찰에 의함
-유체의 난류에 의함
-유체의 점성에 의함
2) 국부 저항 손실
-관경의 변화(축소 및 확대)에 의함
-관의 굴곡에 의함
-배관중 밸브 이음쇠 등에 의함
*부차적 손실계수를 결정하는 기준
-급격한 축소관⇒하류속도
-급격한 확대관⇒상류속도

15 지름 200mm인 수평 원관 내를 어떤 액체가 층류로 흐를 때 관 벽에서의 전단응력이 150Pa이다. 관의 길이가 30m일 때 압력강하 ΔP는 몇 kPa인가? (소방설비산업기사 2013년 3월 10일 시행-1회)

① 70 ② 80 ③ 90 ④ 100

풀이 본 교재 식 (6.3)을 이용하면,

$$\tau = \frac{P_1 - P_2}{2l} \times \mathrm{R} \Rightarrow P_1 - P_2 = \frac{2\tau l}{R} = \frac{2 \times 150\mathrm{Pa} \times 30\mathrm{m}}{0.1\mathrm{m}} = 90000\mathrm{Pa} = 90\mathrm{kPa}$$

16 어떤 관 속의 정압(절대압력)은 294kPa, 온도는 27℃, 공기의 기체상수 R=287J/kg·K일 경우, 안지름 250mm인 관 속을 흐르고 있는 공기의 평균유속이 50m/s이면 공기는 매초 약 몇 kg이 흐르는가? (소방설비산업기사 2013년 3월 10일 시행-1회)

① 8.4 ② 9.5
③ 10.7 ④ 12.5

해 답

14 ③ 15 ③ 16 ①

풀이 본 교재 식 (3.4)를 이용하면

$m = \rho A V = 3.42kg/m^3 \times 0.0490625m^2 \times 50m/s = 8.3897kg/s \doteqdot 8.4kg/s$

1) $A = \dfrac{\Pi \times 0.25^2}{4} = 0.0490625m^2$,

2) V = 50m/s

3) 밀도 $\rho = \dfrac{P}{RT} = \dfrac{294000Pa}{287J/kg \cdot K \times (273+27)K} \doteqdot 3.42kg/m^3$

17 소화설비비용으로 많이 사용하는 유량계에 대한 설명으로 잘못된 것은? (소방설비산업기사 2013년 3월 10일 시행-1회)

① 유량측정시 플로트의 변동 폭이 클 때는 최고점의 값을 읽는다.
② 유량계 전・후 배관에 관 부속품(밸브 등)이 근접 설치되어 있으면 안 된다.
③ 유량계의 규격 관경과 실제 관경이 일치하는지 확인해야 한다.
④ 유량계의 설치방향과 유동방향이 일치하는지 확인해야 한다.

풀이 유량측정시 플로트의 변동폭이 클때에는 중간점의 값을 읽는다.

18 유체에 대한 일반적인 설명으로 틀린 것은? (소방설비산업기사 2013년 3월 10일 시행-1회)

① 아무리 작은 전단응력이라도 물질 내부에 전단응력이 생기면 정지상태로 있을 수가 없다.
② 점성이 없고 비압축성인 유체를 이상유체라 한다.
③ 충격파는 비압축성 유체에서는 잘 관찰되지 않는다.
④ 유체에 미치는 압축의 정도가 커서 밀도가 변하는 유체를 비압축성 유체라 한다.

풀이 유체에 미치는 압축의 정도가 커서 밀도가 변하는 유체를 압축성 유체라 한다.

19 직경 2m의 원형 수문이 그림과 같이 수면에서 3m 아래에 30°각도로 기울어져 있을 때 수문의 자중을 무시하면 수문이 받는 힘은 몇 kN인가? (소방설비산업기사 2013년 3월 10일 시행-1회)

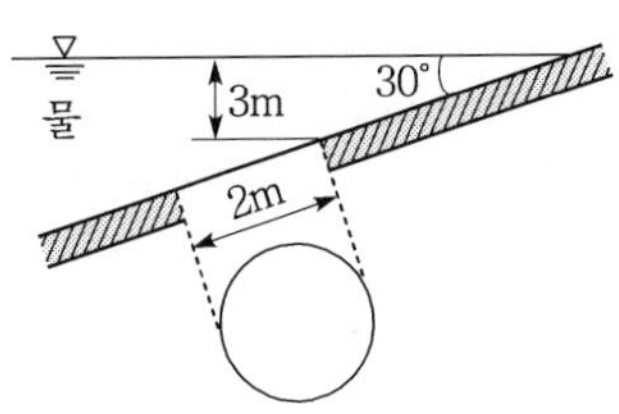

① 107.7 ② 94.2
③ 78.5 ④ 62.8

해 답

17 ① 18 ④ 19 ①

풀이 본 교재 식 (2.16)을 이용하면

$$F = \gamma y \sin\theta A = 9.8\text{N/m}^3 \times 3.5\text{m} \times \frac{\pi R^2}{4} \fallingdotseq 107.7\text{kN}$$

여기서,

$h = 3\text{m} + y_c \sin\theta = 3\text{m} + (1\text{m} \times \sin 30°) = 3.5\text{m}$

20 압력이 100kPa · abs이고 온도가 55℃인 공기의 밀도는 몇 kg/m^3인가? (단, 공기의 기체상수는 287J/kg · K이다.) (소방설비산업기사 2013년 3월 10일 시행-1회)

① 12.0 ② 24.2

③ 1.06 ④ 2.14

풀이 본 교재 식 (1.14)를 이용하면,

$$\text{밀도 } \rho = \frac{P}{RT} = \frac{1000 \times 1000\text{J/m}^3}{287\text{J/kg} \cdot \text{K} \times (273 + 55)\text{K}} \fallingdotseq 1.06\text{kg/m}^3$$

해 답

20 ②

26 2013년 제2회 소방설비 산업기사

01 그림과 같이 수평으로 놓여 있는 엘보에 물이 0.05m^3/s의 유량으로 흐른다. 관의 지름이 10cm, 엘보 입구와 출구의 계기압력이 각각 200kPa, 150kpa일 때 x방향으로 작용하는 힘(R_x)은 약 몇 N인가? (소방설비산업기사 2013년 6월 12일 시행–2회)

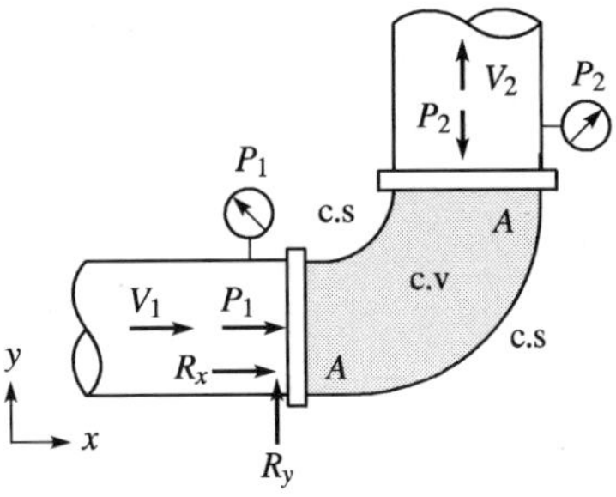

① −1209　　② −1538
③ −1889　　④ −2108

풀이 본 교재 식 (4.15)를 이용하면

힘 $F = P_1A + \rho QV(1-\cos\theta)$

= (200000N/m^2×0.007853m2 + 1000N · s^2/m^4×0.05m^3/s×6.37m/sec(1 −cos90)

= 1889N

여기서,

1) 단면적 A = $\frac{\pi R^2}{4}$ = $\frac{\pi \times (0.1\text{m})^2}{4}$ = 0.007853m^2

2) 유량 Q = AV ⇒ V = $\frac{Q}{A}$ = $\frac{0.05\text{m}^3/\text{s}}{0.007853\text{m}^2}$ ≑ 6.37m/s

02 어떤 유체 2m^3의 무게가 18000N일 때, 이 유체의 비중은 약 얼마인가? (소방설비산업기사 2013년 6월 12일 시행–2회)

① 0.82　　② 0.92　　③ 1.01　　④ 9.0

풀이 본 교재 식 (1.5), (1.8)을 이용하면,

S = $\frac{\gamma}{\gamma_\omega}$ = $\frac{9000\text{N/m}^3}{9800\text{N/m}^3}$ = 0.918367 ≑ 0.92

여기서,

1) γ = $\frac{W}{V}$ = $\frac{18000\text{N}}{2\text{m}^3}$ = 9000N/m^3

03 소화용수 공급용 배관에서의 압력손실에 대한 설명 중 옳은 것은? (소방설비산업기사 2013년 6월 12일 시행–2회)

① 완전 난류의 경우 관 마찰손실수두는 속도에 비례하여 증가한다.
② 동일유량인 경우는 직경이 큰 관의 압력손실이 더 크다.

해 답

01 ③　　02 ②　　03 ④

③ 관 부속품에 의한 손실수두는 압력수두에 비례하여 증가한다.
④ 수평배관에서의 압력손실 발생은 관의 마찰에 의한 값이 가장 크다.

풀이 1) 수평배관에서의 압력손실 발생은 관의 마찰에 의한 값이 가장 크다
2) 관 부속품에 의한 손실수두는 속도수두에 비례하여 증가한다.
3) 동일유량인 경우 직경이 큰관의 압력손실이 더 작다.
4) 난류의 경우 관 마찰손실수두는 속도의 제곱에 비례하여 증가한다.

04 회전수가 1500rpm일 때 송풍기 전압 3.92kPa, 풍량 6m^3/min을 내는 팬이 있다. 이때 축동력이 0.6kW라면 전압효율은 대략 몇 %인가? (소방설비산업기사 2013년 6월 12일 시행-2회)

① 55% ② 60%
③ 65% ④ 70%

풀이 본 교재 식 (7.7)을 이용하면,

$$P[\text{kW}] = \frac{\gamma HQ}{102 \times 60 \times \eta}K\text{에서}$$

$$\text{효율 } \eta = \frac{399.72\text{mm}Aq \times 6\text{m}^3/\text{min}}{102 \times 60 \times 0.6\text{kW}} \div 0.65 = 65\%$$

1) 101.325kPa = 10332mmAq

2) $3.92\text{kPa} = \frac{3.92\text{kPa}}{101.325\text{kPa}} \times 10332\text{mmAq} \div 399.72\text{mmAq}$

3) K= 1

05 다음 그림과 같은 U자관 차압마노미터가 있다. 압력차 $P_A - P_B$를 바르게 표시한 것은? (단, γ_1, γ_2, γ_3는 비중량, h_1, h_2, h_3는 높이 차이를 나타낸다.) (소방설비산업기사 2013년 6월 12일 시행-2회)

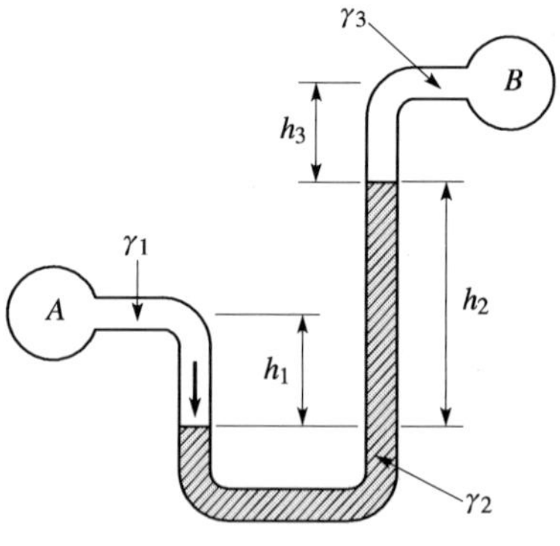

① $-\gamma_1 h_1 - \gamma_2 h_2 + \gamma_3 h_3$
② $-\gamma_1 h_1 + \gamma_2 h_2 + \gamma_3 h_3$
③ $\gamma_1 h_1 + \gamma_2 h_2 - \gamma_3 h_3$
④ $\gamma_1 h_1 - \gamma_2 h_2 - \gamma_3 h_3$

풀이 본 교재 식 (2.14)를 이용하면

$$P_A + \gamma_1 h_1 = P_B + \gamma_2 h_2 + \gamma_3 h_3$$

$$P_A - P_B = \gamma_2 h_2 + \gamma_3 h_3 - \gamma_1 h_1$$

해 답

04 ③ **05** ②

06 지름 4cm인 관에 동점성계수 $5 \times 10^{-2} cm^2/s$인 유체가 평균속도 2m/s로 흐르고 있을 때 레이놀즈수는 얼마인가? (소방설비산업기사 2013년 6월 12일 시행-2회)

① 14000　② 16000　③ 18000　④ 20000

풀이 본 교재 식 (5.1)을 이용하면,

$$Re = \frac{\rho VD}{\mu} = \frac{DV}{\mu} = \frac{4cm \times 200cm/s}{5 \times 10^{-2} cm^2/s} \doteqdot 16000$$

07 보일의 법칙은 이상기체의 어떤 상태량이 일정한 조건에서의 상태변화를 나타낸 것인가? (소방설비산업기사 2013년 6월 12일 시행-2회)

① 온도　② 압력　③ 비체적　④ 밀도

풀이 본 교재 식 (1.13)인 보일의 법칙의 이용하면,
온도가 일정할 때 기체의 부피는 절대압력에 반비례한다.

08 단열 노즐의 출구에서 압력 0.1MPa의 건도 0.95인 습증기(포화액 엔탈피 : 418kJ/kg, 포화증기 엔탈피 : 2706kJ/kg) 1kg이 배출될 때, 습증기의 엔탈피는 몇 kJ인가? (소방설비산업기사 2013년 6월 12일 시행-2회)

① 397.1　② 2570.7　③ 2591.6　④ 2988.7

풀이 증기의 엔탈피 h는

$$h = hf + mx(hg - hf) = 418kJ/kg + 1kg \times 0.95 \times (2706 - 418)kJ/kg \doteqdot 2591.6kJ$$

09 옥내소화전 노즐선단에서 물 제트의 방사량이 0.1m3/min, 노즐선단 내경이 25mm일 때 방사압력(계기압력)은 약 몇 kPa인가? (소방설비산업기사 2013년 6월 12일 시행-2회)

① 3.27　② 4.41　③ 5.32　④ 5.78

풀이 본 교재 식 (3.4), (4.1)을 이용하면,

$$H = \frac{V^2}{2g} = \frac{(3.395m/s)^2}{2 \times 9.8m/s^2} \doteqdot 0.588m$$

여기서,

1) Q = AV에서 $V = \dfrac{Q}{A} = \dfrac{\frac{0.1m^3}{60s}}{\frac{\pi(0.025m)^2}{4}} = 3.395m/sec$

2) $0.588m = \dfrac{0.588m}{10.332m} \times 101.325kPa \doteqdot 5.78kPa$

3) $10.332mmH_2O = 10.332m = 101.325kPa$

해 답

06 ②　07 ①　08 ③　09 ④

10 그림과 같이 탱크에 비중이 0.9인 기름과 물이 들어있다. 벽면 AB에 작용하는 유체(기름 및 물)에 의한 힘은 약 몇 kN인가? (단, 벽면 AB의 폭(y방향)은 2m이다.) (소방설비산업기사 2013년 6월 12일 시행-2회)

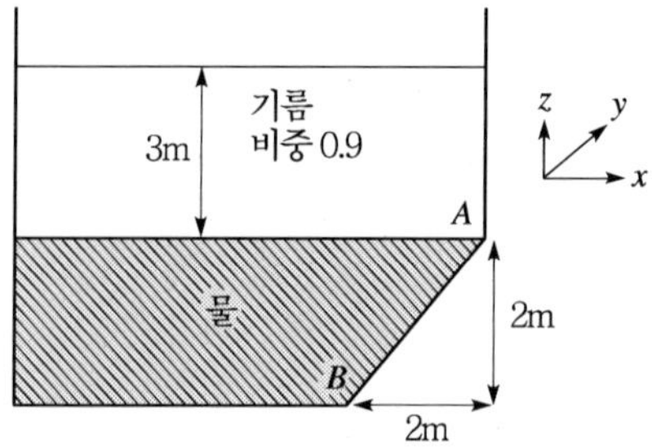

① 185 ② 205
③ 315 ④ 415

풀이 본 교재 식 (2.3) 참조

P = P_A(기름부분의 압력) + P_B(물의 경사면에 미치는 압력)

$P_A + P_B = \gamma_1 h_1 + \gamma_2 h_2$

$= 9800\text{N/m}^3 \times 0.9 \times 3\text{m} + 9800\text{N/m}^3 \times \sqrt{2}\,\sin 45\text{m}$

$= 26460\text{N/m}^2 + 9798.52\text{N/m}^2$

=36258.52N/m2

∴ F = P(전체압력) ×A(경사면의 면적)

$= 36258.52\text{N/m}^2 \times 2.828\text{m} \times 2\text{m} = 205078\text{N} \doteqdot 205.08\text{kN}$

11 체적이 0.5m^3인 탱크에 산소가 10kg이 들어있다. 탱크 내부의 온도가 23℃라면 압력은 약 몇 MPa인가? (단, 일반기체상수는 8314J/kmol · K이다.) (소방설비산업기사 2013년 6월 12일 시행-2회)

① 1.452 ② 1.539 ③ 1.653 ④ 1.725

풀이 본 교재 식 (1.14)를 이용하면,

이상기체 상태 방정식

$PV = \dfrac{m}{M}RT = \dfrac{10\text{kg}}{0.5\text{m}^3 \times 32\text{kg/Kmol}} \times 8.3\text{KJ/Kmol} \cdot \text{K} \times (273+23)\text{K} = 1539\text{kJ/m}^3$

$= 1539\text{kPa}$

여기서,

1) 산소분자량 16 × 2 = 32kg/Kmol

12 펌프의 흡입이론에서 볼 때 대기압이 100kPa인 곳에서 펌프의 흡입배관으로 물을 흡입할 수 있는 이론 최대높이는 약 몇 m인가? (소방설비산업기사 2013년 6월 12일 시행-2회)

① 5 ② 10 ③ 14 ④ 98

풀이 본 교재 식 (4.1) 참조

베르누이방정식에서의 압력수두식

$H = \dfrac{P}{\gamma} = \dfrac{100000\text{Pa}}{9800\text{N/m}^3} \doteqdot 10\text{m}$

해 답

10 ② 11 ② 12 ②

13 물이 흐르고 있는 관 내에 피토정압관을 넣어 정체압 P_s와 정압 P_o를 측정하였더니, 수은이 들어 있는 피토정압관에 연결한 U자관에서 75mm의 액면차가 생겼다. 피토정압관 위치에서의 유속은 몇 m/s인가? (단, 수은의 비중은 13.6이다.) (소방설비산업기사 2013년 6월 12일 시행-2회)

① 4.3　　② 4.45　　③ 4.6　　④ 4.75

풀이 본 교재 식 (4.5)를 이용하면,

$$V=\sqrt{2gh\left(\frac{\gamma}{\gamma_w}-1\right)} = \sqrt{2\times 9.8\times 0.075\left(\frac{13.6}{1}-1\right)} \doteqdot 4.3\text{m/s}$$

14 기준면에서 5m 위에 있는 내경 50mm의 소화전 배관으로 분당 0.39m^{3}의 소화용수가 흐른다. 이 배관 속 소화수의 압력이 150kPa이라면 소화수의 전 수두는 약 몇 m인가? (소방설비산업기사 2013년 6월 12일 시행-2회)

① 5　　② 15　　③ 21　　④ 31

풀이 본 교재 식 (4.1)을 이용하면,

$$H = \frac{V^2}{2g} + \frac{P}{\gamma} + z = \frac{(3.31\text{m/s})^2}{2\times 9.8\text{m/s}^2} + \frac{150000\text{N/m}^2}{9800\text{N/m}^3} + 5\text{m} \doteqdot 21\text{m}$$

여기서,

$$V=\frac{Q}{\frac{\pi R^2}{4}}-\frac{0.39\text{m}^3/\text{min}}{\frac{\pi(0.05\text{m})^2}{4}}=\frac{0.0065\text{m}^3/\text{s}}{0.0019625}\fallingdotseq 3.31\text{m/s}$$

15 돌연 확대관에서의 손실수두는? (소방설비산업기사 2013년 6월 12일 시행-2회)

① 압력수두에 반비례한다.
② 위치수두에 비례한다.
③ 유량에 반비례한다.
④ 속도수두에 비례한다.

풀이 본 교재 식 (6.14) 참조

단면 급확대관의 손실수두 : 속도수두의 자승에 비례한다.

$$H = K_e\frac{(V_1)^2}{2g} \qquad (6.14)$$

해 답

13 ①　　14 ③　　15 ④

16 안지름 1000mm의 원통형 수조에 들어있는 물을 안지름 150mm인 관을 통해 평균유속 3m/s로 배출한다. 이때 수조 내의 수면의 강하속도는 몇 cm/s인가? (소방설비산업기사 2013년 6월 12일 시행–2회)

① 3.24 ② 1.423 ③ 6.75 ④ 14.13

풀이 본 교재 식 (3.4) 참조: 수면강하속도

$$\frac{V_1}{V_2} = \frac{A_2}{A_1} = \left(\frac{R_2}{R_1}\right)^2 \Rightarrow$$

$$\frac{V_1}{300\text{cm/s}} = \left(\frac{15\text{cm}}{100\text{cm}}\right)^2 \Rightarrow V_1 = 6.75\text{cm/s}$$

17 비점성 유체를 가장 잘 설명한 것은?(소방설비산업기사 2013년 6월 12일 시행–2회)

① 실제 유체를 뜻한다.
② 전단응력이 존재하는 유체흐름을 뜻한다.
③ 유체 유동시 마찰저항이 존재하는 유체이다.
④ 유체 유동시 마찰저항이 유발되지 않는 이상적인 유체를 말한다.

풀이 본 교재 제1장 참조 : 비점성 유체
비점성유체 : 유체의 유동시 마찰저항이 유발되지 않는 이상 유체를 비점성 유체라 한다.

18 표준대기압에서 측정한 용기 내의 압력이 각각 다음과 같다. 압력이 가장 낮은 용기는? (소방설비산업기사 2013년 6월 12일 시행–2회)

① 진공게이지 눈금이 500mmHg이다.
② 진공게이지 눈금이 1.0kgf/cm^2이다.
③ 진공도가 90%이다.
④ 진공도가 0이다.

풀이 본 교재 식 (2.2) 참조
* 절대압 = 대기압 – 진공압
1) 절대압 (760–500)mmHg = 260mmHg

2) $1.0\text{kg}_f/\text{cm}^2 = \frac{1.0\text{kg}_f/\text{cm}^2}{1.0332\text{kg}_f/\text{cm}^2} \times 760\text{mmHg} \doteqdot 735.6\text{mmHg}$

절대압 = (760–735.6)mmHg = 24.4mmHg

3) 진공도 90% = 76mmHg
4) 진공도 0% = 760mmHg

해 답

16 ③ 17 ④ 18 ②

19 물리량을 질량[M], 길이[L], 시간[T]의 기본 차원으로 나타낼 때, 에너지의 차원은? (소방설비산업기사 2013년 6월 12일 시행-2회)

① ML^2T^{-2}　② $ML^{-1}T^{-2}$　③ $ML^{-1}T^{-1}$　④ $ML^{-2}T^2$

풀이 본 교재 표 1.1 참조

물리량	절대 단위	중력단위	절대단위차원	중력단위차원
힘	$kg \cdot m/sec^2$	kg_f	MLT^{-2}	F
운동량	$kg \cdot m/sec$	$kg_f \cdot s$	MLT^{-1}	FT
일, 열	$kg \cdot m^2/sec^2$	$kg_f \cdot m$	ML^2T^{-2}	FL
일률	$kg \cdot m^2/sec^3$	$kg_f \cdot m/s$	ML^2T^{-3}	FLT^{-1}
압력	$kg/m \cdot sec^2$	kg_f/m^2	$ML^{-1}T^{-2}$	FL^{-2}
단위중량	$kg/m^2 \cdot sec^2$	kg_f/m^3	$ML^{-2}T^{-2}$	FL^{-3}
밀도	kg/m^3	$kg_f \cdot s^2/m^4$	ML^{-3}	$FL^{-4}T^2$
질량	kg	$kg_f \cdot s^2/m$	M	$FL^{-1}T^2$
점성계수	$kg/m \cdot sec$	$kg_f \cdot s/m^2$	$ML^{-1}T^{-1}$	$FL^{-2}T$
동점성계수	m^2/s	m^2/s	L^2T^{-1}	L^2T^{-1}

20 가로×세로가 80cm×50cm인 300℃로 가열된 평판에 수직한 방향으로 25℃의 공기를 불어주고 있다. 대류 열전달계수가 25W/m² · ℃일 때 공기를 불어넣는 면에서의 열전달률은 약 몇 kW인가? (소방설비산업기사 2013년 6월 12일 시행-2회)

① 2.0　② 2.75
③ 5.1　④ 7.3

풀이 열전달률 : 본 교재 식 (1.16) 참조

$$q = \frac{kA(T_2 - T_1)}{l} = 25W/m2\cdot℃ \times (0.8m \times 0.5m) \times (300-25)℃ = 2750W = 2.75kW$$

해 답

19 ①　20 ④

27 2013년 제4회 소방설비 산업기사

01 곧은 원관 속의 흐름이 층류일 때에 대한 설명으로 올바른 것은? (소방설비산업기사 2013년 9월 28일 시행-3회)

① 전단응력이 벽면에서는 0이고 중심까지 직선적으로 변한다.
② 전단응력이 중심을 최고점으로 하는 포물선의 형태를 갖는다.
③ 전단응력이 중심에서 0이고 중심으로부터 벽면까지 직선적으로 증가한다.
④ 전단응력이 전단면에 걸쳐 일정하다.

풀이 본 교재 식 (1.9) 참조
$\tau = \mu \dfrac{du}{dy}$ ⇒ 전단응력은 흐름의 중심에서 0이고, 관벽까지 직선으로 증가한다.

02 다음 중 열역학 제2법칙을 설명한 것으로 잘못된 것은? (소방설비산업기사 2013년 9월 28일 시행-3회)

① 열효율 100%인 열기관은 제작이 불가능하다.
② 열은 스스로 저온체에서 고온체로 이동할 수 없다.
③ 제2종 영구기관은 동작물질의 종류에 따라 존재할 수 있다.
④ 열기관에서 일을 얻으려면 최소 두 개의 열원이 필요하다.

풀이 본 교재 제1.6절 참조
열역학 제2법칙
1) 자발적인 변화는 비가역적이다.
2) 열은 스스로 저온에서 고온으로 절대로 흐르지 않는다.
3) 열을 완전히 일로 바꿀 수 있는 열기관을 만들 수 없다.
4) 열기관에서 일을 얻으려면 최소 두 개의 열원이 필요하다.

03 한 변의 길이가 10cm인 금속 정육면체가 대류에 의해 열을 외부공기로 방출한다. 이 금속 정육면체는 100W의 전기히터에 의해 내부에서 가열되고 있다. 정육면체 표면과 공기 사이의 온도차가 50℃라면 공기와 정육면체 사이의 대류열 전달계수는 몇 W/(m^2 · ℃)인가? (소방설비산업기사 2013년 9월 28일 시행-3회)

① 33.3　　② 66.7
③ 100　　④ 133.3

해 답

01 ③　02 ③　03 ①

풀이 본 교재 식 (1.19) 참조 : 대류 열류공식을 이용하면,

$q = Ah(T_2 - T_1)$ 에서

$$h = \frac{q}{A(T_2 - T_1)} = \frac{100\,W}{0.06\text{m}^2 \times 50℃} \doteqdot 33.3\text{W/m}^2 \cdot ℃$$

04 지름이 240mm인 관로 유동에서 관로의 손실수두가 150m, 관의 길이가 4410m이다. 이 때 관 내 물의 유속은 몇 m/s인가? (단, 관마찰계수가 0.04이다.) (소방설비산업기사 2013년 9월 28일 시행-3회)

① 2.0　　② 2.2

③ 2.4　　④ 2.6

풀이 본 교재 식 (6.4)를 이용하면,

$$hL = f\frac{l\,V^2}{d2g} \quad (6.4)\text{에서}$$

$$V = \sqrt{\frac{2dgh_L}{fl}} = \sqrt{\frac{2 \times 9.8\text{m/s}^2 \times 0.24\text{m} \times 150\text{m}}{0.04 \times 4410\text{m}}} = 2\text{m/s}$$

05 밑면이 3m×5m인 물탱크에 물이 5m 깊이로 채워져 있을 때, 밑면에 작용하는 물에 의한 힘은 몇 kN인가? (단, 물의 비중량은 9800N/m^3이다.) (소방설비산업기사 2013년 9월 28일 시행-3회)

① 706　　② 714

③ 726　　④ 735

풀이 본 교재 식 (2.6)을 이용하면,

$F = \gamma hA = 9800\text{N/m}^3 \times 5\text{m} \times (3\text{m} \times 5\text{m}) = 735000\text{N} = 735\text{kN}$

06 다음 중 이상기체의 내부에너지에 대해 옳은 것은? (소방설비산업기사 2013년 9월 28일 시행-3회)

① 내부에너지는 압력의 함수이다.

② 내부에너지는 체적의 함수이다.

③ 내부에너지는 온도의 함수이다.

④ 내부에너지는 일정하다.

풀이 이상기체

1) 이상기체의 내부에너지는 온도만의 함수이므로 온도변화가 없으면 내부에너지는 불변한다.

2) 이상기체를 온도변화 없이 압축시키면 열을 방출한다.

해 답

04 ①　05 ④　06 ③

07 이상기체를 등온상태에서 압출시킬 때와 단열상태에서 압축시킬 때의 체적탄성계수를 순서대로 쓰면? (단, 여기서 P는 압력, v는 비체적, k는 비열비이다.) (소방설비산업기사 2013년 9월 28일 시행-3회)

① P, kP ② kP, P
③ v, P ④ kv, P

풀이 이상기체
1) 이상기체를 등온상태에서 압축시킬 경우 체적탄성계수 K = P
2) 이상기체를 단열상태에서 압축시킬 경우 체적탄성계수 K = κP

08 점성계수 μ의 차원은 어떤 것인가? (단, M은 질량, L은 길이, T는 시간이다.) (소방설비산업기사 2013년 9월 28일 시행-3회)

① $[ML^{-1}T^{-1}]$ ② $[ML^{+1}T^{+1}]$
③ $[M^{-2}L^{-1}T]$ ④ $[ML^{+2}T^{+2}]$

풀이 본 교재 표 1.1 참조

물리량	절대 단위	중력단위	절대단위차원	중력단위차원
힘	kg · m/sec^2	kg$_f$	MLT^{-2}	F
운동량	kg · m/sec	kg$_f$ · s	MLT^{-1}	FT
일, 열	kg · m^2/sec^2	kg$_f$ · m	ML^2T^{-2}	FL
일률	kg · m^2/sec^3	kg$_f$ · m/s	ML^2T^{-3}	FLT^{-1}
압력	kg/m · sec^2	kg$_f$/m^2	$ML^{-1}T^{-2}$	FL^{-2}
단위중량	kg/m^2 · sec^2	kg$_f$/m^3	$ML^{-2}T^{-2}$	FL^{-3}
밀도	kg/m^3	kg$_f$ · s^2/m^4	ML^{-3}	$FL^{-4}T^2$
질량	kg	kg$_f$ · s^2/m	M	$FL^{-1}T^2$
점성계수	kg/m · sec	kg$_f$ · s/m^2	$ML^{-1}T^{-1}$	$FL^{-2}T$
동점성계수	m^2/s	m^2/s	L^2T^{-1}	L^2T^{-1}

09 밑면의 길이가 각각 1m이고 높이가 0.7m인 목재 위에 무게가 1500N인 물건을 올려서 물에 띄울 때, 물속에 잠긴 부분의 체적은 몇 m3인가? (단, 목재의 비중은 0.6이다.) (소방설비산업기사 2013년 9월 28일 시행-3회)

① 0.2 ② 0.57
③ 0.7 ④ 1.2

해 답

07 ① **08** ① **09** ②

풀이 본 교재 식 (2.17) 참조

$W = \gamma V = F$

$F = W + 1500N$

$\gamma_2 V_2 = \gamma_1 V_1 + 1500\text{N}$

(여기서, $S = \dfrac{\gamma}{\gamma_w} \Rightarrow \gamma = S\gamma_w = 0.6 \times 9800\text{N/m}^3$)

$(0.6 \times 9800\text{N/m}^3) \times (1\text{m} \times 1\text{m} \times 0.7\text{m}) + 1500\text{N} = 9800\text{N/m}^3 \times V_2$

$V_2 = \dfrac{5616\text{N}}{9800\text{N/m}^3} \fallingdotseq 0.57\text{m}^3$

10 펌프로 지하 5m에 있는 물을 수면이 지상 40m인 물 탱크까지 1분간에 1.5m^3를 올리려면 펌프 동력은 약 몇 kW가 필요한가? (단, η=60%(효율), 관로의 전손실수두는 9m이다.) (소방설비산업기사 2013년 9월 28일 시행–3회)

① 22　　② 32　　③ 38　　④ 48

풀이 본 교재 식 (7.7)을 이용하면,

$P[\text{kW}] = \dfrac{\gamma HQ}{102 \times 60 \times \eta} K = \dfrac{0.163 \times 1.5\text{m}^3/\text{min} \times 54\text{m}}{0.6} \fallingdotseq 22\text{kW}$

여기서, 전양정 H = 흡입양정 5m + 토출양정 40m + 전손실수두 9m = 54m

11 다음 중 펌프의 서징현상의 발생조건으로 적당하지 않은 것은? (소방설비산업기사 2013년 9월 28일 시행–3회)

① 펌프의 양정곡선이 산고곡선이고, 곡선의 산고상승부에서 운전했을 때

② 배관 중에 물탱크가 있을 때

③ 배관 중에 공기탱크가 있을 때

④ 유량조절밸브가 탱크 앞쪽에 있을 때

풀이 서어징 현상 : 본 교재(제7.5절) 참조

* 서어징의 정의

1) 터빈펌프, 압축기, 송풍기 등을 저유량 영역에서 사용하면 압력, 유량이 주기적으로 변동하여 정상적인 운전이 불가능하게 되는 것을 말한다.

2) 서어징현상은 압력, 유량 변동으로 진동, 소음 등이 발생하며 장시간 계속되면 유체관로를 연결하는 기계나 장치 등의 파손을 초래한다.

3) 펌프의 경우 입구 및 출구의 진공계 또는 압력계의 침이 흔들리고 동시에 송출 유량이 변동하면서 주기적인 변동이 생기는 것을 말한다.

4) 서어징 현상은 관로계가 복잡한 펌프의 장치 등에 주로 발생하며 송출유량을 조절하는 설치개소의 유무에 따라 관련이 있다.

해 답

10 ①　　11 ④

* 서어징의 발생조건

1) 토출배관이 길고 배관도중에 물탱크나 기체상태의 공기 탱크가 있을 때 발생한다.

2) 유량조절밸브가 탱크의 뒤쪽에 있을 때 발생한다.

12 다음 그림에서 A점의 계기압력은 약 몇 kPa인가? (소방설비산업기사 2013년 9월 28일 시행-3회)

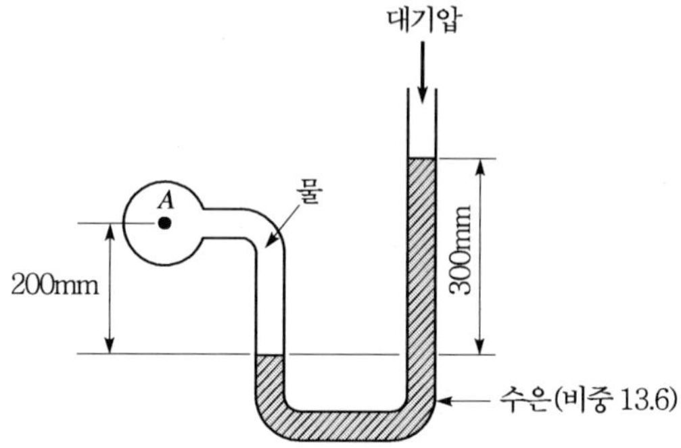

① 0.38 ② 38 ③ 0.42 ④ 42

풀이 본 교재 식 (2.6), (2.11)을 이용하면

$P_A = \gamma_2 h_2 - \gamma_1 h_1$ (2.11), $S = \dfrac{\gamma}{\gamma_\omega}$ (2.6) ⇒

$\gamma = S\gamma_w = 13.6 \times 9800\,\text{N/m}^3 = 133.28\text{kN/m}^3$

$P_A = 133.28\text{kN/m}^3 \times 0.3\text{m} - 9.8\text{kN/m}^3 \times 0.2\text{m} = 38\text{kN/m}^2 = 38\text{kPa}$

13 그림과 같은 수평 관로계에서 펌프가 물을 0.03m³/s의 유량으로 수송한다. 관로에서의 총손실수두는? (단, 관의 직경은 150mm, 마찰계수는 0.0173이다.) (소방설비산업기사 2013년 9월 28일 시행-3회)

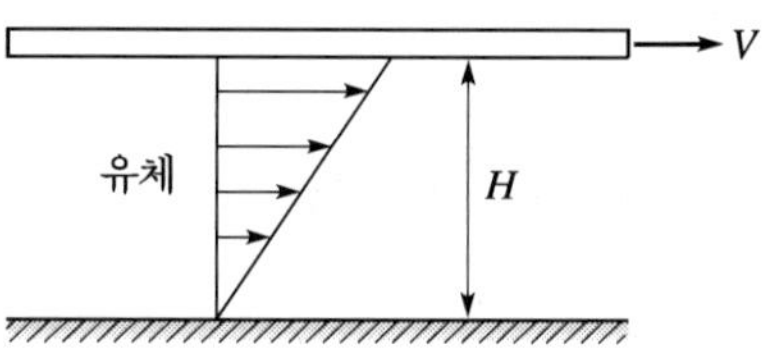

① 90.3m ② 60.5m ③ 54.3m ④ 32.4m

풀이 다르시-웨버공식 : 본 교재 식 (6.4)를 이용하면

$\text{hL} = f\dfrac{l\,V^2}{d2g}$ (6.4)에서

$\text{hL} = \dfrac{V^2}{2g}\left(\dfrac{fl}{d} + K\right) = \dfrac{(1.7\text{m/s})^2}{2\times 9\text{m/s}^2}\left(\dfrac{0.0173\times 1900\text{m}}{0.15\text{m}} + 0.8\right) \doteqdot 32.4\text{m}$

여기서,

1) Q =AV ⇒ V = $\dfrac{Q}{\frac{\pi R^2}{4}} = \dfrac{0.03\text{m}^3/\text{s}}{\frac{\pi(0.15\text{m})^2}{4}} \doteqdot 1.7\text{m/s}$

2) $l = (0.8+0.3+0.8)\text{km} = 1.9\text{km} = 1900\text{m}$

3) K = 2개 × 0.4 = 0.8

해 답

12 ② 13 ④

14 초기 상태가 100℃, 100kPa인 이상기체가 일정한 체적의 탱크에 들어 있다. 이 탱크에 열을 가해 온도가 200℃로 되었을 때 탱크 내의 압력은 몇 kPa인가? (소방설비산업기사 2013년 9월 28일 시행–3회)

① 45　② 127
③ 223　④ 298

풀이 본 교재 식 (1.15)를 이용하면
보일–샤를의 법칙

$$\frac{P_1V_1}{T_1}=\frac{P_2V_2}{T_2} \Rightarrow \text{체적이 일정하므로 } \frac{P_1}{T_1}=\frac{P_2}{T_2}$$

$$\therefore P_2=\frac{100\text{kPa}\times(273+200)\text{K}}{(273+100)\text{K}}=127\text{kPa}$$

15 높이 4m에 있는 물의 수압이 7.84×10^5Pa이고, 속도가 10m/s일 때 전수두는 몇 m인가? (소방설비산업기사 2013년 9월 28일 시행–3회)

① 69.1　② 79.1
③ 89.1　④ 99.1

풀이 본 교재 식 (4.1)을 이용하면,

$$H=\frac{P}{\gamma}+\frac{V^2}{2g}+Z=\text{constant} \quad (4.1)$$

$$h=\frac{7.84\times10^5\text{N/m}^2}{9800\text{N/m}^3}+\frac{(10\text{m/s})^2}{2\times9.8\text{N/s}^2}+4\text{m}=8.91\text{m}$$

여기서, $1\text{Pa}=1\text{N/m}^2 \Rightarrow 7.84\times10^5\text{Pa}=7.84\times10^5\text{N/m}^2$

16 전양정 50m, 유량 1.5m3/min로 운전 중인 펌프가 유체에 가해주는 이론적인 동력은 약 몇 kW인가? (단, 물의 비중량은 9800N/m^3으로 계산한다.) (소방설비산업기사 2013년 9월 28일 시행–3회)

① 12.25　② 14.25
③ 16.45　④ 18.35

풀이 본 교재 식 (7.7)을 이용하면,

$$\text{Ps[kW]}=\frac{\gamma HQ}{102\times60\times\eta}=\frac{0.163HQ}{\eta}=0.163\times1.5\text{m}^3/\text{min}\times50\text{m}\doteqdot12.25\text{kW}$$

해 답

14 ②　15 ③　16 ①

17 두 개의 큰 수평 평판 사이에 유체가 채워져 있다. 아래 평판을 고정하고 윗 평판을 V의 일정한 속도로 움직일 때 평판에는 τ의 전단응력이 발생한다. 평판 사이의 간격은 H이고, 평판 사이의 속도분포는 선형(couette 유동)이라고 가정하여 유체의 점성계수 μ를 구하면? (소방설비산업기사 2013년 9월 28일 시행-3회)

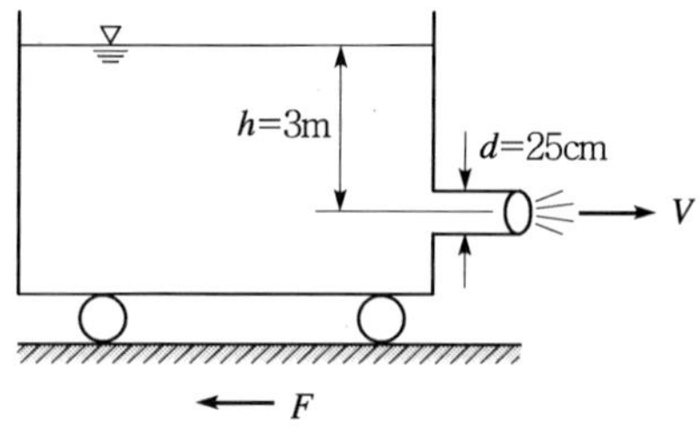

① $\frac{\tau V}{H}$ ② $\frac{\tau H}{V}$ ③ $\frac{VH}{\tau}$ ④ $\frac{\tau V}{H^2}$

풀이 본 교재 식 (1.9) 참조

$$\tau = \mu \frac{dV}{dy} \Rightarrow \quad \mu = \tau \frac{dy}{dV}$$

18 유체역학 이론에서 에너지 보존법칙과 가장 관련이 있는 식은? (소방설비산업기사 2013년 9월 28일 시행-3회)

① 베르누이(Bernoulli)식
② 라울(Raoult's)식
③ 달시웨버(Darcy-Weisbach's)식
④ 하젠윌리엄(Hazen-William's)식

풀이 1) 에너지 보존법칙 ⇒ 베르누이 정리
2) 손실수두 공식 ⇒ 다르시-웨버 공식

19 그림과 같이 수조차의 탱크 측벽에 지름이 25cm인 노즐을 달아 깊이 h=3m만큼 물을 실었다. 차가 받는 추력 F는 약 몇 kN인가? (단, 노면과의 마찰은 무시한다.) (소방설비산업기사 2013년 9월 28일 시행-3회)

① 1.79 ② 2.89 ③ 4.56 ④ 5.21

풀이 본 교재 식 (4.10)을 이용하면

$$F = \rho QV = \rho A V^2 = \rho\left(\frac{\pi R^2}{4}\right) V^2 \Rightarrow$$

$$1000\text{N} \cdot \text{s}^2/\text{m}^4 \times \frac{\pi(0.25\text{m})^2}{4} \times (7.67\text{m/s})^2 = 2886\text{N} = 2.89\text{kN}$$

여기서, $V = \sqrt{2gh} = \sqrt{2 \times 9.8\text{m/s}^2 \times 3\text{m}} \fallingdotseq 7.67\text{m/s}$

해 답

17 ② 18 ① 19 ②

20 물제트가 덮개가 없는 수조 내로 유입되어 수조 바닥에 있는 오리피스를 통해 $0.003m^3/s$의 유량으로 방출되고 있다. 수조로 유입되는 물제트의 단면적은 $0.0025m^2$이고, 속도가 7m/s일 때 수조 내의 물이 증가되는 비율은 몇 kg/s인가? (소방설비산업기사 2013년 9월 28일 시행–3회)

① 14.5 ② 15.5
③ 16.5 ④ 17.5

풀이 본 교재 식 (3.5)를 이용하면

$$m_1 = \rho AQ = 0.003\text{m}^3/\text{s} \times 1000\text{kg/m}^3 = 3\text{kg/s}$$

$$m_2 = \rho AV = 0.0025\text{m}^3/\text{s} \times 1000\text{kg/m}^3 \times 7\text{m/s} = 17.5\text{kg/s}$$

$$m = m_2 - m_1 = (17.5 - 3)\text{kg/s} = 14.5\text{kg/s}$$

해 답

20 ②

28 2014년 제1회 소방설비 산업기사

01 소방차에 설치되어 있는 물탱크에 소화수원으로 2m^{3}이 채워진 상태로 화재현장에 출동하여 구경이 21mm인 노즐을 사용하여 294.2kPa의 방수압력으로 방사할 경우, 물탱크 내의 소화수원이 완전히 소모되는 데 약 몇 분이 소요되겠는가? (소방설비산업기사 2014년 3월 2일 시행-1회)

① 4　② 5　③ 7　④ 8

풀이 $Q = 0.653D^2\sqrt{10P} \times t$

$$t = \frac{Q}{0.653D^2\sqrt{10P}} = \frac{200l}{0.653 \times (21\text{mm})^2\sqrt{10 \times 0.294\text{MPa}}} = 4.0486\text{분}$$

02 텅스텐, 백금 또는 백금-이리듐 등을 전기적으로 가열하고 통과 풍량에 따른 열교환 양으로 속도를 측정하는 유속계는 어느 것인가? (소방설비산업기사 2014년 3월 2일 시행-1회) (04년 9월 문제 25)

① 열선 풍속계　② 도플로 풍속계
③ 컵형 풍속계　④ 포토디텍터 풍속계

풀이 열선 풍속계 : 백금, 텅스텐 등을 전기적으로 가열하고 통과 풍량에 따른 열교환 양으로 속도를 측정하는 유속계를 열선 풍속계라 한다.

03 날카로운 모서리를 갖는 파이프 입구영역에서의 부차적 손실계수가 0.5이고 평균유속이 3m/s라면 입구 손실수두는 몇 m인가? (소방설비산업기사 2014년 3월 2일 시행-1회)

① 0.0235　② 0.230　③ 2.25　④ 230

풀이 본 교재 식 (6.8)을 이용하면,

$$H = k\frac{V_2^2}{2g} = 0.5 \times \frac{(3\text{m/s})^2}{2 \times 9.8\text{m/s}^2} = 0.22959\text{m}$$

04 이상유체를 가장 잘 표현한 것은? (소방설비산업기사 2014년 3월 2일 시행-1회)

① 과열유체　② 비점성, 압축성 유체
③ 점성, 비압축성 유체　④ 비점성, 비압축성 유체

풀이 본 교재 식 (6.1) 참조
이상유체 : 점성이 없으며, 비압축성인 유체를 말한다.

해 답

01 ①　02 ①　03 ②　04 ④

05 정지되어 있는 2개의 평행평판 사이의 유체가 한쪽의 평판이 3m/s로 운동하여 유동이 발생하는 경우에 유체 내의 전단응력은 몇 Pa인가? (단, 유체의 점성계수는 0.29kg/m · s이고, 평판사이의 높이는 2cm이고, 속도분포는 선형이다.) (소방설비산업기사 2014년 3월 2일 시행–1회)

① 19.5 ② 20.7 ③ 43.5 ④ 180.7

풀이 본 교재 식 (1.9)를 이용하면,

$$\tau = \mu \frac{du}{dy} = 0.29\text{N} \cdot \text{s/m}^2 \times \frac{3\text{m/s}}{0.02\text{m}} = 43.5\text{N/m}^2 = 43.5\text{Pa}$$

06 압력계가 1275kPa을 지시하고 있다. 이것을 액체가 물인 수두로 나타내면 약 몇 m인가? (소방설비산업기사 2014년 3월 2일 시행–1회)

① 13 ② 15 ③ 130 ④ 150

풀이 본 교재 식 (4.1) 참조

$$H = \frac{P}{\gamma} = \frac{1275000\text{Pa}}{9800\text{N/m}^3} = 130.102\text{m}$$

07 계기압력이 1.2MPa이고, 대기압이 96kPa일 때 절대압력은 몇 kPa인가? (소방설비산업기사 2014년 3월 2일 시행–1회)

① 108 ② 1104 ③ 1200 ④ 1296

풀이 본 교재 식 (2.2)를 이용하면,

절대압 = 대기압(P_a) + 계기압(γh) = 96kPa + 1200kPa = 1296kPa

08 대기에 노출된 상태로 저장 중인 20℃의 소화용수 500kg을 연소 중인 가연물에 분사하는 경우 소화용수가 증발하면서 흡수한 열량은 몇 MJ인가? (단, 물의 비열은 4.2kJ/kg · ℃, 기화열은 2250kJ/kg이다.) (소방설비산업기사 2014년 3월 2일 시행–1회)

① 2.59 ② 168 ③ 1125 ④ 1293

풀이 열량 $Q = \gamma m + mC\Delta T$

Q = 열량(kJ), γ = 융해열 = 기화열(kJ/kg) = 2250kJ/kg

m = 질량(질량) = 500kg, C = 비열(kJ/kg℃), ΔT = 온도차℃

Q = 2250kJ/kg × 500 + 500kg × 4.2kJ/kg℃ × (100 − 20)℃

= 1125000kJ + 168000kJ = 1293MJ

해 답

05 ③ 06 ③ 07 ④ 08 ④

09 그림에서 수문이 열리지 않도록 하기 위하여 수문의 하단에서 받쳐 주어야 할 최소 힘 P는 약 몇 N인가? (단, 수문의 폭은 1m이다.) (소방설비산업기사 2014년 3월 2일 시행-1회) (10년 9월 문제 29)

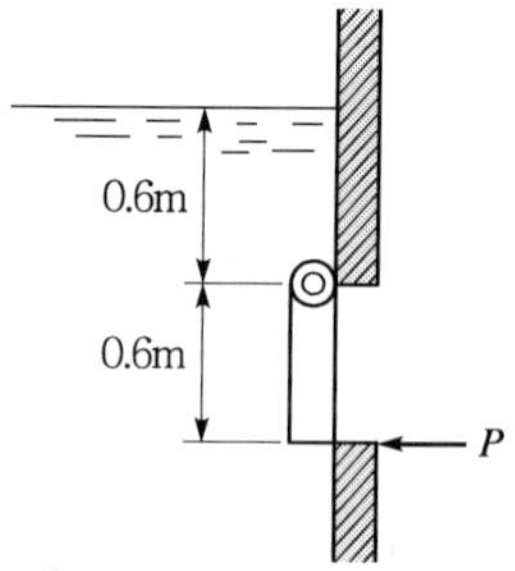

① 2640 ② 2940
③ 3540 ④ 5340

풀이 본 교재 식 (2.16)을 이용하면,

1) 수평면에 작용하는 힘 $F=\gamma hA=9800\text{N/m}^3\times 0.9\text{m}\times(0.6\times 1)\text{m}^2=5292\text{N}$

2) 작용점의 깊이

$$h_p=y_c+\frac{I_c}{Ay_c}=y+\frac{\dfrac{bh^3}{12}}{(bh)y}=0.9+\frac{\dfrac{1\times(0.6)^3}{12}}{(1\times 0.6)\times 0.9}\fallingdotseq 0.933\text{m}$$

3) 수문하단에 작용하는 힘

$$F(y_p-h_a)=F_B\cdot a\Rightarrow 5292\text{N}\times(0.933-0.6)\text{m}=F_B\times 0.6\text{m}$$

$$F_B=\frac{5292\text{N}\times(0.933-0.6)\text{m}}{0.6\text{m}}=2937.06\text{N}$$

10 안지름 50mm의 원관에 기름이 2.5m/s의 평균 속도로 흐를 때 관마찰계수는 얼마인가? (단, 기름의 동점성계수는 $1.31\times 10^{-4}\text{m}^2/\text{s}$이다.) (소방설비산업기사 2014년 3월 2일 시행-1회) (11년 3월 문제 33)

① 0.0013 ② 0.067
③ 0.125 ④ 0.954

풀이 본 교재 식 (5.10)을 이용하면,

레이놀즈수 $Re=\dfrac{\rho VD}{\mu}=\dfrac{VD}{\nu}=\dfrac{0.05\text{m}\times 2.5\text{m/s}}{1.31\times 10^{-4}\text{m}^2/\text{s}}\fallingdotseq 0.067$

관마찰계수 $f=\dfrac{64}{Re}=\dfrac{64}{954}\fallingdotseq 0.067$

11 물이 흐르는 관로상에 피토관을 설치하고 전압과 정압단지를 수은이 든 U자관의 양측에 연결하였더니 측정되는 수은의 높이차가 49.6mm이었다. 이 위치에서의 유속은 약 몇 m/s인가? (단, 수은의 비중은 13.6이고, U자관 내 물도 고려한다.) (소방설비산업기사 2014년 3월 2일 시행-1회)

① 2.47 ② 3.50
③ 3.84 ④ 11.12

해 답

09 ② 10 ② 11 ②

풀이 본 교재 식 (4.5)를 이용하면,

$$V=\sqrt{2gh}=\sqrt{2\times 9.8\mathrm{m/s^2}\times 0.624}\fallingdotseq 3.5\mathrm{m/s}$$

1) $h=\dfrac{P}{\gamma}=\dfrac{6124.6\mathrm{N/m^2}}{9800\mathrm{N/m^3}}=0.624\mathrm{m}$

2) $P=(\gamma-\gamma_w)R=(133280-9800)\mathrm{N/m^3}\times 0.0496\mathrm{m}=6124.6\mathrm{N/m^2}$

3) $S=\dfrac{\gamma}{\gamma_w}\Rightarrow\gamma=S\times\gamma_w=13.6\times 9800\mathrm{N/m^3}=133280\mathrm{N/m^3}$

12 액면으로부터 40m인 지점의 계기압력이 515.8kPa일 때 이 액체의 비중량은 몇 kN/m^{3}인가? (소방설비산업기사 2014년 3월 2일 시행–1회)

① 11.8 ② 12.9 ③ 14.2 ④ 16.4

풀이 본 교재 식 (4.2) 참조

$$H=\frac{P}{\gamma}\Rightarrow\gamma=\frac{P}{H}=\frac{515.8\mathrm{kN/m^2}}{40\mathrm{m}}\fallingdotseq 12.9\mathrm{kN/m^3}$$

13 깃(vane)에 수평으로 유입된 물 제트가 각도 θ만큼 방향이 변하여 유출될 때 깃이 받는 수직방향(vertical direction) 힘이 최대가 되는 θ는 얼마인가? (단, 중력과 마찰효과는 무시한다.)(소방설비산업기사 2014년 3월 2일 시행–1회)

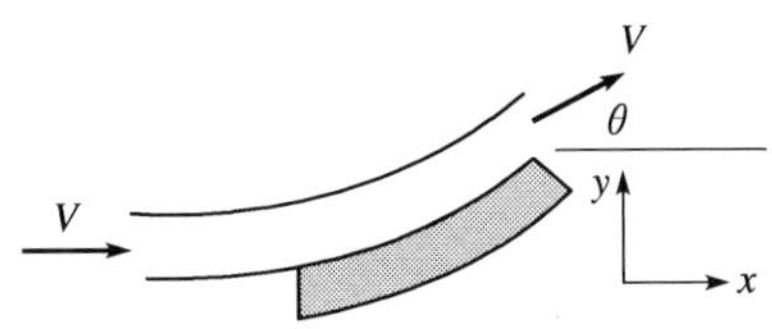

① 30° ② 45° ③ 60° ④ 90°

풀이 0°⇒수직방향의 힘이 최소가 된다.
90°⇒수직방향의 힘이 최대가 된다.

14 유체의 연속방정식에 대한 설명으로 가장 적절한 것은? (소방설비산업기사 2014년 3월 2일 시행–1회)(04년 5월 문제 30)

① 뉴턴의 운동법칙을 만족시키는 방정식
② 일과 에너지의 관계를 나타내는 방정식
③ 유선에 따른 오일러 방정식을 적분한 방정식
④ 질량보존의 법칙을 유체 유동에 적용한 방정식

풀이 연속방정식 : 유체의 흐름이 정상류일 때 임의의 한 점에서 속도, 온도, 압력, 밀도 등의 평균값이 시간에 따라 변하지 않으며 임의의 두 점에서의 단면적, 밀도, 속도를 곱한 값은 같다. 이는 질량보존의 법칙의 범주에 속해있다.

해 답

12 ② 13 ④ 14 ④

15 온도 45℃인 CO_2가스 2.3kg이 체적 0.283m3인 용기에 가득 차 있다. 이 가스의 압력은 약 몇 kPa인가? (단, 이산화탄소의 기체상수는 0.1889kJ/kg · K이다.) (소방설비산업기사 2014년 3월 2일 시행-1회) (05년 3월 문제 25)

① 488　　② 536
③ 635　　④ 797

[풀이] 이상기체 상태방정식. 본 교재 식 (1.16) 참조

$$PV=nRT \Rightarrow P=\frac{nRT}{V}=\frac{2.3\text{kg}\times 0.1889\text{kJ/kg}\cdot\text{K}\times(273+45)\text{K}}{0.283\text{m}^3}$$

$$\doteqdot 488\text{kJ/m}^3=488\text{kPa}$$

16 안지름이 30cm, 길이가 800m인 관로를 통하여 0.3m^3/s의 물을 50m 높이까지 양수하는데 있어 펌프에 필요한 동력은 몇 kW인가? (단, 관마찰계수는 0.030이고, 펌프의 효율은 85%이다.) (소방설비산업기사 2014년 3월 2일 시행-1회)

① 402　　② 409
③ 415　　④ 427

[풀이] 본 교재 식 (7.7)을 이용하면,

$$P=\frac{0.163\times Q\times H}{\eta}\times K=\frac{0.264\times\dfrac{0.3\text{m}^3}{\dfrac{1}{60}\text{min}}\times(50+73.4)\text{m}}{0.85}\doteqdot 427\text{kW}$$

1) 전양정 H= 낙차 +손실수두 = (50+73.4)m

2) $H=f\dfrac{l}{d}\dfrac{V^2}{2g}=\dfrac{0.03\times 800\text{m}}{0.3\text{m}}\times\dfrac{(4.24\text{m/s})^2}{2\times 9.8\text{m/s}^2}\doteqdot 73.4\text{m}$ (6.2)

3) 유량 $Q=\dfrac{\pi R^2}{4}\times V\Rightarrow V=\dfrac{Q}{\dfrac{\pi R^2}{4}}=\dfrac{0.3\text{m}^3/\text{s}}{\dfrac{\pi\times(0.3\text{m})^2}{4}}\doteqdot 4.24\text{m/s}$

17 소화용 펌프를 유량 1.5m^3/min, 양정 60m, 회전수 1770rpm으로 선정하였으나, 공장배치가 변경되어 양정이 90m가 필요하게 되었다. 이 펌프를 몇 rpm으로 운전하면 변경된 양정에서 거의 같은 효율로 운전될 수 있는가? (소방설비산업기사 2014년 3월 2일 시행-1회)

① 2073　　② 2168
③ 2230　　④ 2655

해 답

15 ①　16 ④　17 ②

풀이 본 교재 식 (7.10)을 이용하면,

$$\frac{H_2}{H_1}=\left(\frac{N_2}{N_1}\right)^2\times\left(\frac{D_2}{D_1}\right)^2 \text{ 에서 } \left(\frac{D_2}{D_1}=1\right)$$

$$N_2=N_1\sqrt{\frac{H_2}{H_1}}=1770\text{rpm}\times\sqrt{\frac{90\text{m}}{60\text{m}}}\fallingdotseq 2168\text{rpm}$$

18 동점성계수가 $6\times10^{-5}\text{m}^2/\text{s}$인 유체가 $0.4\text{m}^3/\text{s}$의 유량으로 원관에 흐르고 있다. 하임계 레이놀즈수가 2100일 때 층류로 흐를 수 있는 관의 최소 지름은 약 몇 m인가? (소방설비산업기사 2014년 3월 2일 시행-1회)

① 1.01 ② 2.02
③ 4.05 ④ 6.06

풀이 본 교재 식 (5.1)을 이용하면,

$$Re=\frac{VD}{\nu}=\frac{4DQ}{\nu\pi D^2}=\frac{4Q}{\nu\pi D} \text{ 에서}$$

$$D=\frac{4Q}{\nu\pi Re}=\frac{4\times0.4\text{m}^3/\text{s}}{6\times10^{-5}\text{m}^2/\text{s}\times\pi\times2100}\fallingdotseq 4.95\text{m}$$

1) 유량 $Q=AV=\frac{\pi}{4}D^2V$에서 $V=\frac{Q}{\frac{\pi}{4}D^2}=\frac{4Q}{\pi D^2}$

19 냉장고의 내부는 한 변이 2m인 정육면체이며 밑바닥은 완전히 단열되어 있다. 안쪽과 바깥 표면 온도가 각각 −20℃와 40℃일 때, 열부하를 600W 이하로 유지하기 위하여 윗면 및 측면에 사용되는 스티로폼 단열재의 최소두께는 몇 cm인가? (단, 스티로폼 단열재의 열전도율은 0.030W/(m・K)이다.) (소방설비산업기사 2014년 3월 2일 시행-1회)

① 2 ② 4
③ 6 ④ 8

풀이 열의 전도 : 본 교재 식 (1.18) 참조

$$q=\frac{K(T_2-T_1)}{l}\Rightarrow l=\frac{K(T_2-T_1)}{q}=\frac{0.03\text{W/mK}\times(313-253)\text{K}}{\frac{600\text{W}}{20\text{m}^2}}\fallingdotseq 0.06\text{m}=6\text{cm}$$

1) 한면의 면적 $A=2\text{m}\times2\text{m}=4\text{m}^2$

2) 정육면체 6단면−1단면 = 5단면, $4\text{m}^2\times5$개 단면 $=20\text{m}^2$

3) $T_2-273+40℃=313\text{K}$, $T_1=273-20℃=253\text{K}$

해 답

18 ③ 19 ③

20 이상기체의 정압변화를 나타낸 것은? (단, P : 압력, V : 부피, T : 온도, k : 비열비) (소방설비산업기사 2014년 3월 2일 시행-1회)

① PV^k=일정 ② PV=일정

③ $\frac{V}{T}$=일정 ④ $\frac{P}{T}$=일정

풀이 본 교재 (1.5절) 참조

이상기체의 상태변화중 일정한 압력하에서 기체의 상태변화는$\left(\frac{V}{T}=constant\right)$ 일정하다.

해 답

20 ③

29 2014년 제2회 소방설비 산업기사

01 동력이 2kW인 펌프를 사용하여 수면의 높이 차이가 40m인 곳으로 물을 끌어 올리려고 한다. 관로 전체의 손실수다가 10m라고 할 때 펌프의 유량은 약 몇 m^3/s인가? (단, 펌프의 효율은 90%이다.) (소방설비산업기사 2014년 5월 25일 시행-2회)

① 0.00294
② 0.00367
③ 0.00408
④ 0.00453

풀이 본 교재 식 (7.7)을 이용하면

$$P=\frac{0.163QH}{\eta}K \Rightarrow Q=\frac{2\text{kW}\times 0.9}{0.163\times(40+10)\text{m}} \fallingdotseq 0.22\text{m}^3/60\text{s} \fallingdotseq 0.00367\text{m}^3/\text{s}$$

02 수평 원형관의 상류측 단면의 안지름이 300mm, 하류측 단면의 안지름이 600mm인 점차확대관이 있다. 상류측 물의 유속이 2m/s일 때 하류측 단면에서의 물의 유속은 몇 m/s인가? (소방설비산업기사 2014년 5월 25일 시행-2회)

① 0.45
② 0.5
③ 0.55
④ 0.6

풀이 본 교재 식 (3.4)를 이용하면

$$\frac{V_1}{V_2}=\frac{A_2}{A_1}=\left(\frac{D_2}{D_1}\right)^2$$

$$V_2=\frac{V_1}{\left(\frac{D_2}{D_1}\right)^2}=\frac{2\text{m/s}}{\left(\frac{0.6\text{m}}{0.3\text{m}}\right)^2} \fallingdotseq 0.5\text{m/s}$$

03 토출량이 1.6m^3/min, 전양정이 100m인 펌프의 회전차 회전수를 1000rpm에서 1400rpm으로 증가시키면 동력(kW)과 전양정(m)은 각각 얼마로 늘어나는가? (단, 펌프의 효율은 65%이고, 여유율은 10%이다.) (소방설비산업기사 2014년 5월 25일 시행-2회) (13년 3월 문제 21)

① 44.1kW, 110m
② 82.1kW, 120m
③ 121.1kW, 196m
④ 142.5kW, 210m

해 답

01 ② 02 ② 03 ③

풀이 본 교재 식 (7.7)을 이용하면

$$P=\frac{0.163QH}{\eta}K=\frac{0.163\times 1.6\text{m}^3/\text{min}\times 100\text{m}}{0.65}\times 1.1 \fallingdotseq 44.135\text{kW}$$

여기서 K는 10%⇒1.1, 관경 D_1, $D_2=1:1$

본 교재 식 (7.11)을 이용하면,

$$P_2=P_1\left(\frac{N_2}{N_1}\right)^3\left(\frac{D_2}{D_1}\right)^5=P_1\left(\frac{N_2}{N_1}\right)^3\left(\frac{1}{1}\right)^5=44.135\text{kW}\times\left(\frac{1400\text{rpm}}{1000\text{rpm}}\right)^3\fallingdotseq 121.1\text{kW}$$

04 열역학 법칙 중 제2종 영구기관의 제작이 불가능함을 역설한 내용은? (소방설비산업기사 2014년 5월 25일 시행–2회)

① 열역학 제0법칙　② 열역학 제1법칙
③ 열역학 제2법칙　④ 열역학 제3법칙

풀이 본 교재 1.6절 참조(열역학 제 2법칙)

1) 자발적인 변화는 비가역적이다.
2) 열은 스스로 저온에서 고온으로 절대로 흐르지 않는다.
3) 열을 완전히 일로 바꿀수 있는 열기관을 만들 수 없다(제 2종 영구기관).
4) 열기관에서 일을 얻으려면 최소 두 개의 열원이 필요하다.

05 단면적이 0.15m^{2}인 관 내에 유량 0.9m^3/s의 물이 흐르고 있다. 관 단면적이 0.1m^{2}로 축소되는 부분에서 손실계수가 0.83이라고 한다. 아 축소면에서의 손실수두는 몇 m인가? (소방설비산업기사 2014년 5월 25일 시행–2회)

① 1.52　② 2.38　③ 3.43　④ 14.964

풀이 본 교재 식 (6.21)을 이용하면,

손실수두 : $h_{Ls}=K\dfrac{V_2^2}{2g}=0.83\times\dfrac{(9\text{m/s})^2}{2\times 9.8\text{m/s}^2}\fallingdotseq 3.43\text{m}$

여기서, 축소관 유속 $V_2=\dfrac{Q}{A_2}=\dfrac{0.9\text{m}^3/\text{s}}{0.1\text{m}^2}=9\text{m/s}$

06 지름 6cm인 원관으로부터 매분 4000l의 물이 고정된 평면판에 직각으로 부딪칠 때 평면에 작용하는 충격력은 약 몇 N인가? (소방설비산업기사 2014년 5월 25일 시행–2회)

① 1380　② 1570　③ 1700　④ 1930

해 답

04 ③　05 ③　06 ②

풀이 본 교재 식 (4.15)를 이용하면,

$$F=\rho QV=1000\text{N}\cdot\text{s}^2/\text{m}^4\times 4\text{m}^3/60\text{s}\times 23.57\text{m/s} \fallingdotseq 1570\text{N}$$

여기서, $V=\dfrac{Q}{\dfrac{\pi R^2}{4}}=\dfrac{4\text{m}^3/60\text{s}}{\dfrac{\pi(0.06\text{m})^2}{4}} \fallingdotseq 23.57\text{m/s}$

07 분자량이 35인 어떤 가스의 정압비열이 0.535kJ/kg・K라고 가정할 때 이 가스의 비열비(K)는 약 얼마인가? (단, 기체상수 R=8.31434kJ/kmol・K이다.) (소방설비산업기사 2014년 5월 25일 시행–2회)

① 1.4　② 1.5
③ 1.65　④ 1.8

풀이 본 교재 식 (1.20) 참조

$$K=\frac{C_P}{C_V}=\frac{0.535\text{kJ/kg}\cdot\text{K}}{0.297\text{kJ/kg}\cdot\text{K}} \fallingdotseq 1.8$$

여기서,

$$C_V=C_P-\frac{R}{M}=0.535\text{kJ/kg}\cdot\text{K}-\frac{8.3143\text{kJ/kmol}\cdot\text{K}}{35\text{kg/kmol}}=0.297\text{kJ/kg}\cdot\text{K}$$

08 단단한 탱크 속에 300kPa, 0℃의 이상기체가 들어 있다. 이것을 100℃까지 가열하였을 때 압력 상승은 몇 kPa인가? (소방설비산업기사 2014년 5월 25일 시행–2회)

① 110　② 210
③ 410　④ 710

풀이 본 교재 식 (1.15)를 이용하면,

보일–샤를의 법칙

$\dfrac{P_1V_1}{T_1}=\dfrac{P_2V_2}{T_2}$ 에서 $V_1=V_2$

$$\frac{P_1}{T_1}=\frac{P_2}{T_2}\Rightarrow\frac{300\text{kPa}}{(273+0)\text{K}}=\frac{P_2}{(273+100)\text{K}}$$

$$\therefore P_2=\frac{300\text{kPa}}{(273+0)\text{K}}\times(273+100)\text{K} \fallingdotseq 410\text{kPa}$$

압력상승 = 나중압력–초기압력 = 410kPa − 300kPa = 110kPa

해 답

07 ④　08 ①

09 비중이 0.88인 벤젠에 내경 1mm의 유리관을 세웠더니 벤젠이 유리관을 따라 9.8mm를 올라갔다. 유리와의 접촉각이 0℃라 하면 벤젠의 표면장력은 몇 N/m인가? (소방설비산업기사 2014년 5월 25일 시행-2회)

① 0.021　　② 0.042
③ 0.084　　④ 0.128

풀이 본 교재 식 (1.12)를 이용하면,

$$h=\frac{4\sigma\cos\theta}{\gamma d}\Rightarrow$$

$$\sigma=\frac{h\gamma d}{4\cos\theta}=\frac{0.0098\text{m}\times(0.88\times 9800\text{N/m}^3)\times 0.001}{4\times\cos 0^\circ}\fallingdotseq 0.021\text{N/m}$$

10 〈보기〉 중 비점성 유체(inviscid fluid)를 모두 고른 것은? (소방설비산업기사 2014년 5월 25일 시행-2회)

〈보기〉

ⓐ 뉴턴(Newton)유체
ⓑ 표준상태의 공기
ⓒ 이상유체

① ⓑ　　② ⓒ
③ ⓐ, ⓑ　　④ ⓐ, ⓒ

풀이 비점성 유체 : 비점성 유체는 유동시 마찰저항이 유발되지 않는 이상유체를 말한다.

11 물과 글리세린, 공기의 점성계수를 크기순으로 바르게 배열한 것은? (소방설비산업기사 2014년 5월 25일 시행-2회)

① 공기>물>글리세린　　② 글리세린>공기>물
③ 물>글리세린>공기　　④ 글리세린>물>공기

풀이 점성계수
글리세린(1410cp)>물(1cp)>공기(0.018cp)

해 답

09 ①　10 ②　11 ④

12 그림과 같이 수조에 붙어 있는 상하 두 노즐에서 물이 분출하여 한 점(A)에서 만나려고하면 어떤 관계의 식이 성립되어야 하는가? (단, 공기저항과 노즐의 손실은 무시한다.) (소방설비산업기사 2014년 5월 25일 시행–2회)

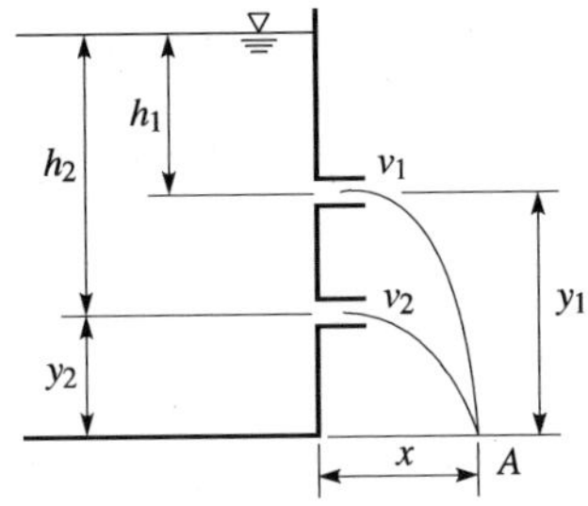

① $h_1y_1 = h_2y_2$　　② $h_1y_2 = h_2y_1$
③ $h_1h_2 = y_1y_2$　　④ $h_1y_1 = 2h_2y_2$

풀이 본 교재 식 (2.3) 참조

$$h_1y_1 = h_2y_2$$

13 공동현상(cavitation)의 방지법으로 적절하지 않은 것은? (소방설비산업기사 2014년 5월 25일 시행–2회)

① 배관을 완만하고 짧게 한다.
② 규정 이상으로 회전수를 올리지 않는다.
③ 펌프의 설치위치를 가능한 한 높여서 흡입양정을 높인다.
④ 마찰저항이 작은 흡입관을 사영하여 흡입관의 손실을 줄인다.

풀이 본 교재 제7장 참조

펌프의 설치위치를 수원보다 낮게 한다.

14 30×50cm의 평판이 수면에서 깊이 30cm 되는 곳에 수평으로 놓여 있을 때 평판에 작용하는 물에 의한 힘은 몇 N인가? (소방설비산업기사 2014년 5월 25일 시행–2회)

① 341　　② 441
③ 541　　④ 641

풀이 본 교재 식 (2.16)을 이용하면,

$$F = \gamma hA = 9800\text{N/m}^3 \times 0.3\text{m} \times 0.3\text{m} \times 0.5\text{m} = 441\text{N}$$

15 온도가 55℃인 평판 위를 흐르는 온도 15℃의 유체가 있다. 평판과 유체 사이의 대류열전달계수(convection heat transfer coefficient)가 70W/(m^2 · K)일 때 평판으로부터 유체로 전달되는 대류열유속(heat flux)은 몇 W/m^2인가?(소방설비산업기사 2014년 5월 25일 시행–2회)

해 답

12 ①　13 ③　14 ②　15 ③

① 2140 ② 2450 ③ 2800 ④ 2950

풀이 대류열 : 본 교재 식 (1.19) 참조

$q = h(T_2 - T_1) = 70\text{W/m}^2 \cdot \text{K} \times (328 - 288)\text{K} = 2800\text{W/m}^2$

여기서,

$T_2 = 273 + 55 = 328\text{K}$, $T_1 = 273 + 15 = 288\text{K}$

16 U자관 액주계가 2개의 큰 저수조 사이의 압력차를 측정하기 위하여 그림과 같이 설치되어 있다. 오일 레벨의 차이가 수면 레벨의 차이의 10배가 되도록 하는 오일의 비중은? (단, $h_2 = 10h_1$) (소방설비산업기사 2014년 5월 25일 시행–2회)

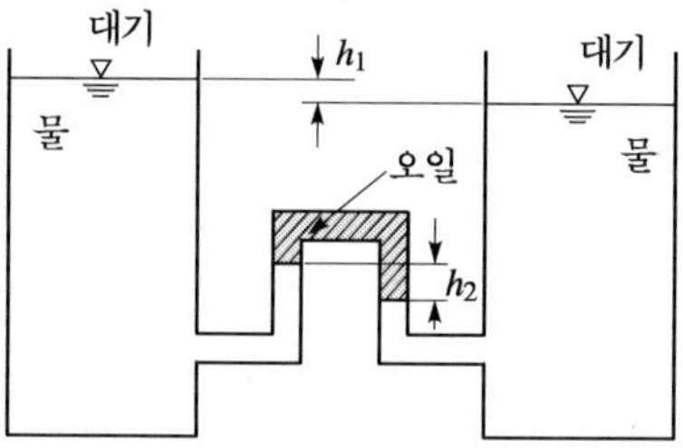

① 0.1 ② 0.5
③ 0.9 ④ 1.5

풀이 본 교재 식 (1.6)을 이용하면,

$s = \dfrac{\gamma}{\gamma_w}$

물의 비중량 γ_1, $\gamma_3 = s \times \gamma_w = 1 \times \gamma_w$

오일의 비중량 $\gamma_2 = s \times \gamma_w$

$P_A + \gamma_1 h_1 + \gamma_2 h_2 + \gamma_3 h_3 = P_B + \gamma_4 h_4$

$P_A + \gamma_w h_1 + s\gamma_w h_2 + \gamma_w h_3 = P_B + \gamma_w (h_3 + h_2)$

여기서 $h_2 = 10h_1$

$h_1 + s(10h_1) = 10h_1$

$s = \dfrac{10h_1 - h_1}{10h_1} = 0.9$

17 부력의 작용점에 관한 설명으로 옳은 것은?(소방설비산업기사 2014년 5월 25일 시행–2회)

① 떠 있는 물체의 중심
② 물체의 수직투영면 중심
③ 잠겨진 물체의 중력 중심
④ 잠겨진 물체 체적의 중심

풀이 부력의 작용점은 잠겨진 물체 체적의 중심입니다.

해 답

16 ③ 17 ④

18 일정한 유량의 물이 층류로 원관 속을 흐른다고 가정할 때 원관의 지름을 2배로 하면 손실수두는 몇 배가 되는가? (소방설비산업기사 2014년 5월 25일 시행-2회)

① $\frac{1}{2}$　　② $\frac{1}{4}$

③ $\frac{1}{8}$　　④ $\frac{1}{16}$

풀이 본 교재 식 (6.3) 참조 : 하겐-포아젤의 법칙

$$h_L = \frac{128\mu l Q}{\gamma \pi d^4} \propto \frac{1}{d^4} = \frac{1}{2^4} = \frac{1}{16}$$

19 다음 보기에서 제시한 실험관 ⓐ, ⓑ의 명칭을 바르게 나열한 것은? (소방설비산업기사 2014년 5월 25일 시행-2회)

〈보기〉

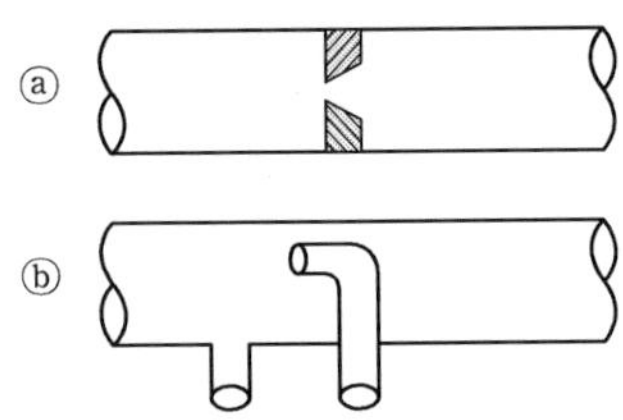

① ⓐ 오리피스, ⓑ 피토관　　② ⓐ 관노즐, ⓑ 벤투리관

③ ⓐ 위어, ⓑ 벤투리관　　④ ⓐ 벤투리관, ⓑ 오리피스

풀이 a)오리피스, b)피토관

20 원관 내부로 유체가 흐를 때 레이놀즈수가 1000이라면 관에 대한 마찰계수(f)는 얼마인가?(소방설비산업기사 2014년 5월 25일 시행-2회)

① 0.032　　② 0.064

③ 0.084　　④ 0.086

풀이 본 교재 식 (6.5) 마찰손실계수 참조

$$f = \frac{64}{Re} = \frac{64}{1000} \fallingdotseq 0.064$$

해 답

18 ④　19 ④　20 ②

30 2014년 제4회 소방설비 산업기사

01 너비 2m, 높이 4m인 직사각형 수문이 수면과 수직으로 놓여 있다. 수문 위 끝이 수면 아래 2m 지점에 있다면 이 수문에 가해지는 압력중심은 수면으로부터 약 몇 m 지점인가? (단, 대기압은 무시한다.) (소방설비산업기사 2014년 9월 20일 시행-3회)

① 3.67 ② 3.97
③ 4.33 ④ 5.55

풀이 $y_p = y_c + \frac{I_c}{Ay_c} = 4\text{m} + \frac{10.67\text{m}^4}{8\text{m}^2 \times 4\text{m}} \fallingdotseq 4.33\text{m}$

1) 관성능률 $I_c = \frac{bh^3}{12} = \frac{2 \times 4^2}{12} \fallingdotseq 10.67\text{m}^4$

2) $A = bh = 2.4 = 8\text{m}^2$

02 분자량이 4이고 비열비가 1.67인 이상기체의 정압비열은 몇 kJ/kg · K인가? (단, 이상기체의 일반기체상수는 8.314kJ/kmol · K이다.) (소방설비산업기사 2014년 9월 20일 시행-3회)

① 3.10 ② 4.72
③ 5.18 ④ 6.75

풀이 정압 비열 : 본 교재 식 (1.21) 참조

정압비열 $C_P = \frac{KR}{K-1} = \frac{1.67 \times 2.0785\text{kJ/kg} \cdot \text{k}}{1.67 - 1} \fallingdotseq 5.18\text{kJ/kg} \cdot \text{k}$

1) 기체 상수 $R = C_P - C_V = \frac{R}{M} = \frac{8.31\text{kJ/kmol} \cdot \text{k}}{4\text{kg/kmol}} = 2.0785\text{kJ/kg} \cdot \text{k}$

03 관 A에는 물, B에는 비중(s_1) 0.9인 유체가 차있고, 액주계 액체의 비중(s_2)은 0.8이다. A에서의 압력을 p_A, B에서의 압력을 p_B라고 할 때 ($p_A - p_B$)는 약 몇 kPa인가? (소방설비산업기사 2014년 9월 20일 시행-3회)

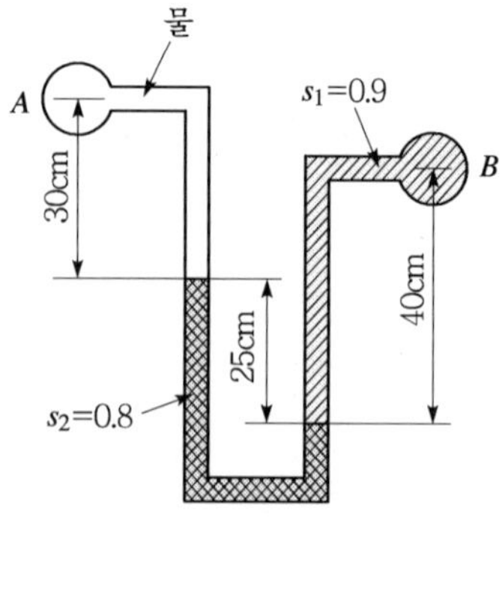

① −1.47 ② 1.37
③ 1.37 ④ 1.47

풀이 본 교재 식 (2.7)을 이용하면,

$P_A + \gamma_1 h_1 + \gamma_2 h_2 = P_B + \gamma_3 H_3$

해 답

01 ③ 02 ③ 03 ②

$$S = \frac{\gamma}{\gamma_w} \Rightarrow \gamma = \gamma_w \cdot S$$

$$\gamma_1 = S_1\gamma_w = 1 \times 9.8 = 9.8\text{kN/m}^3$$

$$\gamma_2 = S_2\gamma_w = 0.8 \times 9.8 = 7.84\text{kN/m}^3$$

$$\gamma_3 = S_3\gamma_w = 0.9 \times 9.8 = 8.82\text{kN/m}^3$$

$$\begin{aligned} P_A - P_B &= \gamma_3 H_3 - \gamma_1 h_1 - \gamma_2 h_2 \\ &= 8.82\text{kN/m}^3 \times 0.4\text{m} - 9.8\text{kN/m}^3 \times 0.3\text{m} - 7.84\text{kN/m}^3 \times 0.25\text{m} \\ &= 1.37\text{kN/m}^2 = -1.37\text{kPa} \end{aligned}$$

04 대기압 101kPa인 곳에서 측정된 진공압력이 7kPa일 때, 절대압력은 몇 kPa인가? (소방설비산업기사 2014년 9월 20일 시행-3)

① -7　　② 7
③ 94　　④ 108

풀이 본 교재 식 (2.2) 참조
절대압=대기압-진공압=101kPa-7kPa=94kPa

05 다음 중 열전도계수가 가장 높은 것은? (소방설비산업기사 2014년 9월 20일 시행-3회)

① 물　　② 철
③ 공기　　④ 구리

풀이 열전도율이 큰순서(kcal/m·hr·℃)
은(360) > 구리(332) > 철(45) > 물(0.5) > 공기(0.025)

06 피스톤-실린더로 구성된 용기 안에 들어 있는 실린더 내 가스의 초기압력은 200kPa이고, 체적은 0.1m^3이었다. 실린더 밑면을 가열하여 체적이 0.3m^3로 변했을 때의 계에 의하여 한 일은 얼마인가? (단, 가열과정은 일정한 압력하에서 진행되었다.) (소방설비산업기사 2014년 9월 20일 시행-3회)

① 40W　　② 40kW
③ 40J　　④ 40kJ

풀이 절대일 본 교재 식 (1.23)을 이용하면

$${}_1W_2 = P(V_2 - V_1) = mR(T_2 - T_1) = 200(0.3 - 0.1) = 40\text{kJ}$$

해 답

04 ③　05 ④　06 ④

07 그림과 같이 관에 시차압력계를 설치하였을 때 점 A에서의 유속은 약 몇 m/s인가? (단, 시차압력계 내부의 유체는 비중 13.6인 수은이고, 관속을 흐르는 유체는 물이다.) (소방설비산업기사 2014년 9월 20일 시행-3회)

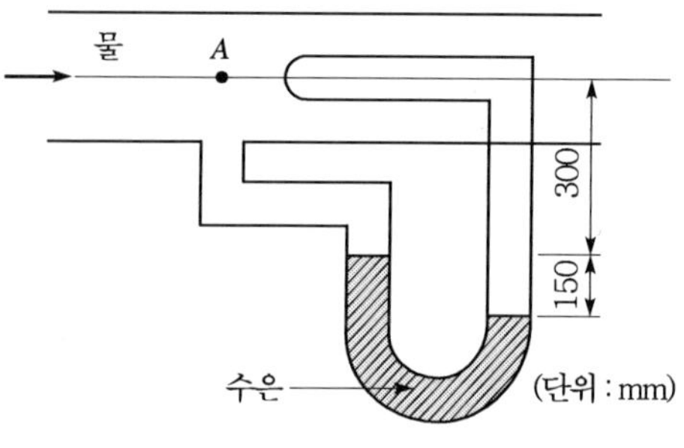

① 4.28 ② 6.09
③ 7.03 ④ 10.5

풀이 본 교재 식 (4.3) 참조

$V=\sqrt{2gh}=\sqrt{2\times 9.8\text{m/s}^2\times 1.888\text{m}}\fallingdotseq 6.09\text{m}$

여기서,

1) 압력차 $\Delta P=\text{R}(\gamma_s-\gamma)=0.15\text{m}\times(133.28-9.8\text{kN/m}^3)\fallingdotseq 18.522\text{kN/m}^2=18.522\text{kPa}$

2) $S=\dfrac{\gamma}{\gamma_w}\Rightarrow\gamma=S\cdot\gamma_w=9800\text{N/m}^3\times 13.6=133.28\text{kN/m}^3$

3) 표준대기압 $18.522\text{kPa}=\dfrac{18.522\text{kPa}}{101.324\text{kPa}}\times 10.332\text{m}\fallingdotseq 1.888\text{m}$

08 물이 내경 10mm인 오리피스에서 유속 40m/s로 방수되고 있을 때 방수량은 약 몇 m^3/s인가? (소방설비산업기사 2014년 9월 20일 시행-3회)

① 0.0031 ② 0.031
③ 0.31 ④ 3.1

풀이 본 교재 식 (3.4)를 이용하면,

$$Q=AV=\left(\frac{\pi R^2}{4}\right)V=\frac{\pi(0.01\text{m})^2}{4}\times 40\text{m/s}=0.0031\text{m}^3/\text{s}$$

09 단원자 이상기체인 아르곤(Ar)을 상온으로부터 3000K까지 온도를 높일 경우 정압비열의 변화를 바르게 설명한 것은? (소방설비산업기사 2014년 9월 20일 시행-3회)

① 온도가 높아져도 일정하다.
② 온도가 높아질수록 커진다.
③ 온도가 높아질수록 작아진다.
④ 온도가 높아지면서 커지다 작아진다.

풀이 아르곤 : 이상기체의 상태변화기준으로 볼 때 아르곤은 온도가 높아져도 정압비열은 일정하다.

해 답

07 ② 08 ① 09 ①

10 수평면과 45°경사를 갖는 지름 250mm인 원 관의 위쪽 출구방향으로 유출하는 물 제트의 유출속도가 9.8m/s라고 한다면 출구로부터의 물 제트의 최고 수직상승 높이는 약 몇 m인가? (단, 공기의 저항은 무시한다.) (소방설비산업기사 2014년 9월 20일 시행–3회)

① 2.45
② 3
③ 3.45
④ 4.45

풀이 상승높이

$$H=\frac{V^2}{2g}\times\sin\theta=\frac{(9.8\mathrm{m/s})^2}{2\times9.8\mathrm{m/s^2}}\times(\sin45)^2=2.45\mathrm{m}$$

11 온도 20℃, 압력 400kPa, 기체 15m^{3}을 등온압축하여 체적이 2m^{3}로 되었다면 압축 후의 압력은 몇 kPa인가? (소방설비산업기사 2014년 9월 20일 시행–3회)

① 2000
② 2500
③ 300
④ 4000

풀이 보일의 법칙 : 본 교재 식 (1.13)을 이용하면,

$$P_1V_1=P_2V_2 \Rightarrow P_2=\frac{P_1V_1}{V_2}=400\mathrm{kPa}\times\frac{15\mathrm{m}^3}{2\mathrm{m}^3}=3000\mathrm{kPa}$$

12 수평원관 유동에 관한 설명으로 옳지 않은 것은? (소방설비산업기사 2014년 9월 20일 시행–3회)

① 층류흐름에서 관마찰계수는 레이놀즈수의 함수이다.
② 층류흐름일 때 수평원관 속의 유량은 직경에 반비례한다.
③ 층류 유동상태인 직선원형관의 중심에서 전단응력은 0이다.
④ 층류 유동에서 레이놀즈수가 2000일 때 관마찰계수는 0.032이다.

풀이 본 교재 식 (3.4), (6.4) 참조
유량은 직경의 제곱근에 비례한다.

13 동점성계수가 1.15×10^{-6}m^2/s인 물이 30mm 지름인 원관 속을 흐르고 있다. 층류가 기대될 수 있는 최대의 유량은 몇 cm^3/s인가? (단, 상임계 레이놀즈수는 4000, 하임계 레이놀즈수는 2100이다.) (소방설비산업기사 2014년 9월 20일 시행–3회)

① 57
② 61
③ 65
④ 71

해 답

10 ① 11 ③ 12 ② 13 ①

풀이 본 교재 식 (3.4), (5.1)을 이용하면,

유량 $Q=AV=\left(\frac{\pi R^2}{4}\right)V=\frac{\pi}{4}(0.03)^2\times 0.08\text{m/s}=57\text{cm}^2/\text{s}$

레이놀즈 수 $Re=\frac{DV}{\nu}$ 에서 $V=\frac{\nu Re}{D}=\frac{2100\times 1.15\times 10^{-6}\text{m}^2/\text{s}}{0.03\text{m}}\fallingdotseq 0.08\text{m/s}$

14 캐비테이션 방지법에 관한 설명으로 옳지 않은 것은? (소방설비산업기사 2014년 9월 20일 시행–2회) (소방설비산업기사 2014년 9월 20일 시행–3회)

① 회전차를 수중에 완전히 잠기게 한다.
② 양흡입펌프보다는 단흡입펌프를 사용한다.
③ 펌프의 회전수를 낮추어 흡입비속도를 작게 한다.
④ 펌프의 설치높이를 가능한 낮추어 유효흡입 수두를 크게 한다.

풀이 본 교재 제7장 참조

펌프를 2개 이상 설치하여 펌프의 성능 저하를 막고 양정곡선의 저하를 막는다.

15 유체의 일반적인 성질로 보기 어려운 것은? (소방설비산업기사 2014년 9월 20일 시행–3회)

① 변형이 쉽고 정해진 형체가 없다.
② 전단응력을 받으면 연속적으로 변형한다.
③ 정지하였을 때의 전단응력이 운동할 때보다 크다.
④ 일반적으로 압력을 올리면 밀도가 커진다.

풀이 전단응력 : 본 교재 식 (1.9) 참조

$\tau=\mu\frac{du}{dy}$ 에서 알 수 있듯이 전단응력은 흐름의 중심에서 0이고, 벽면까지 직선으로 상승한다.

16 유속이 2m/s, 유로에 설치된 부차적 손실계수(K_L)가 6인 밸브에서의 수두손실은 약 얼마인가? (소방설비산업기사 2014년 9월 20일 시행–3회)

① 0.523m ② 0.876m
③ 1.024m ④ 1.224m

풀이 본 교재 식 (6.12) 참조

$$H=K\frac{V^2}{2g}=6\times\frac{(2\text{m/s})^2}{2\times 9.8\text{m/s}^2}\fallingdotseq 1.224\text{m}$$

해 답

14 ② 15 ③ 16 ④

17 펌프의 축동력에 대한 설명으로 옳은 것은? (소방설비산업기사 2014년 9월 20일 시행–3회)

① 수동력을 펌프효율로 나눈 값
② 유체에 가한 에너지에 수력손실을 뺀 값
③ 펌프로부터 유체가 얻어가지고 나가는 동력
④ 구동축에 가한 동력 중 유체게 실제도 전달된 동력

풀이 본 교재 제(7.2)절 참조
1) 수동력 : 순수한 동력으로 효율 및 전달계수를 고려하지 않은 펌프의 동력
2) 축동력 : 수동력에 효율을 보정하여 펌프운전에 필요한 실제동력.
3) 원동기 동력 : 축동력에 전달계수를 고려한 실제동력.

18 기체를 가역단열적으로 압축시킬 때 체적탄성계수는? (단, ρ는 밀도, k는 비열비, P는 절대압력이다.) (소방설비산업기사 2014년 9월 20일 시행–3회)

① $\frac{P}{\rho}$　　② $\frac{1}{P}$
③ P　　④ kP

풀이 단열압축시
$K=kP$ 체적탄성계수는 절대압력에 비례한다.

19 성능이 같은 2대의 펌프를 직렬로 설치했을 경우, 손실을 무시하면 전 토출량은 어떻게 되겠는가? (단, 1대의 펌프 유량을 Q라 한다.) (소방설비산업기사 2014년 9월 20일 시행–3회)

① $0.5Q$　　② $1Q$
③ $1.5Q$　　④ $2Q$

풀이 직렬로 연결시
1) 토출량은 1Q로 동일
2) 양정은 2H로 두 배
3) 토출압은 2P로 두 배가 된다.

해 답

17 ①　18 ④　19 ②

20 그림과 같이 직각으로 구부러진 고정 날개에 밀도 ρ인 물 분류가 충돌하여 수직방향으로 분출되고 있다. 분류의 속도는 V, 유량은 Q일 때 고정날개가 받는 충격력의 크기는? (소방설비산업기사 2014년 9월 20일 시행-3회)

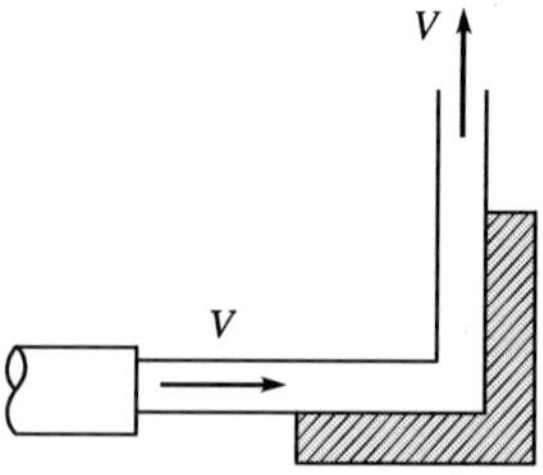

① $\frac{1}{\sqrt{2}}\rho QV$　　② $\sqrt{2}\rho QV$

③ $2\rho QV$　　④ $2\sqrt{2}\rho QV$

풀이 충격력 : 본 교재 식 (4.15) 참조

$$F=\sqrt{F_x^2+F_y^2}=\sqrt{(\rho QV)^2+(\rho QV)^2}=\sqrt{2}\rho QV$$

여기서,

1) x방향분력 F_x

$$F_x=\rho QV(1-\cos 90)=\rho QV$$

2) y방향분력 F_y

$$F_y=\rho QV(1-\sin 0)=\rho QV$$

해 답

20 ②

참고문헌

1. 이수경 외, 소방유체역학, 신광문화사, 2009.
2. 연규방, 수리학, (주)북스힐, 2000.
3. 허만성, 소방유체역학, 동일출판사, 2003.
4. 권양구 외, 유체역학, 오토테크, 2000.
5. 최기봉 외, 소방유체역학, 구미서관, 2006.
6. 이덕수 편저, 소방설비기사/산업기사, 삼원출판사, 2014.

저자 소개

최기봉 충청대학교 소방안전과 교수

송영호 대전과학기술대학교 소방안전관리과 교수

정용태 청암대학교 응급구조과 교수

한동준 강원도립대학교 소방환경방재과 교수

소방유체역학 **정가 18,000원**

저자 : 최기봉 · 송영호 · 정용태 · 한동준

발행인 : 임해진
발행처 : 도서출판 구미서관

인쇄 : 2015년 9월 4일 초판
발행 : 2015년 9월 7일 초판

등록 : 1979년 6월 29일 No.9-6호

주소 : 서울시 마포구 신촌로 2길 5-15 구미빌딩
전화 : 02-333-1101
팩스 : 02-335-2201
http://www.goomibook.com

ISBN : 978-89-8225-424-6 (93530)